Théorie et techniques de la mesure instrumentale

PRESSES DE L'UNIVERSITÉ DU QUÉBEC
2875, boul. Laurier, Sainte-Foy (Québec) G1V 2M3
Téléphone : (418) 657-4399 • Télécopieur : (418) 657-2096
Courriel : secretariat@puq.uquebec.ca
Catalogue sur Internet : http://www.uquebec.ca/puq

Distribution :

CANADA et autres pays

DISTRIBUTION DE LIVRES UNIVERS S.E.N.C.
845, rue Marie-Victorin, Saint-Nicolas
(Québec) G7A 3S8
Téléphone : (418) 831-7474 / 1-800-859-7474
Télécopieur : (418) 831-4021

FRANCE

LIBRAIRIE DU QUÉBEC À PARIS
30, rue Gay-Lussac, 75005 Paris, France
Téléphone : 33 1 43 54 49 02
Télécopieur : 33 1 43 54 39 15

BELGIQUE

S.A. DIFFUSION – PROMOTION – INFORMATION
Département la Nouvelle Diffusion
24, rue de Bosnie, 1060 Bruxelles, Belgique
Téléphone : 02 538 8846
Télécopieur : 02 538 8842

SUISSE

GM DIFFUSION SA
Rue d'Etraz 2, CH-1027 Lonay, Suisse
Téléphone : 021 803 26 26
Télécopieur : 021 803 26 29

Théorie et techniques de la mesure instrumentale

Louis Laurencelle

1998

Presses de l'Université du Québec
2875, boul. Laurier, Sainte-Foy (Québec) G1V 2M3

Données de catalogage avant publication (Canada)

Laurencelle, Louis, 1946-

Théorie et techniques de la mesure instrumentale

Comprend des réf. bibliogr. et un index.

ISBN 2-7605-0994-X

1. Mesure. 2. Statistique descriptive. 3. Sciences humaines – Méthodes statistiques. 4. Questionnaires. 5. Psychométrie. I. Titre.

QA465.L38 1998 530.8 C98-940524-9

Les Presses de l'Université du Québec remercient le Conseil des arts du Canada et le Programme d'aide au développement de l'industrie de l'édition du Patrimoine canadien pour l'aide accordée à leur programme de publication.

Mise en pages : PRESSES DE L'UNIVERSITÉ DU QUÉBEC

Conception graphique de la couverture : RICHARD HODGSON

1 2 3 4 5 6 7 8 9 PUQ 1998 9 8 7 6 5 4 3 2 **1**

Dépôt légal – 2e trimestre 1998
Bibliothèque nationale du Québec / Bibliothèque nationale du Canada
Imprimé au Canada

Avant-propos

Comme pour nombre de mes confrères, professeurs d'université ou de collège, c'est à partir d'un fonds de notes de cours que ce livre s'est peu à peu construit. Comme pour eux aussi, sans doute, ce livre est devenu plus qu'un amas de notes, et il déborde maintenant et dépasse les objectifs purement pédagogiques du départ. Mon expérience en évaluation, mesure et instrumentation, depuis 30 ans de pratique universitaire, y a trouvé expression et s'y est agglutinée naturellement. J'ai rédigé la plupart de ces chapitres et sections de chapitre d'une seule venue, avec une joie intellectuelle intense, comme on rentre la moisson après une journée de labeur.

Les chapitres et contenus présentés constituent la trame d'un cours sérieux sur la « mesure instrumentale », au sens large. Les psychologues engagés dans le testing, les spécialistes de la mesure en éducation, les professionnels qui évaluent la condition physique et les habiletés physiques et sportives, les médecins et cliniciens de tout poil (physiothérapeutes, chiropraticiens, etc.), les ingénieurs en instrumentation, les scientifiques touchés par la mesure devraient y trouver leur intérêt.

Les contenus présentés, notamment ceux qu'on retrouve dans les exercices de type mathématique, reflètent un niveau de traitement algébrique et statistique rarement présent dans les manuels pédagogiques en éducation et en psychologie, à de bonnes exceptions près. Le critère premier qui m'a guidé dans la sélection des contenus et des traitements est celui de leur adéquation mutuelle. Mes étudiants et les éventuels lecteurs de cet ouvrage n'en méritent pas moins.

Comme le veut l'usage, je formule une dédicace double de ce livre traitant de la mesure instrumentale. Je me tourne d'abord vers le passé et dédie mon livre à la mémoire de Joy Paul Guilford (1897-1987), un géant de la mesure en psychologie, dont l'ouvrage *Psychometric Methods*, d'abord paru en 1936 puis réédité, a marqué l'histoire du testing dans le monde. Pour l'avenir, je dédie aussi mon livre aux étudiants intéressés à la mesure et aux tests, des étudiants *modernes*, ayant accès à l'ordinateur et à ses ressources, aguerris à l'algèbre matricielle, aux modèles mathématiques complexes. Depuis quelques années, surtout aux États-Unis, il émerge une classe de professionnels de la mesure possédant une riche formation et des capacités *guilfordiennes* (si je puis dire) pour la conception, l'élaboration et l'analyse de procédés de mesure et de tests. Je souhaite que mon livre, en dépit de ses limites trop évidentes, favorise cette belle émergence.

J'aimerais enfin remercier mes collègues pour leurs encouragements, de même que les autorités de l'Université du Québec à Trois-Rivières pour la confiance et le soutien financier qu'elles ont jugé bon de m'accorder. J'espère les avoir mérités.

Louis Laurencelle, Ph.D.
Université du Québec à Trois-Rivières

Table des matières

Introduction

C'est à tous ceux qui s'intéressent professionnellement à la *mesure* qu'est voué ce livre. Il s'adresse en particulier aux professionnels et aux chercheurs en sciences humaines, en sciences appliquées et en éducation ou à ceux qui étudient pour le devenir.

D'un domaine d'applications à l'autre, on retrouve plusieurs conceptions de la *mesure*, conceptions assez différentes les unes des autres et intéressantes chacune à sa façon. Par exemple, les notions de *précision instrumentale* et d'*erreur* sont bien posées en sciences appliquées de même qu'en *théorie des tests,* mais l'examen montre que leurs définitions concrètes ne se recoupent presque pas. Pourtant, si l'on confronte ces notions et ces approches, celles-ci apparaissent généralement compatibles et leur rapprochement produit, comme il se doit, un enrichissement considérable des unes et des autres.

Les professionnels et les chercheurs de tout domaine, pour autant qu'ils soient préoccupés par la mesure, par l'utilisation, l'évaluation ou le développement d'instruments de mesure, trouveront dans cet ouvrage un langage dans lequel leurs questions pourront être reformulées plus efficacement, de même que l'indication de pistes de solution.

Intentions de l'auteur

Nous avons tenté, dans ces notes, d'élaborer un modèle unifié de la mesure instrumentale. Le modèle s'appuie essentiellement sur la *théorie des tests* telle que nous l'ont léguée les auteurs classiques[1]. La théorie des tests[2] est une doctrine algébrique élaborée à propos des résultats de l'évaluation de personnes au moyen de tests psychologiques ; elle prend racine dans la définition de l'*erreur de mesure* en tant que variable aléatoire et dans le concept de *mesures parallèles*. Lord et Novick[3] ont tenté une systématisation de cette doctrine.

Cependant, pour que l'appareil conceptuel expliquant la mesure instrumentale soit admissible en sciences et qu'il devienne en quelque sorte une métrologie générale, il nous faut intégrer dans le modèle deux notions clés, absentes de la théorie des tests : les notions d'*unité de mesure* et de *justesse*.[4] Les auteurs classiques, dont est issue la théorie des tests, n'avaient pas jugé opportun d'utiliser ces notions en raison du contexte d'applications auquel leur réflexion se référait. Il s'agissait pour eux de mesurer, ou plutôt d'estimer, des capacités d'ordre psychologique ou intellectuel, tels « l'intérêt pour les métiers manuels », « la puissance de raisonnement verbal », « l'intelligence ». Les moyens de mesure étant de formats plus ou moins arbitraires et le *scoring* n'ayant pas alors d'assises théoriques, on n'attribuait aux « mesures » obtenues qu'une valeur comparative ; on aurait été bien en peine d'indiquer, par exemple, l'*unité de mesure* de tel ou tel instrument.

D'un autre côté, la notion d'*erreur de mesure*, ou *erreur*, élaborée dans le cadre de la théorie des tests, représente, par rapport à l'*erreur* des physiciens et des laborantins de sciences, un élargissement inappréciable. Au lieu d'être posée généralement comme un intervalle de valeurs possibles, l'*erreur* en théorie des tests est conçue comme une variable aléatoire ayant des propriétés distributionnelles ; de plus, elle s'incorpore dans un ensemble notionnel et méthodologique très riche, qui inclut notamment les notions de *fidélité*, de *valeur vraie*, de *variance spécifique*, de *validité* en général et de *validité conceptuelle* en particulier. En fait, et c'est notre thèse, il manquait les notions d'*unité de mesure*, de *justesse* et d'autres notions auxiliaires pour que la théorie des tests constitue un modèle général de la mesure instrumentale, intéressant les praticiens de la mesure de tous les domaines.

Enfin, la notion de *parallélisme* (ou τ-équivalence), centrale en théorie des tests, a dû être écartée pour que notre modèle garde une homogénéité suffisante. Cependant, la *condition* de parallélisme est rappelée

---

1. H. Gulliksen, *Theory of Mental Tests*, Wiley, 1950 ; J.P. Guilford, *Psychometric Methods*, McGraw-Hill, 1954.
2. J.-J. Bernier, *Théorie des tests*, Gaëtan Morin, 1985.
3. F.M. Lord et M.R. Novick, *Statistical Theories of Mental Test Scores*, Addison-Wesley, 1968.
4. M. Bassière et E. Gaignebet, *Métrologie générale : théorie de la mesure, les instruments et leur emploi*, Dunod, 1966.

au besoin. Quant au bénéfice méthodologique du parallélisme lors de la *standardisation* d'un instrument et de son interprétation, nous y pallierons à suffisance par la notion d'*équivalence* (linéaire).

La mesure et les types de mesures

Il existe différents types de mesures ; nous en distinguerons trois, soit les mesures avec référence physique, les mesures (strictement) relatives, les semi-mesures. Des disputes épistémologiques furent naguère en vogue à ce sujet. L'autre typologie, relative aux *échelles de mesure* et aux propriétés mathématiques des mesures obtenues, sera brièvement abordée dans le chapitre 1.

Au sens le plus classique, la *mesure* est la valeur lue sur un instrument de mesure lorsqu'on applique l'instrument à un objet ou un individu : les kilos de poids, en utilisant un pèse-personne, les centimètres de longueur, en utilisant une règle. Ces mesures physiques réfèrent à une dimension du monde physique : la longueur, la surface, la masse, le volume, le nombre de particules, etc. Dans la seconde catégorie se placent l'évaluation scolaire et le testing des capacités psychologiques, cognitives, biologiques. Les mesures de quotient intellectuel, de rendement en mathématique (dans un programme scolaire), de puissance aérobie sont de cette nature. La catégorie des semi-mesures contient notamment les *données d'observation directe* ; elles constituent habituellement une série d'étiquettes descriptives servant à représenter ou à reconstituer l'évolution d'un phénomène complexe à l'étude. La liste des attitudes successives de jeunes enfants découvrant une figure étrangère, les types de confrontations entre deux poissons de même espèce réunis tout à coup dans le même aquarium, les catégories de requêtes reçues par la téléphoniste d'un central dans une période donnée, voilà autant d'exemples de ces semi-mesures.

Les « scientifiques », en sciences pures et appliquées, traitent des mesures de première catégorie de façon quasi exclusive. La théorie des tests, on l'a dit plus haut, s'adresse d'abord mais non exclusivement aux mesures de deuxième catégorie. Quant aux semi-mesures, aucune des approches précédentes ne les a intégrées. Plusieurs conceptions ont été avancées à leur propos dans la littérature, des conceptions surtout pragmatiques et manquant de consistance théorique et de cohérence. Le modèle présenté ici, se voulant universel, tentera d'englober les trois types de mesures ; la partie traitant des semi-mesures s'appuiera notamment sur l'étude de Charrier[5].

---

5. J. Charrier, « Sur la méthodologie et la métrologie de l'observation systématique », mémoire de maîtrise (M.A.), Département de psychologie, Université du Québec à Trois-Rivières, 1988.

Par aiilleurs, dans les ouvrages publiés sur la mesure en sciences de l'éducation, les auteurs insistent sur la distinction entre l'*évaluation* et la mesure[6]. Évaluer, pour eux, consiste à porter un jugement sur une situation en tenant compte de tous les éléments en jeu : la personne évaluée, la caractéristique ou l'aspect évalué, les objectifs du jugement évaluatif, la mesure elle-même, etc. La mesure n'est quant à elle qu'une opération plus ou moins mécanique, dont le résultat - une information numérique, le plus souvent - doit être utilisé prudemment par l'évaluateur.

Nous faisons nôtre bien sûr cette judicieuse et prudente mise en garde, à savoir que *la mesure n'est pas une fin en soi* et ne constitue pas d'elle-même l'évaluation d'une personne. Cette distinction, qui a trait à l'utilisation de la mesure à des fins d'évaluation, prendra toute son importance quand nous aborderons l'interprétation et, en particulier, l'*interprétation normative*, au chapitre 6. Par ailleurs, c'est de mesures et d'instruments de mesure qu'il est question dans cet ouvrage. Nous n'étudierons pas les questions relatives à l'évaluation ; de nombreux et excellents ouvrages ont été écrits sur ces questions[7]. Les mots « évaluer » et « évaluation », qui apparaissent çà et là dans notre texte, devront généralement être compris dans leur acception profane, comme des synonymes de « estimer », « mesurer », « apprécier ».

Plan des chapitres

Le livre est divisé en six chapitres. Le premier chapitre met en place les notions générales de mesure et d'évaluation, en en donnant une taxonomie et en les situant dans les contextes de leur mise en œuvre. Dans le chapitre 2 sont énumérés des concepts, techniques et formules de statistique descriptive ainsi que des théorèmes fondamentaux d'algèbre statistique ; ces matières, élémentaires pour la plupart, sont exploitées tout au long des autres chapitres. Le lecteur qui connaît déjà ces matières pourra les revoir rapidement dans le but de s'assurer du langage et de la symbolique utilisés. La théorie des tests, dans son modèle dit classique et ses extensions, fait l'objet du chapitre 3. Le chapitre 4 traite de l'analyse des questionnaires et des tests à items multiples, tandis que différents sujets particuliers sur la mesure apparaissent au chapitre 5. Le chapitre 6, sur les types de normes et leur élaboration, mériterait à lui seul un approfondissement considérable. Nous indiquerons les méthodes générales, à la faveur d'un exemple détaillé, et toucherons des questions importantes et inédites de construction normative, telles les échelles pré-normalisées, les normes multivariées et l'utilisation diagnostique des normes.

---

6. R. Legendre, *Dictionnaire actuel de l'éducation*, Guérin, 1993.
7. D. Morissette, *Les examens de rendement scolaire*, Presses de l'Université Laval, 1993 ; G. Scallon, *L'évaluation formative des apprentissages, I. La réflexion*, Presses de l'Université Laval, 1988.

Chaque chapitre est complété par une série d'exercices regroupés à peu près selon le sujet et faisant apparaître occasionnellement des matières nouvelles ou des développements (et preuves) mathématiques. Ces exercices, occasions d'auto-apprentissage ou sources d'inspiration pour des exercices scolaires ou des examens, sont étiquetés pour en indiquer l'espèce et le niveau. Les espèces sont : **C**onceptuel, **N**umérique ou **M**athématique, et les niveaux **1**, **2** ou **3**. En voici la nomenclature :

Conceptuel : connaissance du vocabulaire, discussion des différences et similitudes de concepts, problèmes de raisonnement global (comportant peu ou pas d'aspects mathématiques ou numériques)

Numérique : pratique des calculs, utilisation des formules, problèmes à résoudre, preuves par calcul

Mathématique : dérivations et démonstrations (preuves) de formules, compléments mathématiques des contenus du chapitre

Niveau 1 : facile (restitution des matières du chapitre, application directe)

Niveau 2 : moyen (d'une certaine complexité ou exigeant la mise en relation de divers contenus et aspects ; pouvant faire appel à des matières nouvelles)

Niveau 3 : difficile ou très difficile (complexe, exigeant de structurer le problème ; peut nécessiter des développements conceptuels, algébriques ou statistiques nouveaux)

Ainsi, un exercice étiqueté [N1] indiquera un calcul simple, facile à réaliser à partir des indications fournies. Les réponses sont fournies dans l'exercice.

Dans chaque chapitre comme dans cette introduction, nous indiquons au fur et à mesure les sources documentaires indispensables ; la référence bibliographique est habituellement fournie en note infrapaginale. Une bibliographie générale apparaît en fin de livre.

À qui s'adresse ce livre ?

Ce livre n'est pas à proprement parler un manuel ni un traité sur la mesure instrumentale. L'écriture d'un manuel doté d'un style d'exposition pédagogique bien développé eût été une tâche colossale et d'un rendement plus qu'incertain. Selon leur domaine d'applications (éducation, testing psychologique, biologie, génie...) et selon leur formation, tous n'ont pas également besoin de longues explications ou de multiples exemples. En outre, les parties importantes de la matière ne coïncident pas nécessairement d'un domaine à l'autre ou selon le niveau d'enseignement. Un traité eût exigé par ailleurs une unité de langage et une envergure pour lesquelles l'auteur n'était pas prêt à consentir l'effort. Ce livre peut être vu comme un essai technique sur la mesure instrumentale et ses applications. Un grand nombre d'idées, de méthodes et de formules – dont plusieurs sont inédites – s'y trouvent réunies, regroupées par thèmes : ce peut être un document d'accompagnement pour enseignant et étudiants, un ouvrage de consultation pour le concepteur d'instruments de mesure, une source de références pour les professionnels de la mesure. C'est ce besoin de références, pour l'étude ou la consultation occasionnelle, qui a motivé la numérotation employée dans le texte.

Une bonne base en algèbre de niveau secondaire, de la curiosité et une exigence de qualité pour la mesure et ses applications, mais aussi de la tolérance vis-à-vis des tournures et manies de l'auteur, c'est tout ce qu'il faut pour aborder les questions traitées dans ce livre. L'auteur, qui les a trouvées passionnantes, vous souhaite la pareille !

1 Notions de base en mesure et évaluation

1.1. LA MESURE

La mesure, les opérations de mesure, les instruments de mesure font partie de la vie civilisée à tel point que nous les remarquons à peine : le boucher pèse un kilogramme de hachis de bœuf, l'automobiliste pompe 42 litres d'essence dans son réservoir, la couturière coupe deux mètres de tissu. D'autres opérations, moins fréquentes, exigent parfois une instrumentation sophistiquée : l'arpentage d'un terrain pour l'enregistrement civil, la détermination du pourcentage d'oxyde de carbone dans l'air citadin, la glycémie dans le sang d'un patient.

La mesure, dans son acception commune, réfère à une grandeur du monde physique, sensible à nous directement (comme la longueur) ou par ses effets (comme la force magnétique). Dans son acception plus large, la mesure est appliquée aussi à d'autres sortes de réalités, relatives au monde conventionnel dans lequel nous évoluons quotidiennement. La valeur marchande d'un cottage, le risque actuariel associé à la vie d'un motard de 19 ans, l'aptitude en arithmétique, le « quotient intellectuel », le prix d'un travail font partie de cette catégorie. Qu'on le veuille ou non, la vie scolaire comme la vie sociale sont dominées par ces réalités et par leurs mesures.

Ainsi qu'on l'entend couramment dans le monde technique et scientifique, la mesure est une fonction d'information, un message qui exprime symboliquement la « grandeur » d'une caractéristique d'un objet ; par « grandeur », on peut vouloir dire présence, multitude, intensité, longueur, capacité etc., selon le cas. La mesure s'obtient par une *opération de mesure* qu'on peut symboliser comme suit :

$$X_i = f_{P,u}(\varphi_i),$$

où $\varphi_i = \varphi$(personne i) est la caractéristique visée, comme le poids, l'endurance organique, l'habileté au patinage ; l'opération exploite le procédé de mesure P et les unités de mesure u (*e.g.* un pèse-personne, gradué en 0,1 kg) ; X_i est la mesure, le nombre obtenu (*e.g.* 68,2 kg). L'interprétation humaine, l'appréciation subjective devrait intervenir le moins possible dans l'opération de mesure.

Comme pour toute fonction et pour tout message, l'utilité de la mesure et sa valeur d'information dépendent des conditions, des procédés mis en œuvre et des buts poursuivis. Nous ne pouvons pas, dans un seul livre, traiter tous ces aspects. L'intérêt portera ici sur les propriétés de la mesure comme moyen de classifier les objets et les personnes ; l'examen des procédés de quantification particuliers, que ce soit en instrumentation physique, dans le domaine biomédical, en éducation, en psychologie ou en sociologie est laissé aux ouvrages spécialisés dans ces disciplines.

1.2. LES PROPRIÉTÉS D'UN INSTRUMENT DE MESURE

Nous aborderons plus loin, avec la théorie des tests, l'étude des qualités fondamentales de la mesure et des concepts qui y sont associés. Toutefois, dès maintenant, nous pouvons énumérer les propriétés d'un instrument de mesure : la validité, l'étendue, la précision, la linéarité, la justesse, l'interprétabilité. Nous donnons ici, pour chacun de ces concepts, une définition générale, analogue aux définitions rigoureuses qu'on peut retrouver dans des contextes particuliers : cette généralité est le prix qu'il faut consentir pour établir d'emblée un langage commun et un lieu de rencontre pour l'ingénieur, le docimologue, le technicien biomédical et d'autres spécialistes de la mesure.

Sommairement donc, la **validité** réfère à la capacité qu'a l'instrument de classer les objets (ou personnes) évalués en fonction de la caractéristique voulue, à sa capacité de mesurer vraiment ce qu'on veut mesurer. Pour les instruments de mesure des phénomènes physiques, cette propriété de validité est patente, alors qu'elle peut devenir litigieuse pour les mesures en sciences humaines. C'est lorsqu'elle est en litige et qu'on la conteste que la question de validité se pose, et la réponse prend alors la forme d'une argumentation, d'une preuve scientifique.

L'**étendue** correspond globalement au domaine de sensibilité de l'instrument, selon qu'il permet de classer des objets de grandeurs plus ou moins variées. Un instrument capable de mesurer de petites comme de grandes intensités est manifestement plus utile qu'un autre, sensible seulement à de petites valeurs par exemple.

La marge d'erreur de chaque mesure faite, le flottement (ou fluctuation) des résultats d'une mesure à l'autre du même objet dépendent de la **précision** de l'instrument, de sa capacité à classer d'une fois à l'autre les mêmes objets de façon consistante. L'utilisateur préférera un instrument à petite marge d'erreur. Cette propriété se retrouvera dans le concept central de « fidélité », dans le cadre de la théorie des tests.

La **linéarité**, une propriété davantage associée à la mesure des caractéristiques physiques, consiste dans le fait qu'une même différence de grandeur des objets correspond à un intervalle égal dans l'échelle de mesure, c'est-à-dire qu'il y a correspondance proportionnelle (ou linéaire) entre la variation des grandeurs de l'objet et la variation des mesures. Propriété souhaitable, la linéarité n'est pas requise d'emblée étant donné qu'on peut la restituer après coup, numériquement.

La propriété de **justesse** réfère expressément à l'*unité de mesure* exploitée par l'instrument et à sa signification rigoureuse. Cette propriété est ordinairement réservée aux mesures physiques : telle mesure (*e.g.* 57 kg de masse, 115 unités de QI) devrait correspondre à la même grandeur réelle, à une réalité de même degré, quel que soit l'appareil ou le test utilisé. La justesse résulte parfois du *calibrage* d'un appareil de mesure.

La propriété d'**interprétabilité**, davantage problématique pour les mesures non physiques, renvoie aux critères d'interprétation et d'évaluation applicables pour une mesure donnée : existe-t-il des normes, des critères permettant à l'utilisateur de déterminer la « valeur », l'importance, la signification de chaque mesure ?

La liste de propriétés donnée ci-dessus doit être considérée avec souplesse. Par exemple, la **capacité discriminante**[1] ou son inverse, la **résolution**, résultent de la combinaison des propriétés d'étendue et de précision. L'**hystérésis** (dans son sens large) et la **mobilité** relèvent de la propriété de précision mais peuvent influencer la justesse de l'instrument. Ces propriétés, toutes intéressantes, ne s'appliquent pas également à tous les instruments ; qui plus est, certaines d'entre elles ne se laissent pas opérationnaliser aisément. Il reste que l'utilisateur d'instruments et de tests, le chercheur, le clinicien, voire le consommateur, tous sont en droit d'exiger certaines propriétés que doit présenter un instrument valable ou, au moins, d'en être informés. Dans cette perspective, il devient d'usage courant d'établir une **feuille de route** d'un instrument de mesure, d'un test ; à l'en-tête de cette feuille, sont notés le nom du test, son auteur (ou ses auteurs), une

1. Ce concept et ceux nommés ensuite, de même d'ailleurs que toutes les propriétés énumérées dans cette section, seront repris, explicités et opérationnalisés dans les pages suivantes, particulièrement au chapitre 3.

référence récente accessible (sous forme d'indication bibliographique). Vient ensuite l'indication de l'objet du test, puis on fournit l'information touchant les propriétés applicables, en indiquant s'il y a lieu que l'information est absente (par exemple sur l'existence de normes, la marge d'erreur instrumentale, le coefficient de fidélité).

1.3. LES SYSTÈMES (OU ÉCHELLES) DE MESURE

La mesure, une fonction d'information, sert à exprimer et à communiquer la valeur des caractéristiques des objets. Souvent plusieurs objets et plusieurs mesures sont en jeu, et celles-ci donnent lieu alors à des inductions, des généralisations, des conclusions grâce aux opérations qu'elles permettent de faire. En effet, la mesure emprunte aux systèmes des nombres leur langage et leurs règles. Les propriétés de ces systèmes, certaines d'entre elles du moins, sont transférables aux mesures qu'ils expriment : cette symbolisation de la valeur des objets facilite grandement la réflexion, l'intuition, l'abstraction, notamment en ce qui touche les ensembles d'objets, les régularités perçues, les caractéristiques générales. Il n'y a pas de pensée scientifique sans mesure.

Les systèmes de nombres les plus utilisés en mesure sont l'ensemble des nombres naturels et l'ensemble des nombres réels, ainsi que les opérations qui leur sont propres.

Une collection fermée de nombres et des règles de combinaison qui leur sont applicables constitue, en mathématique, un *anneau*. Par exemple, les nombres entiers (dont font partie les nombres naturels), avec les règles d'addition, de soustraction et de multiplication, forment un anneau ; la division n'y figure pas puisqu'elle peut engendrer un nombre à partie fractionnaire, contredisant ainsi la collection définie. Il n'est pas utile, dans le présent document, d'utiliser cette rigueur de langage ni d'en faire état.

Sans pousser jusqu'à une grande rigueur, il reste intéressant et important de faire la constatation suivante : *toutes les opérations applicables aux nombres ne sont pas validement applicables aux mesures*. L'opération de mesure la plus couramment faite est sans doute le comptage (*dénombrer* les fautes d'orthographe sur une page de texte, *compter* les patients arrivés de telle à telle heure dans une clinique, *compiler* les bonnes réponses d'un examen scolaire objectif). Viennent ensuite l'addition (accumuler deux ou plusieurs masses, juxtaposer des intervalles de temps), la multiplication, la soustraction ; la division est plus rare, sauf dans les mesures physiques relatives à des *taux*. Il y a lieu de se demander chaque fois si telle opération, appliquée dans tel contexte de mesure, a un sens.

Toujours est-il que les nombres, comme symboles représentatifs de la grandeur des objets (ou d'une caractéristique de ces objets), possèdent des règles de composition, pour ainsi dire de syntaxe, fondamentales : l'*identité*, l'*asymétrie*, la *consistance* et, dans plusieurs cas, la *linéarité*. Le tableau ci-dessous illustre ces règles fondamentales : les objets A, B et C sont soumis à la mesure, fournissant m(A), m(B) et m(C). Les propriétés de grandeur de ces objets sont rapportées aux propriétés de leurs mesures.

Identité	$A \neq B \Rightarrow m(A) \neq m(B)$
	$A = B \Rightarrow m(A) = m(B)$
Asymétrie	$A > B \Rightarrow m(A) > m(B)$
Consistance	$m(A) > m(B)$ et $m(B) > m(C) \Rightarrow m(A) > m(C)$
(Transitivité)	$B > 0$ et $A > 0 \Rightarrow m(A + B) > m(A)$ et $m(A + B) > m(B)$
Linéarité	$m(A + B) = m(A) + m(B)$
	$[m(A) - m(B)] + [m(B) - m(C)] = m(A) - m(C)$

Dans les cas réels, comme nous le verrons au chapitre 3, nous devrons traduire ces propriétés idéales en tenant compte des imperfections des instruments et de l'imprécision globale de l'opération de mesure. Ainsi, la prémisse « $A = B$ » aura pour implication une égalité approximative, « $m(A) \approx m(B)$ », c'est-à-dire « $m(A) - m(B) = \varepsilon$ », où ε est une petite quantité, positive ou négative, proche de zéro. Nous reprendrons plus loin cette discussion.

En sciences humaines, particulièrement en psychologie et en sciences de l'éducation, il est d'usage de distinguer les mesures selon les niveaux, ou *échelles*, dont elles relèvent. La mesure pouvant prendre la forme d'une description verbale, d'un rang indiquant une position relative, d'un nombre reflétant une quantité physique, etc., on reconnaît traditionnellement quatre niveaux de mesure :

- ❖ Les **mesures catégorielles** (ou nominales) : il s'agit d'étiquettes verbales dénotant la présence d'une caractéristique, l'occurrence d'un événement (par exemple : sexe masculin, comportement agressif, entrée souple dans l'eau). L'ensemble des valeurs possibles constitue un *répertoire* : le concept d'échelle n'est valable ici que par analogie.

- ❖ Les **mesures ordinales** : les rangs qu'on attribue aux élèves, les positions obtenues à la suite d'un tournoi constituent des mesures ordinales. Ces mesures d'échelle ordinale reflètent l'ordre relatif des personnes ou des objets évalués. Savoir que Robert Chicoine est arrivé 3e (ou 3e sur 25) nous informe de son succès, sans indiquer cependant à combien il a réussi le test ni quel est son score. La cote de dureté d'une pierre (selon qu'elle marque une autre pierre ou est marquée par elle) et l'échelle de Beaufort pour la force d'une tempête sont d'autres exemples.

❖ Les **mesures linéaires** et les **mesures absolues** : la plupart des mesures, celles à qui on attribue le nom de « mesures » dans la vie courante, appartiennent aux échelles linéaires (dites à intervalles égaux) ou aux échelles absolues (dites à rapports égaux). Ces mesures sont ordinairement obtenues par l'application d'un instrument de mesure ou d'un appareil calibré sur l'objet à évaluer. Donnons comme exemples la température, le poids d'une personne, la force d'extension de la jambe, la fréquence maximale de tapotement du doigt. C'est l'existence d'un zéro réel, non arbitraire, qui distingue les échelles absolues (*e.g.* 0 kg de masse), comparativement au zéro de convention des échelles à intervalles égaux (*e.g.* 0° Celsius de température).

La distinction faite entre les types de mesures n'est pas seulement académique puisque, comme pour les systèmes de nombres, elle correspond aussi à des classes différentes d'opérations mathématiques et statistiques qu'on peut effectuer sur elles. Autant il est normal de parler d'un poids moyen de 76,5 kg pour un groupe de personnes, autant il serait incongru de parler du sexe moyen d'un groupe égal à 1,77, en utilisant la codification 1 = (homme), 2 = (femme). Notons d'ailleurs que les statistiques les plus connues (*e.g.* moyenne, écart type, coefficient de corrélation et régression linéaire, tests *t*, etc.) sont applicables sur les mesures linéaires ou absolues, à de rares exceptions près[2].

1.4. L'ÉVALUATION

1.4.1. Une définition de l'évaluation

Comme toute autre fonction d'information, la mesure, qui exprime d'une façon ou d'une autre la « grandeur » d'un objet, prend toute sa signification dans un contexte ; elle est alors interprétée et exploitée dans un but, social, éducatif, économique, scientifique. C'est cette action globale qu'on désigne

---

2. Ainsi, le coefficient de variation, $s_x / \bar{x}$, n'a de sens que pour les mesures absolues.

par « évaluation ». Évaluer, c'est donc plus que mesurer, et l'on devrait parler d'un « jugement évaluatif » plutôt que d'une évaluation. Tandis que la mesure est, ou devrait être, une opération quasi machinale, l'évaluation est un acte foncièrement responsable, une décision concernant l'objet ou la personne évaluée. Pour rendre ce jugement, l'évaluateur doit a) obtenir l'information mesurée, b) apprécier cette information en considérant l'instrument de mesure, la caractéristique évaluée et la personne, c) utiliser une référence comparative. Dans ces conditions seulement, l'évaluation (ou l'évaluation scientifique) pourra être faite avec compétence et justice.

Nous pouvons maintenant donner une définition extensive de l'évaluation :

> *un jugement d'une qualité, d'une performance, d'une caractéristique définie, basé sur une mesure (issue d'un instrument, un test, etc.), se référant à un critère intrinsèque ou extrinsèque et prenant diverses formes.*

> C'est donc d'abord un **jugement**, non pas seulement le résultat d'un test ou la donnée sortant d'une machine ; c'est un acte responsable d'un évaluateur (par exemple, l'enseignant), qui a des conséquences sur la vie d'une autre personne ou sur le rejet ou l'avancement d'une théorie. Pour faire ce jugement, il faut interpréter la mesure, le résultat, dans les contextes global et particulier dans lesquels se trouve la personne évaluée. L'évaluation porte aussi sur un **objet d'évaluation** plutôt que sur la personne elle-même, et le jugement doit se borner à l'aspect évalué plutôt que d'être interprété comme s'il caractérisait globalement la personne. La personne évaluée devrait avoir une connaissance claire de ce qui est évalué chez elle ; ainsi, dans le contexte scolaire, la note en mathématique n'est pas un score d'intelligence de l'élève, ou « l'attitude coopérative » en hockey sur glace n'est pas synonyme d'amour du hockey, ni d'amour du professeur d'éducation physique ! Le jugement évaluatif doit être **basé** sur quelque chose, tels un test, un appareil, un procédé défini d'avance, mais en tout cas ne pas être improvisé. Cela n'exclut pas certaines évaluations utilisant la « méthode des juges », pourvu que les aspects évalués et les critères de pondération soient préalablement et clairement définis. L'évaluation, on l'a dit, n'existe pas dans l'absolu ; c'est un jugement, ce qui implique une **référence**, parfois une comparaison. On jugera selon le contenu de la performance, la valeur propre du résultat (par critère intrinsèque), ou selon l'aspect ordinaire ou exceptionnel du résultat (par critère extrinsèque). Enfin, le jugement évaluatif peut affecter des **formes multiples**. Dans certains cas, la seule sanction sera celle de succès ou échec ; parfois, l'évaluation apparaîtra comme une liste d'éléments de connaissance ou de performance à améliorer ; le résultat pourra prendre la forme d'une cote T, d'un rang centile, de contre-indications cliniques, etc.

Les paragraphes suivants explicitent encore la définition d'évaluation.

1.4.2. Les buts de l'évaluation

La distinction entre évaluation et mesure prend généralement peu d'importance en science et dans le monde des laboratoires scientifiques. Les mesures y sont pour la plupart physiques, purement matérielles, et ne donnent en elles-mêmes que peu de champ à l'interprétation subjective. Au contraire en psychologie, en éducation et dans les autres sciences humaines, l'évaluation peut et doit compléter la mesure, puisque souvent la valeur potentielle de celle-ci dépend entièrement du contexte dans lequel on la fait intervenir.

Outre sa fonction primaire de description de la personne (ou objet) évaluée, la mesure est mise à contribution dans trois classes d'actions évaluatives, de buts : l'évaluation diagnostique, la rétroaction, le bilan. En début de thérapie, une équipe multidisciplinaire en Centre d'accueil pour enfants perturbés procède à la mise en commun de l'information disponible – dossier antérieur, données de tests, incidents de vie –, afin d'établir un **diagnostic** du cas étudié et d'élaborer un plan d'intervention. L'enseignant de mathématique fera de même en début d'année, tout comme le gastroentérologue ou l'allergologue en première consultation. Le psychologue qui paraît en cour de justice à titre de témoin-expert fait aussi de l'évaluation diagnostique. L'**évaluation rétroactive**, pour sa part, permet de vérifier en cours de route l'effet des interventions, l'évolution de l'élève ou du patient, voire de réviser la médication ou d'appliquer des correctifs. Le **bilan**, enfin, diffère par deux points de l'évaluation diagnostique : d'une part, il se fait en fin de course et sanctionne à la fois l'état d'évolution du sujet et l'efficacité des interventions et, d'autre part, il se rapporte essentiellement aux objectifs d'intervention identifiés et choisis au départ.

L'évaluation pédagogique, appliquée dans les programmes scolaires du Québec, répond à ces trois mêmes catégories.

> Le ministère de l'Éducation reconnaît trois grands types d'évaluation, particulièrement dans le domaine pédagogique : l'évaluation rétrospective, formative, sommative. L'**évaluation rétrospective** (ou diagnostique) concerne l'inventaire du bagage acquis par l'élève préalablement à l'enseignement : avec quelles notions, quelles habiletés l'élève commence-t-il mon cours ? Qu'a-t-il appris l'année précédente ? Qu'en a-t-il retenu ? L'innovation majeure proposée dans la réforme des programmes du MEQ, en 1981, est l'**évaluation formative** (ou rétroactive). Structurée pour le contexte scolaire, elle consiste à prendre le pouls du processus d'enseignement-apprentissage en cours d'étape, ou en cours d'année, et son but est de fournir aux élèves et à l'enseignant des indications afin de rectifier le tir et de mieux se préparer pour les évaluations de fin d'étape. En principe, cette évaluation ne produit de « note » ni pour l'élève ni pour l'enseignant. Elle informe l'élève sur ses forces et particulièrement sur ses difficultés propres. Elle révèle à l'enseignant quelles parties de son contenu ont été mal transmises, mal saisies par les élèves. Elle sert à

guider l'un et l'autre sur les correctifs à apporter pour améliorer le processus d'enseignement-apprentissage. L'**évaluation sommative** (ou bilan), enfin, celle des examens scolaires de fin d'étape ou celle des bilans d'intervention, fait le point des acquis et mesure le degré de réussite des interventions en fonction des objectifs de formation poursuivis. Pour l'élève et l'enseignant, l'évaluation sommative représente, au moyen d'une note ou d'une appréciation descriptive, la sanction des apprentissages ; elle permet en outre de décider, au besoin, si l'élève peut être promu au degré suivant du programme scolaire.

La forme d'évaluation de loin la plus pratiquée est sans contredit l'évaluation diagnostique, sous toutes ses formes. Le bilan d'intervention, qu'on retrouve par exemple au bulletin des élèves du primaire et du secondaire, n'a longtemps été qu'un autre « diagnostic », un ensemble de tests, plutôt qu'une véritable compilation d'habiletés et de savoirs relatifs aux objectifs d'un programme d'enseignement-apprentissage. L'organisation des services d'intervention selon un plan systématique, au ministère de la Santé et des Affaires sociales (dans les centres d'accueil et les établissements de santé), est aussi une affaire récente au Québec, affaire dans laquelle diagnostic, élaboration de plan d'intervention, révision de plan d'intervention, bilan et critique de système sont devenus une pratique réelle. L'évaluation rétroactive (ou formative), quant à elle, prend la forme d'une interaction dans le processus d'enseignement-apprentissage, et elle a lieu naturellement et implicitement dans les contextes de formation pratique, celui de l'enseignement en gymnase, de l'enseignement du piano, de la formation technique en laboratoire : l'intervenant réagit immédiatement ou périodiquement par des appréciations et des suggestions correctives auprès des apprenants. À vrai dire, ce que le ministère de l'Éducation propose déborde cette simple interaction : l'évaluation formative devrait être une opération construite et explicite, le plus objectivée possible. La mise en œuvre d'interventions en évaluation formative tarde à se généraliser dans les milieux d'enseignement, sans parler d'autres milieux dans lesquels le concept n'est pas même identifié.

1.4.3. Les objets d'évaluation

Comme on a différents types d'évaluation, on a aussi différentes catégories d'objets à évaluer. Les objets du monde physique se manifestent par des grandeurs, des intensités des forces. Dans le domaine pédagogique, le ministère de l'Éducation du Québec propose les savoirs (vocabulaire, connaissances conceptuelles), les savoir-faire (habiletés, algorithmes d'exécution), les savoir-être (attitudes, habitudes de travail). Les dispositions émotives et les aptitudes cognitivo-perceptives de tout ordre sont les objets auxquels s'intéressent la psychologie quantitative et les sciences connexes (comme la sociologie). Quant au monde de la santé et des disciplines paramédicales, on y évalue des fonctions métaboliques, des capacités physiques et physiologiques, etc.

Le mode de quantification employé dépend, bien sûr, de l'objet d'évaluation. Dans les cas d'objets plus subtils, renvoyant à des réalités d'ordre psychologique ou socioculturel, la production d'une mesure exige de l'imagination et des moyens détournés : l'objet doit être *opérationnalisé*. L'opérationnalisation la plus banale consiste en un questionnaire, un test en forme de questions/réponses, que remplit la personne évaluée : tels sont la plupart des examens scolaires, des tests psychologiques, des enquêtes d'opinions. La réponse à chaque question est convertie en points, lesquels sont compilés d'une manière ou l'autre puis transformés pour donner la mesure du sujet. Pour d'autres objets, comme la capacité aérobie (ou Vo_2 max), la réponse psychogalvanique, la fatigue musculaire, l'orientation tridimensionnelle, l'opérationnalisation demande un certain appareillage, parfois un contexte de laboratoire ou d'environnement contrôlé, une mesure plus élaborée.

L'opérationnalisation de l'objet d'évaluation a, de toute évidence, un impact déterminant sur la qualité des mesures produites. Une mesure même toute simple, tel le poids obtenu sur un pèse-personne, peut provenir de divers instruments ou principes de mesure – balance à fléau, plateau à tension sur ressort, plateau à jauges de contrainte – et présenter en conséquence des caractéristiques de fonctionnement variées.

> Cette spécificité opérationnelle est plus marquante encore pour les mesures d'objets psychologiques et cognitifs, parfois au point de compromettre la validité de la mesure qui en provient. Par exemple, dans un examen scolaire par questions avec choix de réponses, quelle part de la note dépend de la connaissance de la matière et quelle part dépend de l'habileté à répondre à ce type de questions ? Dans la mesure d'anxiété par la variation de fréquence cardiaque ou par la réponse psychogalvanique, quelle influence spécifique exerce la physiologie (respiration, facilité de transpirer, etc.) particulière du sujet ? Ces considérations ne doivent pas décourager l'utilisateur ou le chercheur en sciences humaines ; ceux-ci sont invités plutôt à soigner le choix du procédé de mesure à appliquer à chaque situation et à interpréter très prudemment, *cum grano salis* et arguments à l'appui, les mesures qui en découlent.

1.4.4. Les modalités de référence

Pour évaluer, l'intervenant doit faire une observation, une mesure qui l'informe sur la réalité. Mais « évaluer » implique aussi un jugement, un acte essentiellement référencé, ou comparatif. On n'évalue pas dans le vide, en absolu ; au contraire, particulièrement en sciences humaines et en éducation, l'évaluateur a l'idée ou se forme une idée de ce qui est « bien réussi »,

« fort », « raté », etc. Ce jugement peut se faire en fonction d'un standard (on utilise aussi le terme « norme »), tels les 60% requis pour réussir un examen scolaire ; en fonction des résultats du groupe immédiat (on obtient alors un « rang » ou l'équivalent d'un rang) ; en fonction d'un groupe normatif externe (on a alors des « normes » d'interprétation), comme pour le Physitest canadien ou les tests standardisés de quotient intellectuel.

Distinguons deux grandes classes de modalités de référence, les modalités à référence intrinsèque, celles à référence extrinsèque. Par **référence intrinsèque**, on entend un jugement évaluatif basé sur les contenus évalués eux-mêmes, une analyse de la réponse ou de la performance pour ses qualités propres. On peut alors exploiter le **contenu simple** ; le **contenu avec quantification**, où l'on mesure le degré de compréhension, le niveau de réussite dans un contenu ; la **comparaison du contenu avec un standard** défini *a priori*, tels les 60% du MEQ ou, par exemple, la « maîtrise d'au moins trois objectifs de l'étape » : ces trois modalités tombent aussi sous l'appellation d'*évaluation critériée* chez les pédagogues. Enfin, on peut aussi faire référence à un **contenu intuitif**, un mode souvent pratiqué en éducation physique, en musique et en arts plastiques, dans lequel l'évaluateur n'a pas de critère précis ou explicite pour juger la performance, où la personne évaluée non plus ne sait trop vers quoi porter son attention et son effort.

L'évaluation avec **référence extrinsèque** se fait par la comparaison de la personne évaluée à d'autres personnes, en comparant la mesure de la personne à un tableau de mesures de référence, obtenues chez un groupe de référence. Ainsi, si l'individu est jugé selon le rang qu'il obtient dans son groupe immédiat (sa « classe » ou sa fédération sportive), il s'agit d'une **référence relative**. Si la mesure de l'individu est rapportée dans un tableau de « normes », établies d'avance à partir d'un groupe représentatif et de taille substantielle (le « groupe normatif »), on parle de **référence normative**. La « valeur » de l'individu dépend alors de sa position par rapport à une population définie. Cette forme d'évaluation est utilisée par exemple en pédiatrie, en psychologie différentielle et pour maintes caractéristiques de capacité ou de performance physiques ; on parlera alors de tests à interprétation normative.

1.5. LA FORMATION EN MESURE ET ÉVALUATION

1.5.1. Les évaluateurs et les gens de mesure

Il n'existe guère de sphère de l'activité humaine dans laquelle n'interviennent la mesure et l'évaluation ? Nonobstant cette universalité de la mesure, il est possible d'identifier des sphères professionnelles, des métiers, des rôles dans différentes disciplines dans lesquels la mesure et l'évaluation constituent des actes importants.

Ainsi,

- en enseignement (de tous niveaux) : les enseignants doivent régulièrement préparer, administrer, interpréter des tests, examens et exercices ayant trait à des objets cognitifs ;
- en éducation physique, musique, arts plastiques : les enseignants de ces disciplines ont affaire à des objets cognitifs, des habiletés physiques, des caractéristiques plus subtiles (souplesse, créativité, rythme) ;
- en entrevue psychologique : le psychologue, le psychothérapeute détermine les aptitudes intellectuelles, les dispositions émotives, la dynamique sentimentale d'un patient, d'un élève ;
- en rééducation motrice : le spécialiste en activité physique, le physiothérapeute, le physiatre, le technicien en réadaptation physique doivent identifier les déficits post-traumatiques des victimes d'accidents (externes ou internes) et mesurer régulièrement le progrès des patients.

Le neuropsychologue avec ses batteries de tests, le sociologue avec ses enquêtes et sondages, le technicien biomédical avec ses échantillons à analyser, l'inspecteur-évaluateur de la CSST[3] ou l'expert en sinistres d'une compagnie d'assurances, le conseiller en orientation scolaire, le technicien de laboratoire en centre hospitalier, le psychotechnicien, l'ergonome, l'intervenant en conditionnement physique... Pour les uns et les autres, mesurer et assurer la qualité des mesures sont des obligations récurrentes, en vue desquelles une préparation théorique et pratique adéquate s'impose. Pour quelques-uns, la tâche de mesure se double d'une tâche d'évaluation, laquelle comporte d'autres dimensions relatives à la mesure et d'autres encore qui débordent la mesure : ces dernières ont trait au champ professionnel spécifique de l'intervention (*e.g.* la psychologie clinique, l'ergonomie en industrie, le counseling scolaire), à la prise en compte du milieu humain immédiat et lointain, aux lois régissant la pratique professionnelle, etc. La préparation propre aux dimensions particulières de la tâche d'évaluation ressortit bien sûr aux institutions et organismes responsables du champ professionnel concerné.

1.5.2. Le spécialiste en mesure

Partout on trouve des évaluateurs ou des gens de mesure, c'est-à-dire des professionnels, techniciens, gens de métier qui pratiquent la mesure à un

3. Commission de la santé et de la sécurité du travail du Québec.

moment ou à un autre. Pour certains, l'évaluation constitue l'acte professionnel principal : c'est le cas par exemple de l'expert d'assurances, de l'optométriste, du psychologue consacré à l'expertise judiciaire. Au-delà et à côté de ces importantes applications, la mesure constitue aussi une spécialité, c'est-à-dire un domaine de formation spécifique (quoique éparpillé en quelques départements universitaires) en même temps qu'un champ professionnel. Le titre professionnel le plus connu est sans doute celui de psychométricien (spécialiste dans la conception et l'analyse des tests en psychologie et sciences humaines) ; la docimologie (étude des examens scolaires), la psychologie quantitative, le génie biomédical sont d'autres terrains de spécialisation en mesure. Dans ces cas, l'accent est mis sur les dimensions techniques de la mesure, telles que procédés de quantification, modèles mathématiques, transformations de score, distributions statistiques, démarches de validation des instruments. Presque un siècle de développements de toutes sortes a permis d'accumuler un trésor conceptuel et méthodologique suffisant pour faire d'un spécialiste de la mesure un professionnel de haut savoir.

1.5.3. La préparation du spécialiste en mesure et de l'évaluateur

Pour faire de l'évaluation professionnelle ou devenir un spécialiste de la mesure, il faut acquérir les savoirs et les savoir-faire nécessaires. Ceux-ci tombent dans cinq catégories, sommairement décrites ci-après.

D'abord le candidat doit avoir une **connaissance générale du domaine** ou des domaines disciplinaires dans lesquels les évaluations auront lieu : c'est le rôle de la formation fondamentale, particulièrement au baccalauréat universitaire ou en formation professionnelle au collégial.

Les **notions et techniques de base en mesure, algèbre et statistique** doivent être familières et d'utilisation facile. La révision des cours pré-universitaires et une formation de premier cycle universitaire, notamment dans les cours obligatoires de statistique, garantissent d'habitude cette familiarité.

Outre les notions en mesure et statistique, le candidat doit acquérir des notions spécifiques sur l'évaluation, ses techniques et ses méthodes (de construction et d'interprétation). C'est ici le domaine de la **théorie des tests**, qui forme le contenu théorique et technique spécifique d'un cours sur la mesure.

Vient ensuite un **contact supervisé avec divers tests et catégories d'instruments**, afin d'achever la préparation nécessaire à leur utilisation et à leur interprétation. Ce contact est l'occasion de connaître au moins une partie du répertoire d'instruments disponibles dans une discipline ; il permet à l'apprenant de se rompre aux difficultés et aux subtilités de la pratique évaluative (par exemple, que faire avec un sujet réticent ? avec une partie des données manquante ? avec des normes incomplètes ?) ; il fournit à l'apprenti-évaluateur l'occasion de confronter théorie et pratique et d'appliquer les instruments dans une perspective critique (plutôt que seulement dans le contexte d'une activité lucrative).

En plus de connaître de façon somme toute générale la théorie et la pratique de la mesure instrumentale, le spécialiste de la mesure devra approfondir les modèles de traitement algébrique des tests (analyse factorielle, théorie des traits latents, théorie des réponses aux items, etc.), la théorie des distributions statistiques et de l'estimation, les méthodes avancées de l'interprétation normative. Cette formation, qui implique une bonne compétence en mathématique et en informatique appliquée, n'est offerte comme telle dans aucun programme universitaire au Québec.

Quant à l'évaluateur, il devra s'assurer de posséder une connaissance suffisante des lois régissant la pratique professionnelle dans son champ d'activités et accumuler une **expérience pratique sous supervision** de l'application des tests ou instruments de mesure : cette expérience pratique, ni la formation ni les exercices scolaires ne sauraient en tenir lieu.

Exercices

(**C**onceptuel – **N**umérique – **M**athématique | 1 – 2 – 3)

Section 1.3

1.1 [C1] Déterminer, pour chaque niveau d'échelles de mesures (catégorielles, ordinales, linéaires), les propriétés mathématiques qui leur conviennent. Illustrer chaque propriété par un exemple.

1.2 [C2] Trouver un contre-exemple pour illustrer la non-linéarité de données de niveau ordinal, contre-exemple pour lequel la propriété de consistance convient, mais non pas celle d'additivité (ou linéarité).

1.3 [C2] Par quels indices récapitulatifs peut-on caractériser une série statistique selon qu'elle est constituée (a) de données linéaires (*e.g.* poids corporel) ; (b) de données ordinales (*e.g.* mérite ou « force » des équipes dans une ligue sportive) ; (c) de données catégorielles (*e.g.* couleur des yeux des personnes) ?

Section 1.4

1.4 [C2] Dans un contexte d'évaluation scolaire par modalité critériée, un enseignant de mathématique utilise le critère de réussite (ou atteinte d'un objectif d'apprentissage) suivant : « Effectuer sans erreur 9 multiplications à deux chiffres sur 10 », et un enseignant en géographie : « Nommer les capitales de 9 pays sur 10 ». Bien que les habiletés mentales mises en jeu soient différentes, analyser les mérites des deux critères. Montrer que le premier critère (en mathématique) témoigne directement de la compétence acquise de l'élève, tandis que l'autre dépend du niveau de maîtrise attendu dans la population scolarisée, et qu'on devrait plutôt exploiter une référence extrinsèque pour évaluer la compétence en géographie.

2 Éléments de statistique descriptive

Dans ce chapitre, bien loin d'un traité de statistique descriptive, le lecteur trouvera une séquence de concepts statistiques, leurs définitions et leurs techniques de calcul, accompagnés d'un court commentaire et d'un exemple. Les concepts statistiques nécessaires pour entreprendre l'étude du testing et de la théorie des tests sont en fait peu nombreux. Les prochaines pages nous fourniront l'occasion de préciser ces concepts, de les réviser et de convenir d'une notation et d'un langage uniformes pour en parler.

Les principales sections du chapitre sont : série statistique et statistiques descriptives de base ; données classées et distribution de fréquences ; corrélation linéaire et équation de régression linéaire ; l'intégrale normale et son utilisation. En préambule à ces pages, et pour en motiver l'étude, le lecteur doit se rappeler que le chercheur, le concepteur de tests, l'enseignant ou l'intervenant en testing sont habituellement aux prises avec des séries de mesures des personnes, qu'ils doivent les interpréter et agir d'après elles. Or il n'est pas facile, pour quiconque dans cette situation, de comprendre sans aide ces quantités de données. La statistique en tant que discipline et collection de techniques a été créée dans ce but, afin de traduire l'information en l'exprimant dans des concepts simples, afin de ramener une série de mesures en une ou deux valeurs qui en expriment l'essentiel.

2.1. SÉRIE STATISTIQUE ET STATISTIQUES DESCRIPTIVES

Dans cette section, nous reverrons les notions élémentaires de statistique descriptive. Les opérations reposent toutes sur un matériau de base, les séries statistiques. Ces séries peuvent être créées dans divers contextes. Par exemple, les 12 mesures des sujets du groupe expérimental, dans une recherche en laboratoire, constituent une série ; de même les 8 mesures consécutives du même sujet en forment une autre; la liste des revenus imposables des Canadiens est une série statistique, etc.

2.1.1. Série statistique

Ensemble de nombres ou de valeurs numériques, exprimant habituellement les mesures d'autant d'objets (ou de personnes) différents.

Définition : $\{X_1, X_2, ..., X_n\}$

Exemple 1 : Série A (n = 27 mesures)

{ 78, 80, 63, 71, 67, 73, 78, 57, 73, 67, 71, 63, 65, 80, 76, 82, 69, 78, 67, 49, 63, 76, 80, 61, 65, 61, 84}

Exemple 2 : Série A′ (n = 5 mesures)

{78, 80, 63, 71, 67}

Remarque : La série A′ est constituée des cinq premières observations de la série A. Étant plus courte, elle servira à illustrer les prochains concepts statistiques.

2.1.2. Moyenne (moyenne arithmétique)

Valeur typique représentant le niveau général, la « tendance centrale » des données. La moyenne est le centre de gravité d'une série statistique, telle que $\sum(x - \bar{x}) = 0$.

Définition : $\bar{x} = \sum x / n$

Exemple : Pour la série A′, la moyenne de {78, 80, 63, 71, 67} est (78 + 80 + 63 + 71 + 67)/5, ou $\bar{x} = 71{,}80$.

Pour la série A, $\sum x = 1897$, et $\bar{x} = 1897/27 = 70{,}26$.

Remarque : Le symbole $\sum$ (sigma majuscule) signifie la sommation de tous les éléments de la série (à moins d'une spécification autre). Pour la série A′, la valeur $\bar{x} = 71{,}80$ « résume » le niveau moyen, global, typique des cinq résultats. Il y a cependant d'autres indices statistiques représentant le niveau typique des données, leur « tendance centrale » : médiane, mode, moyenne géométrique, moyenne harmonique, etc.

2.1.3. Médiane

Valeur typique représentant le niveau général, la « tendance centrale » des données. La médiane est le milieu de probabilité d'une série statistique, tel que $pr(x \leq Md) = pr(x \geq Md) = ½$.

Définition : $Md = X_{(r)}$, $r = (n + 1)/2$ pour n impair

$= ½[X_{(r)} + X_{(r+1)}]$, $r = n/2$ pour n pair

Noter que $X_{(i)}$ correspond au i[e] élément de la série lorsque celle-ci a été réarrangée en ordre de valeurs croissantes.

Exemple : Pour la série A′, la série réordonnée est {63, 67, 71, 78, 80}. Puisque n = 5 est impair, r = (5 + 1)/2 = 3, et $Md = X_{(3)} = 71$ ou 71,00.

Pour une série paire, *e.g.* {22,6, 31,7, 29,3, 26,4, 25,5, 28,9, 24,6, 22,1}, on a n = 8, et $Md = ½[X_{(4)} + X_{(5)}] = ½(25,5 + 26,4) = 25,95$, comme le lecteur pourra lui-même vérifier.

Remarque : La médiane est aussi le centile C_{50} ou le « fractile » 0,5 ($X_{0,5}$) de la série.

2.1.4. Centile

Valeur simple bornant supérieurement un pourcentage donné de la série statistique. Le centile C_P est la valeur X^*, telle que $Pr(X \leq X^*) = P/100$ approximativement. (Complémentairement, P_X est le percentile de X.)

Définition : $C_P = X_{(r)}$ où $r = P(n + 1)/100$

La notation $X_{(r)}$ correspond à la r[e] statistique d'ordre, ou r[e] valeur de la série après que les valeurs ont été placées en ordre croissant.

Noter que si r n'est pas un entier, le centile $C_P()$ peut être obtenu par interpolation entre les valeurs $X_{()}$ voisines.

Exemple : Le centile 30 (C_{30}) de la série A′, n = 5, est la valeur X de rang 30 × (5 + 1)/100, ou r = 1,8. La série réarrangée étant {63, 67, 71, 78, 80}, C_{30} se situe entre $X_{(1)}$ et $X_{(2)}$, soit $C_{30} = X_{(1)} + 0,8(X_{(2)} - X_{(1)}) = 63 + 0,8(67 - 63) = 66,20$. Vérifier que $C_{50} = Md = 71,0$.

Noter que C_{10} n'existe pas, car $r = 0,6 < 1,0$: voir Remarque. On peut cependant affirmer que $C_{10} < 63,0$.

Pour la série A ci-dessus, n = 27, vérifier que $C_{10} = 60{,}2$ et $C_{25} = 63$.

Remarque : Quelques autres définitions permettant de calculer les centiles apparaissent dans les manuels. Noter que, pour la définition ci-dessus, les centiles extrêmes ($P \to 0$ ou $P \to 100$) n'existent pas, tout comme ceux pour lesquels $r < 1{,}0$ ou $r > n$ (car alors il faudrait *extrapoler* plutôt qu'*interpoler*). Les auteurs parlent aussi de « fractiles » (valeur de la variable qui borne supérieurement une fraction donnée de la série statistique, *e.g.* $X_{0,5} = Md$), et de « quantiles », terme générique qui désigne les centiles, déciles, quartiles, la médiane et les statistiques d'ordre.

2.1.5. Percentile

Nombre entre 0 et 100, indiquant le pourcentage des valeurs de la série bornées supérieurement par la valeur X donnée. Si X^* est plus grand que, ou égal à, f valeurs de la série, alors $P(X^*) = 100f/(n+1)$ est son percentile ou rang centile.

Définition : $P_X - 100\,f(X \geq X_i)/(n+1)$

Le percentile (ou rang centile) de la r^e^ statistique d'ordre de la série, $X_{(r)}$, $r = f(X_{(r)} \geq X_i)$, est simplement $P(X_{(r)}) = 100r/(n+1)$.

Si X ne coïncide pas avec une valeur observée, on a $X_{(r-1)} < X < X_{(r)}$ et on peut obtenir P(X) par interpolation.

Exemple : Le percentile de 78, la quatrième statistique d'ordre de la série A′, n = 5, est simplement $100 \times 4/(5+1) = 66{,}67 \approx 67 = P(78)$.

Le percentile de X = 66,2 peut s'estimer par interpolation. La valeur s'insère entre $X_{(1)} = 63$ et $X_{(2)} = 67$, se trouvant au rang approximatif $f = 1 + (66{,}2 - 63)/(67 - 63) = 1{,}8$. Le percentile P(66,2) sera donc $100 \times 1{,}8/(5+1) = 30$.

Noter qu'on ne peut déterminer P_X si $X < X_{(1)}$ ou $X > X_{(n)}$.

Remarque : La présente définition de percentile est complémentaire à celle de centile donnée plus haut. D'autres définitions sont possibles. Le mérite spécifique de la définition actuelle est double. Celle-ci exclut l'obtention d'un percentile 0 (ou 100), le minimum (ou maximum) absolu de la variable, à partir d'une série statistique finie. De plus, le percentile de la statistique d'ordre $X_{(r)}$, soit $100r/(n+1)$, est égal au pourcentage moyen de valeurs bornées supérieurement par cette statistique d'ordre dans une infinité de séries statistiques.

2.1.6. Variance

Valeur simple reflétant le degré de dispersion des valeurs autour de la moyenne.

Définition : $s_x^2 = \sum(x - \overline{x})^2/(n - 1) = (\sum x^2 - n\overline{x}^2)/(n - 1)$

Exemple : Pour la série A′, utilisant de préférence la formule à droite, $\sum x^2 = 78^2 + 80^2 + 63^2 + 71^2 + 67^2 = 25983$, $\overline{x} = 71{,}80$, et $s_x^2 = (25983 - 5x71{,}80^2)/(5 - 1) = 206{,}80/4 = 51{,}70$.

Pour la série A, n = 27, vérifier que la variance est 73,71.

REMARQUE : On utilise aussi la notation var(x). La variance indique aussi le degré de dispersion *entre* les données elles-mêmes, pas seulement en référence à la moyenne ; la formule suivante, $s_x^2 = \sum\sum(X_i - X_j)^2/[n(n - 1)]$, $i < j$, en fait foi. Dans un sens large, la variance peut être vue comme mesurant la quantité d'information disponible dans une série statistique.

2.1.7. Écart type

Valeur simple exprimant la marge ou l'intervalle de variation typique des données de la série statistique.

Définition : $s_x = \sqrt{\text{var}(x)} = \sqrt{s_x^2}$

Exemple : Pour la série A′, la variance des n = 5 données est de 51,70, et l'écart type $s_x = \sqrt{51{,}70} = 7{,}19$.

Pour les 27 données de la série complète A, on obtient : $s_x = \sqrt{73{,}71} = 8{,}585 \approx 8{,}59$.

REMARQUE : Attention, dans l'utilisation d'une calculette. Certains claviers offrent deux fonctions, l'une symbolisée s, l'autre σ (ou les variances correspondantes). La fonction σ *ne doit pas* être employée (sauf dans des contextes très précis, qui seront spécifiés au besoin). Cette fonction utilise le diviseur « n » plutôt que « n – 1 » dans le calcul de la variance.

2.1.8. Écart médian

Valeur simple exprimant la marge ou l'intervalle de variation typique des données de la série statistique.

Définition : $EM = Md\ |x_i - Md| \div 0{,}67449$

Exemple : La médiane de la série A′ étant Md = 71, les écarts absolus des observations sont {8, 4, 0, 7, 9}, leur médiane étant 7 ; divisant par 0,67449, nous obtenons EM = 10,38. Montrer que médiane et écart médian sont les mêmes (71 et 10,38 respectivement) pour les 27 données de la série A.

Remarque : L'écart médian est considéré comme étant un estimateur *robuste* de dispersion, tout comme la médiane l'est pour la valeur caractéristique d'une série ; ces deux indices sont peu influencés par la présence de données aberrantes (*i.e.* données évidemment trop fortes ou trop faibles, par rapport à la série statistique). Une autre méthode d'estimation robuste de la dispersion est basée sur l'ancien concept d'erreur probable (ou marge en-dedans de laquelle une estimation se retrouve avec une probabilité de ½) ; l'indice se calcule à partir des centiles [ou de l'écart interquartile, $\frac{1}{2}(Q_3 - Q_1)$], soit $\sigma^* = \frac{1}{2}(Q_3 - Q_1) \div 0{,}67449 = 0{,}7413(C_{75} - C_{25})$. Pour la série A par exemple, $C_{25} = 63$ et $C_{75} = 78$, d'où $\sigma^* = 0{,}7413(78 - 63) \approx 11{,}12$.

2.2. DISTRIBUTION DE FRÉQUENCES ET STATISTIQUES DECRIPTIVES

Lorsque le nombre d'observations, la taille de la série statistique sont très grands, les méthodes de calcul basées sur la liste des valeurs individuelles deviennent fastidieuses. Cette difficulté de calcul est amoindrie en bonne part grâce à l'utilisation d'une calculette, mais il reste des avantages à recourir de temps à autre au classement des données et à leur distribution de fréquences. Ces avantages sont que :

1. la détermination des centiles (ou d'autres quantiles de la série) n'est pas facilitée par la calculette et devient un casse-tête avec la solution « manuelle » ;

2. l'obtention d'une distribution de fréquences (et d'un histogramme, par exemple) permet au chercheur ou à l'utilisateur de visualiser la répartition de ses données, ce qui est plus difficile avec les données brutes lorsque leur nombre est élevé ;

3. une fois le système de distribution de fréquences constitué, il reste disponible pour de nouveaux calculs ; la calculette, au contraire, permet de calculer une seule fois les statistiques voulues, la ré-inscription des données étant nécessaire pour effectuer d'autres calculs.

2.2.1. Formation du système de classes

La série statistique $\{X_1, X_2, ..., X_n\}$ est remplacée par un système de classes (C_1 ; C_2 ; ... ; C_k), chaque classe étant caractérisée par un intervalle (semi-ouvert) de valeurs et par une fréquence. C'est par référence à la séquence des fréquences qu'on désigne un système de données classées sous le nom « distribution de fréquences ».

Définition : L'**intervalle** d'une classe est fixé par sa **borne inférieure** (Bi) et sa **borne supérieure** (Bs), sous la forme (Bi, Bs]. Cette classe regroupe les valeurs x, telles que Bi $\leq$ x < Bs.

La **largeur d'intervalle**, ou **L**, est (habituellement) constante, par exemple L = Bs - Bi.

Les classes successives étant contiguës, la borne supérieure d'une classe est égale à la borne inférieure de la classe suivante, $Bs_j = Bi_{j+1}$.

La **fréquence** dans une classe, ou $\mathbf{f_j}$, indique le nombre de valeurs de la série tombant dans l'intervalle de cette classe. Noter que $f_1 + f_2 + ...+ f_k = n$, l'ensemble des classes devant contenir la totalité de la série statistique.

Le **point milieu** d'une classe, ou $\mathbf{M_j}$, est une valeur simple servant à représenter l'ensemble des valeurs inscrites dans la classe, pour certains calculs (*cf.* la moyenne et l'écart type).

Exemple : Soit la série A, avec n = 27 données.

- La donnée la plus petite est min(X) = 49, la plus grande, max(X) = 84, l'étendue étant (84 - 49) = 35.
- Utilisant L = 5, nous obtenons 8 classes, celles regroupant les valeurs (45 à 49) ; (50 à 54) ; ... ; (75 à 79) ; (80 à 84), avec les intervalles réels (44,5, 49,5] ; (49,5, 54,5] ; ... ; (79,5, 84,5].
- On dénombre les valeurs tombant dans chaque intervalle de classes, et on obtient le tableau suivant :

Classe	Bornes réelles	f	M	fcum	%cum
80,84	79,5-84,5	5	82	24,5	90,7
75,79	74,5-79,5	5	77	19,5	72,2
70,74	69,5-74,5	4	72	15,0	55,6
65,69	64,5-69,5	6	67	10,0	37,0
60,64	59,5-64,5	5	62	4,5	16,7
55,59	54,5-59,5	1	57	1,5	5,6
50,54	49,5-54,5	0	52	1,0	3,7
45,49	44,5-49,5	1	47	0,5	1,9

REMARQUE : Un système de classes comporte ordinairement de 8 à 20 classes, le nombre de classes pouvant refléter l'importance de la série statistique. Les classes sont habituellement (mais non nécessairement) définies en utilisant des bornes « naturelles » et une largeur de classes « naturelle », par exemple L = 5, plutôt que L = 4,67, ou des intervalles comme (1, 3] plutôt que (1,055, 2,974]. Les colonnes « fcum » et « %cum » sont utilisées pour la détermination des centiles et seront expliquées plus bas (voir §2.2.3).

2.2.2. Formules de moyenne, variance et écart type

Pour estimer la moyenne, la variance (et l'écart type) à partir d'un système de données classées, on remplace simplement chaque donnée tombant dans une classe par le point milieu de la classe. Ainsi, dans la classe (80, 84), les mesures {80, 80, 82, 80, 84} sont remplacées par {82, 82, 82, 82, 82} ou, plus simplement, par {M = 82,f = 5}. Les formules utilisent cette substitution.

Définition : $\bar{x} = \sum f_j M_j / n$, où $n = \sum f_j$

$$s_x^2 = \sum f_j (M_j - \bar{x})^2 / (n - 1)$$

$$= (\sum f_j M_j^2 - n\bar{x}^2)/(n - 1)$$

$$s_x = \sqrt{s_x^2}$$

Exemple : Dans le tableau ci-dessus, issu de la série A, la moyenne s'obtient en calculant d'abord $\sum fM = 5 \times 82 + 5 \times 77 + ... + 1 \times 47 = 1899$, et $\bar{x} = 1899/27 = 70{,}33$.

Pour la variance, de même $\sum fM^2 = 5 \times 82^2 + 5 \times 77^2 + ... + 1 \times 47^2 = 135613$, et :

$$s_x^2 = (135613 - 27 \times 70{,}33^2)/(27 - 1)$$

$$= 2062{,}6597/26$$

$$= 79{,}33$$

On obtient alors l'écart type $s_x = \sqrt{79{,}33} = 8{,}91$.

REMARQUE : La moyenne « groupée » de 70,33 s'écarte très peu de la « vraie » moyenne 70,26, obtenue plus haut. Quant aux variances, la version brute donnait 73,71, comparativement à 79,33 de la version groupée. Noter que chaque système de classes donnera des statistiques groupées différentes, ces différences pouvant être plus importantes lorsque la largeur d'intervalle L est grande. La variance groupée a tendance à être plus grande que la variance brute, cela en fonction de L, la largeur d'intervalle. W.F. Sheppard a apporté la correction suivante :

$$s_x^2\,(\text{corrigée}) = s_x^2 - L^2/12\,,$$

l'écart type corrigé étant obtenu par la racine carrée de cette variance.

2.2.3. Détermination des centiles (et de la médiane)

Les systèmes de données classées permettent d'estimer facilement la médiane et les centiles, à partir des fréquences cumulatives (fcum). Il existe différentes conventions pour ce faire, celle présentée ici (méthode « de la fréquence cumulative au point milieu ») étant la plus en usage dans le domaine du testing.

Définition : $$C_P = M_{<P} + L\left(\frac{Pn/100 - fcum_{<P}}{fcum_P - fcum_{<P}}\right)$$

Note 1 : Voici comment établir les quantités **fcum** et **%cum**. Le principe est de cumuler (*i.e.* additionner) les fréquences jusqu'au point milieu d'une classe donnée, en partant de la classe la plus basse (selon les valeurs de la mesure). Dans l'exemple au tableau ci-dessus, la classe la plus basse est (45,49), les fcum inférieures sont zéro (puisque c'est la classe la plus basse), et l'on retient la demie des fréquences de la classe, soit 0,5 fréquence jusqu'au point milieu 47, d'où fcum(45,49) = 0 + 0,5 = 0,5. Pour la classe (65,69) par exemple, les fréquences inférieures sont 1 + 0 + 1 + 5 = 7, et l'on retient ½(f = 6) = 3, d'où fcum(65,69) = 7 + 3 = 10 ; ainsi de suite. Au besoin, on obtient %cum en transformant fcum en pourcentage, *i.e.* %cum = 100fcum/n : pour %cum(65,69), on a 100 × 10/27 = 37,037 ≈ 37,0.

Note 2 : Cherchant le centile C_P, il faut : 1) repérer le point milieu de classe juste au-dessus (M_P), par référence aux fréquences cumulatives ou bien aux pourcentages cumulatifs ; 2) identifier alors le point milieu inférieur ($M_{<P}$), les fréquences cumulatives correspondantes ($fcum_P$, $fcum_{<P}$) ; 3) appliquer la formule.

Exemple : La médiane (Md) est le centile C_{50}, où P = 50. Au point milieu M = 67, on a %cum = 37,0 < 50, tandis que plus haut, à M = 72, %cum = 55,6 > 50. On a donc $M_{<P} = 67$, $fcum_{<P} = 10$, $fcum_P = 15$, L = 5, n = 27 et :

$$\begin{aligned} Md = C_{50} &= 67 + 5\left(\frac{50 \times 27/100 - 10}{15 - 10}\right) \\ &= 70{,}50 \end{aligned}$$

Le lecteur peut vérifier que $C_{10} = 59{,}0$ et $C_{25} = 64{,}0$.

Remarque : Une autre méthode populaire de détermination des centiles (méthode « de la fréquence cumulative à la borne supérieure ») consiste à faire l'interpolation linéaire à partir des bornes supérieures et des fréquences cumulatives simples des classes. Le lecteur intéressé pourra vérifier que, selon cette méthode, Md = 70,1, $C_{10} = 60{,}2$ et $C_{25} = 64{,}3$.

2.3. CORRÉLATION LINÉAIRE ET ÉQUATION DE RÉGRESSION LINÉAIRE

La régression et la corrélation linéaires occupent une place spéciale en statistique descriptive pour au moins deux raisons : ce sont des techniques un peu plus complexes que celles juste révisées, et ces techniques permettent d'étudier la *relation* qui peut exister entre deux phénomènes, plutôt que d'en étudier un seul à la fois. *Grosso modo*, on peut classifier les « relations entre phénomènes » selon deux aspects : la relation est rigoureuse (*i.e.* exacte) ou non rigoureuse (*i.e.* approximative, ou statistique) ; et la relation est linéaire (*i.e.* de proportionnalité) ou non linéaire. On pourrait aussi diviser les relations non linéaires selon qu'elles sont monotones (*i.e.* ne changeant pas d'orientation) ou non monotones.

Les choses étant ce qu'elles sont, nous réviserons ici les seules relations linéaires, selon les rubriques : régression linéaire stricte, corrélation linéaire, régression linéaire des moindres carrés. Noter enfin que « relation linéaire » signifie « relation de proportionnalité », en ce sens qu'à chaque variation des X correspond (strictement ou approximativement) une variation proportionnelle des Y.

2.3.1. Régression linéaire stricte

Les phénomènes physiques obéissent souvent à des formes rigoureuses de relation, particulièrement des formes linéaires. L'étudiant est invité à représenter un problème donné de régression par un graphique.

Définition : $\hat{y} = bX + a$

À partir de $\{ (X_1,Y_1) ; (X_2,Y_2) ; \ldots ; (X_n,Y_n) \}$, on trouve a et b selon :

$$b = (Y_i - Y_j)/(X_i - X_j) ;$$

$$a = Y_i - bX_i ,$$

en sélectionnant n'importe quels éléments *i* ou *j* de l'ensemble.

Exemple : On a filmé sur une plate-forme de force un athlète effectuant 5 sauts sans élan ; les mesures prises sont X = force maximale de chaque saut, en newtons, et Y = accélération évaluée par cinématographie, en $cm \cdot sec^2$. On veut prédire l'accélération par la force maximale enregistrée, évitant ainsi une longue analyse des déplacements filmés.

Les données sont : $\{X,Y\} = \{(1821,12) ; (2904,25) ; (3904,37) ; (4988,50) ; (6821,72)\}$.

Utilisant par exemple $i = 1, j = 2$, nous obtenons :

$$b = (12 - 25)/(1821 - 2904) = 0{,}0120$$

$$a = 12 - 0{,}0120 \times 1821 = -9{,}8520$$

d'où $\hat{y}(\text{accél.}) = 0{,}0120\, X_{newtons} - 9{,}8520$.

Nous obtiendrions à peu près les mêmes coefficients *a* et *b* en utilisant n'importe quelle paire *i,j* de données. Question : quel est le poids de l'athlète ?

2.3.2. Corrélation linéaire (coefficient de Galton)

Le coefficient de corrélation linéaire (faussement attribué à K. Pearson) indique le sens et le degré de relation proportionnelle qui existent entre deux séries de mesures. L'étudiant est invité à représenter un problème donné de corrélation et de régression par un graphique.

Définition : $r_{xy} = \sum(x - \bar{x})(y - \bar{y})/[(n - 1)s_x s_y]$

$= (\sum xy - n\bar{x}\bar{y})/[(n - 1)s_x s_y]$

Exemple : Dans un bureau de postes régional, on veut trouver un moyen de déterminer facilement le nombre de lettres dans un sac. On sélectionne au hasard 7 sacs postaux, on les pèse, puis on compte le nombre de lettres de toutes espèces qu'ils contiennent. Voici les résultats :

X (poids kg) :	14,0	16,5	21,6	18,8	19,5	12,0	16,4
Y (nbre lettres) :	607	850	997	849	993	581	701

Les calculs préliminaires donnent $\bar{x} = 16{,}97$, $s_x = 3{,}30$, $\bar{y} = 796{,}86$, $s_y = 171{,}22$, $\sum xy = 97851{,}3$, et

$r_{xy} = (97851{,}3 - 7 \times 16{,}97 \times 796{,}86) / [(7 - 1)3{,}30 \times 171{,}22]$

$= 3192{,}3006 / 3390{,}1560$

$= 0{,}942$,

cette corrélation étant à la fois positive et très forte (en fait, proche d'une proportionnalité stricte).

REMARQUE : Le coefficient de corrélation r peut prendre des valeurs dans l'intervalle $[-1, +1]$; la valeur $r = 0$ indique l'absence de proportionnalité, alors que $r \to -1$ indique une proportionnalité négative (l'augmentation des X est accompagnée d'une *diminution* proportionnelle des Y). Il existe une méthode de calcul du coefficient de corrélation à partir des données classées (dans un tableau à deux dimensions).

2.3.3. Régression linéaire des moindres carrés

Dans le cas où deux variables sont en relation linéaire approximative l'une avec l'autre, il peut être intéressant de *prédire* l'une (Y) à partir de l'autre (X), en minimisant d'une façon ou l'autre l'erreur de prédiction. Soit $\{y_i\}$ la liste des valeurs réelles et $\{\hat{y}_i\}$ la liste des valeurs prédites, la « régression des moindres carrés » vise à minimiser $\sum(y_i - \hat{y}_i)^2$.

Il est très important ici de représenter la relation entre les séries X et Y par un graphique, puisqu'une telle représentation permettra de décider 1) si la forme linéaire (*i.e.* proportionnelle) est appropriée pour ces données, et 2) s'il y a ou non des données aberrantes, fortement marginales, dans le graphique, qui par ailleurs peuvent sembler acceptables dans chaque série séparée.

Définition : $\hat{y} = bX + a$

À partir de $\{ (X_1,Y_1) ; (X_2,Y_2) ; ... ; (X_n,Y_n) \}$, on trouve a et b selon :

$$b = r_{xy}s_y/s_x ;$$

$$a = \bar{y} - b\bar{x} .$$

Exemple : Prenons l'exemple des sacs postaux, donné en 2.3.2. Dans cet exemple, X = poids d'un sac, Y = nombre de lettres dans le sac. Nous avons : $n = 7$, $\bar{x} = 16{,}97$, $s_x = 3{,}30$, $\bar{y} = 796{,}86$, $s_y = 171{,}22$, $r_{xy} = 0{,}942$, et :

$$b = 0{,}942 \times 171{,}22/3{,}30 = 48{,}88$$

$$a = 796{,}86 - 48{,}88 \times 16{,}97 = -32{,}6$$

d'où $\hat{y}$(nbre lettres) = 48,88X(kg) - 32,6. Par exemple, un sac de 20 kg contient à peu près 945 lettres.

Question : combien pèse le sac lui-même ?

Remarque : On peut spécifier la marge d'erreur pour une valeur prédite par l'équation linéaire des moindres carrés, par la formule d'*erreur type de prédiction* suivante :

$$s_{\hat{y}.x} = s_y \sqrt{(1 - r^2)\left(\frac{n-1}{n-2}\right)\left(1 + \frac{1}{n} + \frac{(x_i - \bar{x})^2}{(n-1)s_x^2}\right)}$$

où x_i est appelé le *prédicteur*, et les autres quantités sont celles identifiées plus haut (et qui ont servi à établir l'équation de régression à partir des *n* observations). Une partie de la formule ci-dessus, la quantité :

$$s_{y|x} = s_y \sqrt{\left(1 - r^2\right)\left(\frac{n-1}{n-2}\right)} \ ,$$

est appelée *erreur type d'estimation*. Ainsi, pour notre sac de $x_i = 20$ kg, la valeur prédite est $\hat{y}_i = 945{,}0$ lettres, et l'erreur type de prédiction est :

$$s_{y.x} = 171{,}22\sqrt{(0{,}112636 \times 1{,}2 \times 1{,}2834)}$$

$$= 71{,}3,$$

d'où un sac de 20 kg contient entre 945 ± 71,3 lettres, soit un nombre dans l'intervalle (873,7 ; 1016,3).

Dans certains contextes de prédiction ou de relation fonctionnelle, le paramètre d'origine (a) de l'équation de régression est forcément zéro ; la relation s'écrit alors : $Y = bX$. Dans ce cas, l'estimation de la pente b, selon le critère des moindres carrés, est donnée par $b = \sum xy / \sum x^2$.

D'autres *critères* que celui de la somme des carrés existent. On peut minimiser par exemple $Q_P = \sum |y_i - \hat{y}_i|^P$, pour $P = 1, 2, 3, 1{,}5, \infty$, etc. Le cas $P = 2$ correspond à l'estimation des moindres carrés. Le cas $P = \infty$ s'appelle *minimax* et consiste à minimiser $\max |y_i - \hat{y}_i|$. Le cas $P = 1$, le plus « naturel », revient à minimiser la somme des distances ; on le connaît dans la littérature sous la désignation « droite de Boscovich » (voir note, à la section 3.7.1.3 plus loin).

2.4. L'INTÉGRALE NORMALE ET SON UTILISATION

La distribution normale, ou « gaussienne »[1], est utilisée dans plusieurs contextes. Elle est à la base d'un système de tests d'hypothèses en statistique inférentielle (où l'on cherche des « différences significatives »). En tant que

1. On retrace la forme mathématique dite loi normale chez trois grands mathématiciens : A. DeMoivre, C.F. Gauss et P.S. Laplace. La désignation de « normale », faussement attribuée à K. Pearson, est due à C.S. Pierce et F. Galton.

loi-limite, elle permet d'obtenir des réponses approximatives alors que la solution exacte est très difficile ou impossible à obtenir. Elle sert aussi de modèle pour représenter la distribution de plusieurs variables naturelles, tels le poids et la taille des éléments d'une population.

Dans le domaine du testing, la distribution normale joue aussi un rôle de premier plan. Dans plusieurs tests à interprétation normative, les cotes brutes obtenues au test sont soumises à une ou plusieurs transformations afin de produire des scores *normalisés*[2], c'est-à-dire des scores dont la distribution dans la population se conforme à la loi normale. De plus, en théorie des tests, l'interprétation de maint concept statistique fait référence, implicitement ou explicitement, à la distribution normale et à son intégrale.

À des fins de commodité, nous présentons l'intégrale de la loi normale standard, obtenue en exprimant la variable sous forme d'écart réduit (ou cote z). Rappelons que pour une variable X à moyenne μ_x et variance σ_x^2, on obtient la variable réduite correspondante par :

$$z_x = (X - \mu_x)/\sigma_x.$$

Le lecteur est invité à prendre connaissance des tables suivantes : « P(z) - Percentiles de la distribution normale » de même que « z(P) - Centiles (en cotes z) de la distribution normale ». Noter que dans ces tables, l'intégrale est exprimée de 0 à 100, plutôt que de 0 à 1 comme il est d'usage.

2.4.1. Définition de l'intégrale normale

La loi (ou distribution) normale est une fonction mathématique dont l'intégrale est 1. L'intégrale d'une fonction est l'aire définie par la ligne de cette fonction d'une part et l'axe horizontal d'autre part. Comme l'intégrale totale (de moins à plus l'infini) est 1, on peut utiliser la loi normale en tant que *loi de probabilité*.

On parle indifféremment de l'intégrale de la loi normale ou de l'intégrale normale.

2. Standardisation, normes et normalisation sont trois termes qui prêtent à confusion. En bref, la standardisation est l'ensemble des opérations produisant les normes d'un test, alors que la normalisation est entendue ici comme l'opération de transformation statistique d'une distribution quelconque en une distribution *normale*.

Définition : $P(z) = \int_{-\infty}^{z} \frac{1}{\sqrt{2\pi}} e^{-u^2/2} \, du$

L'intégration se fait de l'extrême gauche ($-\infty$) jusqu'à z. Nous avons par exemple $P(-\infty) = 0$, $P(0) = 0{,}5$ puisque l'abscisse $z = 0$ marque la médiane (et la moyenne) de la surface, et bien entendu $P(\infty) = 1$. Multipliée par 100, la fonction $100 \times P(z)$ fournit le percentile, ou rang centile, correspondant à la valeur z.

Définition : $z(P) = \{z, P(z) = P\}$

La fonction z(P) fournit le centile P (ou 100P) de la loi normale standard, c'est-à-dire l'abscisse z correspondant à l'intégrale P (ou P/100) de cette loi. On la désigne aussi comme la fonction inverse de l'intégrale normale, utile notamment dans l'opération de *normalisation.*

Exemple : Dans la table P(z), on trouve $P(-1) = 15{,}9$. Trouver ou estimer P(1), P(2,33), P(1,915).

Dans la table z(P), on trouve $z(95) = 1{,}645$. Trouver z(40), z(78), z(51,3).

REMARQUE : Pour des besoins particuliers, les tables d'intégrale peuvent n'être pas assez complètes ou assez précises. Noter par exemple qu'à 3 chiffres de précision, $P(2{,}31) = P(2{,}32) = P(2{,}33) = P(2{,}34)$. Non seulement existe-t-il des tables plus précises, mais il reste assez facile d'évaluer soi-même l'intégrale normale par un petit programme informatique.

2.4.2. Exercices d'utilisation de l'intégrale normale

Les exercices suivants donneront à l'étudiant l'occasion de rafraîchir ou d'affermir sa compréhension pratique de l'intégrale normale, en lui présentant des problèmes de calcul et des situations à résoudre qui la mettent en jeu. Chaque série d'exercices peut être prolongée à loisir, suivant le besoin. Les solutions apparaissent à la fin de la section globale des exercices du chapitre.

Série A

Dans une distribution normale réduite, 1) Quelle est la surface à droite de $z = 1$? 2) Quelle valeur de z délimite les 5 % supérieurs ? 3) Quelles valeurs de z délimitent les 5 % extrêmes ? 4) Entre quelles bornes z sont compris les 50 % centraux de la distribution ?

Série B

Un test de quotient intellectuel (QI) a été standardisé et normalisé avec une moyenne de 100 et un écart type de 16. 1) Robert obtient QI = 110. À quel percentile se situe-t-il dans la population ? 2) Ceux qui font partie des 20 % les plus brillants seront, prétend-on, riches ou heureux. Quel QI faut-il avoir pour cela ? 3) André est situé à 10 percentiles plus bas que Sylvie, qui a obtenu QI = 124. Quel est le QI d'André ? 4) On veut former deux catégories d'étudiants, la première ayant des QI de 100 à 108, la seconde de 108 à L, de telle sorte que la seconde catégorie comporte le même nombre (théorique) d'étudiants que la première. Quelle est la valeur de L ?

Série C

1) Un professeur a corrigé 170 copies d'examen. Il obtient 31 scores situés au-delà de $1,5s_x$. Peut-il croire que la répartition des scores d'examen est normale ? 2) On lance en l'air une pièce de monnaie n = 50 fois et elle tombe 15 fois du côté face, 35 fois du côté pile. Une pièce « honnête » ayant une probabilité égale de tomber d'un côté ou de l'autre, la moyenne (du nombre de « faces ») attendue est n/2 et la variance n/4. Que peut-on conclure de cette expérience ? 3) Pour la sélection dans un emploi, on a interviewé deux candidates, Sophie et Anne, et on leur a administré un test d'aptitude à la gestion de dossiers (AGD). Le test AGD (fictif) a une fidélité de 0,83 et une erreur type de 3,5. Sophie obtient le score 76, et Anne le score 69. Peut-on choisir Sophie en toute confiance, sur la base de ce test ?

2.5. DÉFINITIONS ET THÉORÈMES D'ALGÈBRE STATISTIQUE

Les alinéas suivants récapitulent, sous forme compacte et pour référence, les définitions statistiques qui ont le plus de portée dans les chapitres à venir. On y trouve aussi, sans preuve, les théorèmes élémentaires sur la moyenne, la variance, la covariance et la corrélation. Enfin, sans preuve encore, sont présentés les théorèmes élémentaires sur les composés linéaires simples et pondérés, composés qui forment le pain quotidien du spécialiste des tests en psychologie et en éducation.

Le lecteur est encouragé à vérifier et à démontrer algébriquement ces théorèmes.

1. Définitions de moyenne, variance, corrélation, covariance ; équivalences

   1a. ***Moyenne*** (moyenne arithmétique des X)

   $m(X) = \bar{X} = (\sum x)/n$

   1b. ***Variance*** (variance des X, s_x^2 ; s_x est appelé écart type)

   $var(X) = s_X^2 = \sum(x - \bar{x})^2/(n - 1)$

   $= (\sum x^2 - n\bar{x}^2)/(n - 1)$

   1c. ***Corrélation*** (coefficient de corrélation entre les X et les Y)

   $r(X,Y) = cov(X,Y)/(s_X s_Y)$

   1d. ***Covariance*** (covariance entre les X et les Y)

   $cov(X,Y) = [\sum(x - \bar{x})(y - \bar{y})]/(n - 1)$

   $= [\sum xy - n\bar{x}\bar{y}]/(n - 1)$

   $= r_{XY} s_X s_Y$

2. Théorèmes sur la moyenne, la variance (l'écart type), la covariance, la corrélation

   2a. $m(aX + b) = a\bar{x} + b$

   2b. $var(aX + b) = a^2 var(X) = a^2 s_X^2$

   $s(aX + b) = a \cdot s_X$

   2c. $cov(aX + b, cY + d) = ac \cdot cov(X,Y)$

   2d. $r(aX + b, cY + d) = r(X,Y) = r_{XY}$

3. Moyenne, variance et covariance d'une somme simple

   3a. $m(X_1 + X_2 + ... + X_k) = \bar{x}_1 + \bar{x}_2 + ... + \bar{x}_k$

   3b. $var(X_1 + X_2 + ... + X_k) = s_1^2 + s_2^2 + ... + s_k^2 + 2r_{12}s_1s_2 + ... + 2r_{k-1,k}s_{k-1}s_k$

   $= \sum s_j^2 + 2\sum\sum r_{ij}s_is_j \; (1 \leq i < j \leq k)$

   3c. $cov(X + Y, W + Z) = cov(X,W) + cov(X,Z) + cov(Y,W) + cov(Y,Z)$

4. Moyenne et variance d'une somme pondérée

4a. $m(p_1X_1 + p_2X_2 + ... + p_kX_k) = p_1\bar{x}_1 + p_2\bar{x}_2 + ... + p_k\bar{x}_k$

4b. $var(p_1X_1 + p_2X_2 + ... + p_kX_k) = p_1^2s_1^2 + p_2^2s_2^2 + ... + p_k^2s_k^2 + 2p_1p_2r_{12}s_1s_2$

$+ ... + 2p_{k-1}p_kr_{k-1,k}s_{k-1}s_k$

$var(\sum p_iX_i) = \sum p_i^2 s_i^2 + 2\sum\sum p_ip_jr_{ij}s_is_j \quad (1 \leq i < j \leq k)$

P(z) – Percentiles de la distribution normale

z	-,00	-,01	-,02	-,03	-,04	-,05	-,06	-,07	-,08	-,09
-2,90	,19	,18	,18	,17	,16	,16	,15	,15	,14	,14
-2,80	,26	,25	,24	,23	,23	,22	,21	,21	,20	,19
-2,70	,35	,34	,33	,32	,31	,30	,29	,28	,27	,26
-2,60	,47	,45	,44	,43	,41	,40	,39	,38	,37	,36
-2,50	,62	,60	,59	,57	,55	,54	,52	,51	,49	,48
-2,40	,82	,80	,78	,75	,73	,71	,69	,68	,66	,64
-2,30	1,1	1,0	1,0	,99	,96	,94	,91	,89	,87	,84
-2,20	1,4	1,4	1,3	1,3	1,3	1,2	1,2	1,2	1,1	1,1
-2,10	1,8	1,7	1,7	1,7	1,6	1,6	1,5	1,5	1,5	1,4
-2,00	2,3	2,2	2,2	2,1	2,1	2,0	2,0	1,9	1,9	1,8
-1,90	2,9	2,8	2,7	2,7	2,6	2,6	2,5	2,4	2,4	2,3
-1,80	3,6	3,5	3,4	3,4	3,3	3,2	3,1	3,1	3,0	2,9
-1,70	4,5	4,4	4,3	4,2	4,1	4,0	3,9	3,8	3,8	3,7
-1,60	5,5	5,4	5,3	5,2	5,1	4,9	4,8	4,7	4,6	4,6
-1,50	6,7	6,6	6,4	6,3	6,2	6,1	5,9	5,8	5,7	5,6
-1,40	8,1	7,9	7,8	7,6	7,5	7,4	7,2	7,1	6,9	6,8
-1,30	9,7	9,5	9,3	9,2	9,0	8,9	8,7	8,5	8,4	8,2
-1,20	11,5	11,3	11,1	10,9	10,7	10,6	10,4	10,2	10,0	9,9
-1,10	13,6	13,3	13,1	12,9	12,7	12,5	12,3	12,1	11,9	11,7
-1,00	15,9	15,6	15,4	15,2	14,9	14,7	14,5	14,2	14,0	13,8
-0,90	18,4	18,1	17,9	17,6	17,4	17,1	16,9	16,6	16,4	16,1
-0,80	21,2	20,9	20,6	20,3	20,0	19,8	19,5	19,2	18,9	18,7
-0,70	24,2	23,9	23,6	23,3	23,0	22,7	22,4	22,1	21,8	21,5
-0,60	27,4	27,1	26,8	26,4	26,1	25,8	25,5	25,1	24,8	24,5
-0,50	30,9	30,5	30,2	29,8	29,5	29,1	28,8	28,4	28,1	27,8
-0,40	34,5	34,1	33,7	33,4	33,0	32,6	32,3	31,9	31,6	31,2
-0,30	38,2	37,8	37,4	37,1	36,7	36,3	35,9	35,6	35,2	34,8
-0,20	42,1	41,7	41,3	40,9	40,5	40,1	39,7	39,4	39,0	38,6
-0,10	46,0	45,6	45,2	44,8	44,4	44,0	43,6	43,3	42,9	42,5
-0,00	50,0	49,6	49,2	48,8	48,4	48,0	47,6	47,2	46,8	46,4
	-,00	-,01	-,02	-,03	-,04	-,05	-,06	-,07	-,08	-,09

P(z) – Percentiles de la distribution normale

z	+,00	+,01	+,02	+,03	+,04	+,05	+,06	+,07	+,08	+,09
0,00	50,0	50,4	50,8	51,2	51,6	52,0	52,4	52,8	53,2	53,6
0,10	54,0	54,4	54,8	55,2	55,6	56,0	56,4	56,7	57,1	57,5
0,20	57,9	58,3	58,7	59,1	59,5	59,9	60,3	60,6	61,0	61,4
0,30	61,8	62,2	62,6	62,9	63,3	63,7	64,1	64,4	64,8	65,2
0,40	65,5	65,9	66,3	66,6	67,0	67,4	67,7	68,1	68,4	68,8
0,50	69,1	69,5	69,8	70,2	70,5	70,9	71,2	71,6	71,9	72,2
0,60	72,6	72,9	73,2	73,6	73,9	74,2	74,5	74,9	75,2	75,5
0,70	75,8	76,1	76,4	76,7	77,0	77,3	77,6	77,9	78,2	78,5
0,80	78,8	79,1	79,4	79,7	80,0	80,2	80,5	80,8	81,1	81,3
0,90	81,6	81,9	82,1	82,4	82,6	82,9	83,1	83,4	83,6	83,9
1,00	84,1	84,4	84,6	84,8	85,1	85,3	85,5	85,8	86,0	86,2
1,10	86,4	86,7	86,9	87,1	87,3	87,5	87,7	87,9	88,1	88,3
1,20	88,5	88,7	88,9	89,1	89,3	89,4	89,6	89,8	90,0	90,1
1,30	90,3	90,5	90,7	90,8	91,0	91,1	91,3	91,5	91,6	91,8
1,40	91,9	92,1	92,2	92,4	92,5	92,6	92,8	92,9	93,1	93,2
1,50	93,3	93,4	93,6	93,7	93,8	93,9	94,1	94,2	94,3	94,4
1,60	94,5	94,6	94,7	94,8	94,9	95,1	95,2	95,3	95,4	95,4
1,70	95,5	95,6	95,7	95,8	95,9	96,0	96,1	96,2	96,2	96,3
1,80	96,4	96,5	96,6	96,6	96,7	96,8	96,9	96,9	97,0	97,1
1,90	97,1	97,2	97,3	97,3	97,4	97,4	97,5	97,6	97,6	97,7
2,00	97,7	97,8	97,8	97,9	97,9	98,0	98,0	98,1	98,1	98,2
2,10	98,2	98,3	98,3	98,3	98,4	98,4	98,5	98,5	98,5	98,6
2,20	98,6	98,6	98,7	98,7	98,7	98,8	98,8	98,8	98,9	98,9
2,30	98,9	99,0	99,0	99,0	99,0	99,1	99,1	99,1	99,1	99,2
2,40	99,2	99,2	99,2	99,2	99,3	99,3	99,3	99,3	99,3	99,4
2,50	99,4	99,4	99,4	99,4	99,4	99,5	99,5	99,5	99,5	99,5
2,60	99,5	99,5	99,6	99,6	99,6	99,6	99,6	99,6	99,6	99,6
2,70	99,7	99,7	99,7	99,7	99,7	99,7	99,7	99,7	99,7	99,7
2,80	99,7	99,8	99,8	99,8	99,8	99,8	99,8	99,8	99,8	99,8
2,90	99,8	99,8	99,8	99,8	99,8	99,8	99,8	99,9	99,9	99,9
	+,00	+,01	+,02	+,03	+,04	+,05	+,06	+,07	+,08	+,09

z(P) – Centiles (en cotes z) de la distribution normale

P	+,000	+,001	+,002	+,003	+,004	+,005	+,006	+,007	+,008	+,009
,500	,0000	,0^{2}251	,0^{2}501	,0^{2}752	,0100	,0125	,0150	,0175	,0201	,0226
,510	,0251	,0276	,0301	,0326	,0351	,0376	,0401	,0426	,0451	,0476
,520	,0502	,0527	,0552	,0577	,0602	,0627	,0652	,0677	,0702	,0728
,530	,0753	,0778	,0803	,0828	,0853	,0878	,0904	,0929	,0954	,0979
,540	,1004	,1030	,1055	,1080	,1105	,1130	,1156	,1181	,1206	,1231
,550	,1257	,1282	,1307	,1332	,1358	,1383	,1408	,1434	,1459	,1484
,560	,1510	,1535	,1560	,1586	,1611	,1637	,1662	,1687	,1713	,1738
,570	,1764	,1789	,1815	,1840	,1866	,1891	,1917	,1942	,1968	,1993
,580	,2019	,2045	,2070	,2096	,2121	,2147	,2173	,2198	,2224	,2250
,590	,2275	,2301	,2327	,2353	,2378	,2404	,2430	,2456	,2482	,2508
,600	,2533	,2559	,2585	,2611	,2637	,2663	,2689	,2715	,2741	,2767
,610	,2793	,2819	,2845	,2871	,2898	,2924	,2950	,2976	,3002	,3029
,620	,3055	,3081	,3107	,3134	,3160	,3186	,3213	,3239	,3266	,3292
,630	,3319	,3345	,3372	,3398	,3425	,3451	,3478	,3505	,3531	,3558
,640	,3585	,3611	,3638	,3665	,3692	,3719	,3745	,3772	,3799	,3826
,650	,3853	,3880	,3907	,3934	,3961	,3989	,4016	,4043	,4070	,4097
,660	,4125	,4152	,4179	,4207	,4234	,4261	,4289	,4316	,4344	,4372
,670	,4399	,4427	,4454	,4482	,4510	,4538	,4565	,4593	,4621	,4649
,680	,4677	,4705	,4733	,4761	,4789	,4817	,4845	,4874	,4902	,4930
,690	,4959	,4987	,5015	,5044	,5072	,5101	,5129	,5158	,5187	,5215
,700	,5244	,5273	,5302	,5330	,5359	,5388	,5417	,5446	,5476	,5505
,710	,5534	,5563	,5592	,5622	,5651	,5681	,5710	,5740	,5769	,5799
,720	,5828	,5858	,5888	,5918	,5948	,5978	,6008	,6038	,6068	,6098
,730	,6128	,6158	,6189	,6219	,6250	,6280	,6311	,6341	,6372	,6403
,740	,6433	,6464	,6495	,6526	,6557	,6588	,6620	,6651	,6682	,6713
,750	,6745	,6776	,6808	,6840	,6871	,6903	,6935	,6967	,6999	,7031
,760	,7063	,7095	,7128	,7160	,7192	,7225	,7257	,7290	,7323	,7356
,770	,7388	,7421	,7454	,7488	,7521	,7554	,7588	,7621	,7655	,7688
,780	,7722	,7756	,7790	,7824	,7858	,7892	,7926	,7961	,7995	,8030
,790	,8064	,8099	,8134	,8169	,8204	,8239	,8274	,8310	,8345	,8381
,800	,8416	,8452	,8488	,8524	,8560	,8596	,8633	,8669	,8705	,8742
,810	,8779	,8816	,8853	,8890	,8927	,8965	,9002	,9040	,9078	,9116
,820	,9154	,9192	,9230	,9269	,9307	,9346	,9385	,9424	,9463	,9502
,830	,9542	,9581	,9621	,9661	,9701	,9741	,9782	,9822	,9863	,9904
,840	,9945	,9986	1,0027	1,0069	1,0110	1,0152	1,0194	1,0237	1,0279	1,0322
,850	1,0364	1,0407	1,0450	1,0494	1,0537	1,0581	1,0625	1,0669	1,0714	1,0758
,860	1,0803	1,0848	1,0893	1,0939	1,0985	1,1031	1,1077	1,1123	1,1170	1,1217
,870	1,1264	1,1311	1,1359	1,1407	1,1455	1,1503	1,1552	1,1601	1,1650	1,1700
,880	1,1750	1,1800	1,1850	1,1901	1,1952	1,2004	1,2055	1,2107	1,2160	1,2212
,890	1,2265	1,2319	1,2372	1,2426	1,2481	1,2536	1,2591	1,2646	1,2702	1,2759
,900	1,2816	1,2873	1,2930	1,2988	1,3047	1,3106	1,3165	1,3225	1,3285	1,3346
,910	1,3408	1,3469	1,3532	1,3595	1,3658	1,3722	1,3787	1,3852	1,3917	1,3984
,920	1,4051	1,4118	1,4187	1,4255	1,4325	1,4395	1,4466	1,4538	1,4611	1,4684
,930	1,4758	1,4833	1,4909	1,4985	1,5063	1,5141	1,5220	1,5301	1,5382	1,5464
,940	1,5548	1,5632	1,5718	1,5805	1,5893	1,5982	1,6072	1,6164	1,6258	1,6352
,950	1,6449	1,6546	1,6646	1,6747	1,6849	1,6954	1,7060	1,7169	1,7279	1,7392
,960	1,7507	1,7624	1,7744	1,7866	1,7991	1,8119	1,8250	1,8384	1,8522	1,8663
,970	1,8808	1,8957	1,9110	1,9268	1,9431	1,9600	1,9774	1,9954	2,0141	2,0335
,980	2,0537	2,0749	2,0969	2,1201	2,1444	2,1701	2,1973	2,2262	2,2571	2,2904
,990	2,3263	2,3656	2,4089	2,4573	2,5121	2,5758	2,6521	2,7478	2,8782	3,0902

Exercices

(**C**onceptuel - **N**umérique - **M**athématique | 1 - 2 - 3)

Section 2.1

2.1 [N1] Soit la série statistique {42, 35, 28, 61, 39, 56}. Vérifier que $\sum x = 261$, $\sum x^2 = 12151$, $\bar{x} = 43{,}50$, $s_x^2 = 159{,}50$, $s_x = 12{,}63$. L'étendue (E) est 61 - 28 = 33.

2.2 [N2] Utilisant les données de l'exercice 1, vérifier que Md = 40,50 et EM = 13,34. Calculer aussi $C_{20} = 30{,}80$, $C_{58} = 42{,}84$, $P_{50} = 65{,}31 \approx 65$.

2.3 [N2] Utilisant les données des exercices 1 et 2 et identifiant $X_{max} = 61$, construire deux graphiques, avec pour abscisses différentes valeurs croissantes de X_{max} (par exemple 61, 65, 70, 75, etc.), un graphique illustrant le changement des indices centraux ($\bar{x}$, Md), l'autre graphique, celui des indices de dispersion (s_x, EM). Interpréter brièvement.

2.4 [C3] Les concepts de modèle de mesure, de distribution statistique (d'une variable), de donnée aberrante sont mutuellement interdépendants. Élaborer une définition conceptuelle et une définition opérationnelle de donnée aberrante en respectant cette interdépendance.

2.5 [C2] Définir *moyenne* et *médiane* de façon à faire ressortir leurs significations particulières.

2.6 [N2] Soit la moyenne harmonique : $x_h = n \,/\, [x_1^{-1} + x_2^{-1} + \ldots + x_n^{-1}]$, la moyenne géométrique : $x_G = [x_1 x_2 \ldots x_n]^{1/n}$ et la moyenne quadratique : $x_Q = [(x_1^2 + x_2^2 + \ldots + x_n^2)/n]^{½}$, montrer par quelques exemples que les différentes espèces de moyennes observent l'inégalité :

$$x_h \leq x_G \leq \bar{x} \leq x_Q.$$

Noter que les moyennes harmoniques et géométriques sont définies pour des données strictement positives, c'est-à-dire pour $x_i > 0$.

2.7 [M2] Démontrer algébriquement la chaîne d'inégalités entre les espèces de moyennes telle qu'elle a été donnée à l'exercice précédent. [*Suggestion* : Utiliser n = 2 et $x_1 > 0$, $x_2 = x_1 + C$, $C \geq 0$, puis exprimer chaque moyenne en fonction d'une autre.]

2.8 [C1] Appliquant un petit test diagnostic dans ses quatre classes de mathématiques de 3e secondaire, un enseignant obtient des moyennes comparables d'une classe à l'autre, mais l'une des classes présente un écart type deux fois plus grand. Est-ce que la préparation et la prestation d'enseignement seront semblables, plus faciles ou plus difficiles dans cette classe ? Pourquoi ?

2.9 [N2] Soit la série statistique {10, 4, 17, 6, 8}, avec sa moyenne $\overline{x} = 9{,}00$ et sa variance $s_x^2 = 25{,}00$. Montrer (numériquement) que $\sum(x_i - C) = 0$ et que $\sum(x_i - C)^2$ est minimisée si $C = \overline{x}$. La valeur minimum de $\sum(x_i - C)^2$ est 100 et correspond à $(n - 1)s_x^2$.

2.10 [N2] Utilisant les données de l'exercice précédent et la médiane Md = 8, montrer que $\sum |x_i - Md| \leq \sum |x_i - C|$ pour tout C, voire pour $C = \overline{x}$.

2.11 [M2] Démontrer algébriquement que $\sum(x_i - \overline{x}) = 0$ et $\sum(x_i - \overline{x})^2 \leq \sum(x_i - C)^2$, quel que soit C. [*Suggestion* : Pour la seconde démonstration, utiliser et développer l'identité $(x_i - C) = (x_i - \overline{x}) + (\overline{x} - C)$.]

2.12 [M2] Soit trois définitions du centile P basées sur les statistiques d'ordre $X_{(i)}$: A) $X_{(r)}$ avec $r = P(n + 1)/100$ et interpolation selon r ; B) avec $r = Pn/100$ et interpolation selon r ; C) avec $r = \lfloor Pn/100 + ½ \rfloor$, le rang étant arrondi à l'entier le plus proche. Pour P constant, montrer que les trois définitions sont asymptotiquement équivalentes (en laissant croître n indéfiniment) et qu'*a contrario* les deux dernières deviennent peu plausibles lorsque $n \to 2$.

2.13 [M1] Démontrer l'équivalence des expressions $\sum(x_i - \overline{x})^2 = (\sum x_i^2 - n\overline{x}^2)$.

2.14 [M1] Soit $\mathrm{var}(X_1, X_2)$, la variance d'une série comportant deux données ; démontrer que cette variance peut s'obtenir par $½(X_1 - X_2)^2$.

2.15 [N2] En utilisant une petite série statistique (n = 3, 4 ou 5), montrer numériquement que la variance s_x^2 équivaut à $\sum\sum(X_i - X_j)^2/[n(n-1)]$, pour $1 \leq i < j \leq n$.

2.16 [M2] Démontrer algébriquement l'inégalité $s_x \leq ½E\sqrt{(n/(n-1))}$. [*Suggestion* : Utilisant l'équivalence donnée à l'exercice précédent, montrer que la variance est maximale s'il y a n_1 données X_1 et n_2 X_2, $n_1 + n_2 = n$ et si $n_1 = n_2$.]

2.17 [M2] Démontrer algébriquement l'inégalité $E \leq \sqrt{(2(n-1))}s_x$. Utilisant le résultat de l'exercice précédent, montrer que le quotient de l'étendue sur l'écart type satisfait l'intervalle $2s_x\sqrt{((n-1)/n)} \leq E \leq s_x\sqrt{(2(n-1))}$, les deux bornes se confondant pour n = 2.

Section 2.2

2.18 [N1] Les tailles des élèves nouvellement admis dans une école, en 1re secondaire, sont regroupées par intervalles de 5 cm, à partir de 90-94, puis 95-99, 100-104, etc. Les fréquences d'élèves sont de : 3 (dans 90-94 cm), puis 8, 18, 16, 27, 26, 36, 34, 30, 23, 9, 4, 1 (dans 150-154 cm). Vérifier que la moyenne est 121,30 cm et l'écart type 12,70 cm. En appliquant la correction de Sheppard contre l'effet de groupement, l'écart type devient 12,62.

2.19 [N1] Utilisant les données de l'exercice précédent, vérifier que Md = 122,21 en prenant la méthode de la fréquence cumulative au point milieu ou celle utilisant la borne supérieure de la classe.

2.20 [N2] Utilisant les données de l'exercice 2.18 et la méthode de la fréquence cumulative au point milieu, vérifier (*cf.* §2.1.8) que $\sigma^* = 14{,}01$ ($Q_1 = 112{,}05$; $Q_3 = 130{,}95$). Aussi, trouver un mode de calcul afin de vérifier que EM ≈ 14,66. [*Suggestion* : Pour obtenir EM, considérer le point milieu comme la seule valeur observée dans la classe.]

Section 2.3

2.21 [N1] Trouver l'équation de régression permettant d'obtenir les degrés Fahrenheit (°F) (de l'échelle des températures) à partir des degrés Celsius (°C). [*Suggestion* : Se rappeler que l'eau bout normalement à 100 °C ou 212 °F, et qu'elle gèle à 0 °C ou 32 °F.]

2.22 [M1] Soit deux variables X et Y et leurs écarts réduits z_X et z_Y (les écarts réduits sont présentés en §2.4). Pour une série donnée, la corrélation linéaire r_{XY} peut être définie par :

$$r_{XY} = \sum z_X z_Y / (n-1).$$

À partir de cette formule, développer les formules données en §2.3.2.

2.23 [M2] Soit les données pairées $\{X_1,Y_1 ; X_2,Y_2 ; ... ; X_n,Y_n\}$ et le modèle de régression $Y_i = a + bX_i + \varepsilon_i$, où ε est un écart aléatoire. En minimisant la fonction $Q = \sum(Y_i - a - bX_i)^2$, trouver les « équations normales » permettant de déterminer les coefficients a et b de la droite des moindres carrés. [*Suggestion* : Former les dérivées $Q_a' = dQ/da$ et $Q_b' = dQ/db$ et trouver leurs solutions pour $Q_a' = 0$ et $Q_b' = 0$.]

2.24 [N1] Douze élèves du 2e cycle, à l'école primaire, ont pris part à une course de 500 m. On a chronométré leurs courses (en secondes) et l'éducateur physique a aussi noté leurs poids (en kg). Ce sont : { (temps ;poids) } = { (504 ;28), (385 ;48), (196 ;53), (372 ;43), (521 ;38), (479 ;41), (368 ;52), (516 ;46), (511 ;49), (528 ;35), (554 ;42), (244 ;48) }. Tracer le graphique de corrélation. Vérifier que le coefficient $r = -0,618$. Reliant le temps de course (y) au poids (et indirectement à la taille) de l'élève (x), vérifier que la droite de régression des moindres carrés a pour équation $\hat{y} \approx 866 - 10x$ ou, plus précisément, $\hat{y} \approx 865,96 - 9,968x$.

2.25 [N1] Julie C., de 4e année à l'école primaire, pèse 34 kg. Utilisant les données de l'exercice précédent, vérifier que, pour Julie, le temps de course prédit au 500 m est de 527,0 ± 108,44 s, c'est-à-dire 527 s avec une erreur type (de prédiction) de 108,44 s.

2.26 [M2] Le modèle classique de la régression linéaire des moindres carrés, basé sur l'équation « $Y_i = a + bX_i + \varepsilon_i$ », stipule que les X_i sont donnés sans erreur et qu'une erreur ε_i, normalement distribuée avec $\mu(\varepsilon_i) = 0$ et $\text{var}(\varepsilon_i) = \sigma^2$, entache les Y_i. Dans ce contexte, montrer qu'il y a une corrélation négative entre les valeurs estimées des paramètres a et b, soit $\rho(a,b) = -\bar{x}\sqrt{(n/\sum x_i^2)}$. [*Suggestion* : Notant $b = \sum(x_i - \bar{x})y_i/\sum(x_i - \bar{x})^2$ et considérant les x_i constants, on peut utiliser $\text{var}(b) = \sigma^2/\sum(x_i - \bar{x})^2$.]

Section 2.4

2.27 [N1] Démontrer que, soit dans une population, soit dans une série statistique de n données, la moyenne ($\bar{z}$) des écarts réduits est zéro et que leur variance (s_z^2) et leur écart type (s_z) sont égaux à 1.

2.28 [M1] En supposant que les scores ont une distribution normale, quel percentile approximatif occupe quelqu'un dont le score dépasse la moyenne de 1½ écart type ?

2.29 [M2] Déterminer la moyenne qu'obtiendraient, dans une distribution normale standardisée, tous les individus dont le score z est de 1 ou plus.

2.30 [N2] Soit la formule suivante d'intégration approximative de la distribution normale réduite : $P(z) \approx \frac{1}{2} + z/15{,}04\,[1 + 4\exp(-z^2/8) + \exp(-z^2/2)]$. Vérifier que cette formule est précise à mieux que ±0,0002 pour z → ±1 et ±0,01 pour z → ±2,31. [Noter que exp(x) équivaut à $e^x \approx 2{,}71828^x$.]

2.31 [N2] Une autre formule d'intégration de la distribution normale (proposée par Hastings[3]) utilise une approximation rationnelle, soit, pour z ≥ 0 :

$$P(z) \approx 1 - \frac{e^{-z^2/2}}{\sqrt{2\pi}} \cdot t(b_1 + t(b_2 + t(b_3 + t(b_4 + t b_5)))),$$

avec $t = 1/(1 + 0{,}2316419z)$,

$b_1 = 0{,}31938153$,

$b_2 = -0{,}356563782$,

$b_3 = 1{,}781477937$,

$b_4 = -1{,}821255978$,

$b_5 = 1{,}330274429$.

Vérifier que, pour z = 1, $t \approx 0{,}8119243$, $P(1) \approx 0{,}84134474$ et que l'erreur d'approximation de P(z) ne déborde jamais 0,0000001 en valeur absolue.

3. C. Hastings Jr., *Approximations for Digital Computers*, Princeton University Press, 1955.

2.32 [M2] Développer la fonction de densité normale (donnée en §2.4.1) en série de Taylor et montrer que l'intégrale P(z) correspond à la somme convergente :

$$P(z) = ½ + \frac{1}{\sqrt{2\pi}}\left[z - \frac{z^3}{6} + \frac{z^5}{40} - \frac{z^7}{336} + \ldots + \frac{(-1)^n z^{2n+1}}{2^n n!(2n+1)} + \ldots\right].$$

[*Suggestion* : Le développement de Taylor de e^z étant $1 + z + z^2/2\,! + z^3/3\,! + \cdots$, la série développée doit ensuite être intégrée terme à terme.]

2.33 [N1] Utiliser les méthodes indiquées aux trois exercices précédents pour trouver P(0,3), *i.e.* l'intégrale normale à z = 0,3. Comparer les résultats entre eux et avec la valeur apparaissant dans la table.

Section 2.5

2.34 [M1] Démontrer algébriquement les quatre groupes de théorèmes d'algèbre statistique.

2.35 [N1] Illustrer et démontrer par de petits exemples numériques les théorèmes 2a à 2d.

Solution des exercices de §2.4.2

Série A

A.1 P = 0,159 (ou 15,9 %).

A.2 z = 1,645.

A.3 Les « 5 % extrêmes » sont répartis de part et d'autre de la moyenne et correspondent aux 2,5 % de chaque côté. D'où, par la table P(z) ou le bas de la table z(P), z = 1,960 (à droite) et z = -1,960 (à gauche).

A.4 Comme pour le n° 3, z = 0,674 (à droite) et z = -0,674 (à gauche). La valeur plus précise est z = ±0,67449.

Série B

B.1 z = (110 - 100)/16 = 0,625 et P(0,625) ≈ 73,4. Le percentile de Robert est 73.

B.2 Les 20 % plus brillants se situent au-dessus du percentile 80, soit de l'écart réduit z(80) = 0,842. Obtenant X à partir de z par la formule « X = zσ + μ », le QI requis est donc 0,842 × 16 + 100 = 113,47 ≈ 113.

B.3 Le percentile de Sylvie, à z = (124 - 100)/16 = 1,50, est P(1,50) = 93,3. Celui d'André, à P = 93,3 - 10 = 83,3, correspond à l'écart réduit z(83,3) ≈ 0,97. Par la formule donnée en n° 2, QI(André) ≈ 0,97 × 16 + 100 = 115,52 ≈ 116.

B.4 La première catégorie va de z_1 = (100-100)/16 = 0,00 à z_2 = (108 - 100)/16 = 0,50, délimitant P(0,50) - P(0,00) = 69,1 - 50,0 = 19,1 percentiles (ou 19,1 % de la surface normale). La borne z_3 à trouver couvre 19,1 percentiles supplémentaires, rejoignant P = 69,1 + 19,1 = 88,2, soit z(88,2) ≈ 1,19. En unités de QI, la borne *L* est alors 1,19 × 16 + 100 = 119,04 ≈ 119.

Série C

C.1 Le professeur obtient 100 × 31/170 ≈ 18,2 % de notes supérieures à $1{,}5s_x$. Dans une répartition de loi normale et s'il y avait un nombre infini de copies, on s'attendrait à trouver P(1,50) = 93,3 % copies sous $1{,}5s_x$, ou 6,7 % au-delà de $1{,}5s_x$. La répartition des notes n'est vraisemblablement pas normale, ou bien le professeur a été trop généreux.

C.2 Posons que X, le nombre de faces obtenues, est une mesure, une variable représentant le comportement de la pièce de monnaie : sa moyenne est $\mu = n/2$ et sa variance $\sigma^2 = n/4$. L'écart réduit $z = (X - \mu) / \sigma = (2X - n)/\sqrt{n}$ a une distribution quasi normale[4]. Ici, $z \approx (15 - 25{,}0)/3{,}536 \approx -2{,}828$. Considérant le percentile correspondant, soit approximativement $P(-2{,}83) \approx 0{,}23$, l'événement observé (*i.e.* 15 faces en 50 coups) peut être déclaré événement exceptionnel, *significatif*, sa probabilité d'apparaître étant très petite (puisque $\Pr\{z \leq -2{,}83\} < 0{,}0023$), en tout cas plus petite que le seuil de signification de 0,01 (ou 1 %).

C.3 La décision est plus sûre si une candidate est franchement plus qualifiée que l'autre. Chaque mesure au test AGD ayant une fidélité moins que parfaite et une erreur type de 3,5, chaque mesure peut être vue comme fluctuant avec une amplitude de $k3{,}5$ autour de la vraie valeur visée, pour $k > 0$. À l'amplitude d'un écart type ($k = 1$), cette vraie valeur pour Sophie se situerait dans l'intervalle 76 ± 3,5 et, pour Anne, dans 69 ± 3,5. Les bornes de ces intervalles se touchant (à X = 72,5)[5], il serait prudent d'appuyer le choix par un ou plusieurs critères supplémentaires.

---

4. La distribution exacte de la variable X est la *loi binomiale*, à partir de laquelle A. de Moivre a le premier (en 1756) élaboré la forme mathématique de la loi normale. Noter que, si la variable X représente la *somme* de variables élémentaires (ici, +1 à chaque fois que la pièce de monnaie tombe sur « face » ; dans un questionnaire, X est la somme des points accordés par bonne réponse ; etc.), alors le *théorème central-limite* stipule que X tend en général vers une distribution de loi normale, quelles que soient les distributions de ses ingrédients.

5. La séparation statistique des deux scores, X_1 et X_2, peut se baser sur un critère statistique plus rigoureux. Il s'agirait ici d'un *test de différence*, $z = (X_1 - X_2)/[\sigma_e\sqrt{2}] \approx 1{,}414$, le z se distribuant normalement à l'instar des X_i. Utilisant un seuil habituel de décision (α) de 0,05 correspondant à $z = \pm 1{,}960$, la différence observée ici n'apparaît pas significative, au seuil choisi. Il est donc probable que Sophie et Anne ont des valeurs vraies semblables.

3 Théorie des tests

3.1. NOTIONS GÉNÉRALES ET ÉQUATIONS FONDAMENTALES

3.1.1. Introduction historique

Les « tests psychologiques » ont connu leur premier essor dans la deuxième décennie du XXe siècle, la publication du test d'intelligence d'Alfred Binet en étant une date marquante. Le second grand essor fut donné aux États-Unis, à l'orée de la Deuxième Guerre mondiale ; l'armée américaine commandita alors de nombreux psychologues pour fabriquer des tests de sélection pour les différentes catégories du recrutement militaire. Vers cette époque, les psychologues installés dans les écoles commençaient à structurer leur approche à l'égard de l'évaluation et de la mesure des élèves : non seulement s'intéressait-on au testing des qualités psychologiques (intelligence, motivation, anxiété, etc.), mais aussi aux apprentissages scolaires eux-mêmes. Vers la même époque, soit dans les années 1950, les grandes entreprises attaquaient aussi le problème de la sélection scientifique et de l'évaluation du personnel, ce qui donna lieu aux premiers tests « d'intérêts vocationnels » et aux batteries de tests d'aptitude pour des emplois particuliers.

Les personnes engagées dans cette élaboration de tests étaient pour la plupart des psychologues d'université, auxquels s'associèrent à l'occasion des statisticiens et des professeurs en formation des maîtres. L'appartenance universitaire des intervenants ainsi que le besoin de définir un langage et des concepts relatifs au testing ont poussé à une réflexion systématique sur les tests, réflexion qui a donné le jour à la **théorie des tests** qu'on connaît aujourd'hui. Une branche cadette, la **docimologie**, a comme champ d'application plus restreint les tests scolaires, les « examens », et leur scoring.

La théorie des tests, dont l'essentiel a été formulé avant les années 1950, se préoccupe d'étudier les propriétés des instruments de mesure et d'apprécier la qualité des mesures qu'ils produisent. Le « domaine » dénommé théorie des tests renferme en fait deux sous-domaines : une « théorie des tests » proprement dite, qui prend la forme d'un modèle mathématique simple et ses dérivations, puis une collection de façons de faire, de méthodes et d'outils statistiques qui sont d'usage dans l'élaboration, l'évaluation et la pratique des tests. La « théorie » proprement dite concerne la mesure et les nombres qui l'expriment ; c'est pourquoi elle est formulée mathématiquement, avec le langage de l'algèbre statistique.

3.1.2. Propriétés de base des mesures empiriques

Quel but immédiat poursuit-on lorsqu'on mesure des objets, des personnes ? On peut vouloir connaître la grandeur, la valeur de l'objet ; toutefois, le but fondamental de la mesure est de classer les objets ou les personnes, et l'on attend d'un instrument de mesure qu'il nous permette de faire ce classement correctement.

Supposons deux personnes fictives, Robert Chicoine et Pierre Tremblay, dont nous voulons apprécier la force. Nous croyons Robert généralement plus fort que Pierre, particulièrement dans les membres supérieurs. La force de préhension des mains, ici dénotée ϕ, est évaluée par un dynamomètre manuel f_M. Mesurons une première fois Robert et Pierre, et nous obtenons :

$$X_{RC,1} = f_M(\phi_{RC}),\ X_{PT,1} = f_M(\phi_{PT}),$$

les mesures de force étant faites en dixièmes de kg. Nous devrions obtenir ici $X_{RC,1} > X_{PT,1}$, si l'idée que Robert est plus fort que Pierre est fondée, c'est-à-dire si $\phi_{RC} > \phi_{PT}$. Si nous mesurons une nouvelle fois ces deux personnes, nous devrions obtenir encore l'inégalité $X_{RC,2} > X_{PT,2}$, voire $X_{RC,1} > X_{PT,2}$.

Dans le présent contexte et en général, nous espérons que les multiples mesures que nous prenons du même objet sont toutes égales ou, à tout le moins, « consistantes » les unes avec les autres. Avec un appareil suffisamment précis, il est rare qu'on obtienne deux fois la même mesure (à la n^e décimale près), mais l'on s'attend néanmoins à ce qu'elles soient à peu près égales. Ainsi, pour les deux mesures faites de Robert Chicoine, on aurait :

$$X_{RC,1} \approx X_{RC,2}$$

indiquant que les deux valeurs obtenues sont presque égales.

Imaginons maintenant que Robert Chicoine ait été mesuré plusieurs fois, produisant X_1, X_2, X_3, X_4, ... Ces différentes mesures, toutes « presque égales » entre elles, devraient fluctuer au voisinage d'une hypothétique valeur caractéristique, la « valeur vraie » de Robert Chicoine quant à la force de préhension.

3.1.3. Quelques différences cruciales

Nous avons donc mesuré deux objets, deux personnes, à deux reprises, pour obtenir par exemple $X_{RC,1}$, $X_{RC,2}$, $X_{PT,1}$, $X_{PT,2}$. En tenant pour acquis comme plus haut que Robert Chicoine (dénoté « RC ») est plus fort, possède une caractéristique de plus forte intensité que Pierre Tremblay (« PT »), on s'attend à ce que :

$$(X_{RC,1}, X_{RC,2}) > (X_{PT,1}, X_{PT,2})$$

et aussi :

$$X_{RC,1} \approx X_{RC,2} \; ; X_{PT,1} \approx X_{PT,2}$$

ces deux expressions reflétant deux propriétés fondamentales de la mesure[1]. Cela étant bien compris, que penser de la différence $(X_{RC,1} - X_{RC,2})$ ou, en général, des différences entre deux mesures quelconques du même objet, $(X_{i,j} - X_{i,j'})$? Que penser aussi de la différence $(X_{RC,1} - X_{PT,1})$ ou, en général, des différences entre deux mesures d'objets différents $(X_i - X_{i'})$?

> Pour la différence de première catégorie, $(X_{RC,1} - X_{RC,2})$, on s'attend a) à ce qu'elle soit petite ; b) à ce qu'elle apparaisse tantôt positive, tantôt négative ; c) en fait, à ce qu'elle fluctue autour de zéro.
>
> Pour la différence entre deux objets, $(X_{RC,1} - X_{PT,1})$, on va plutôt obtenir a) une valeur qui reflète l'écart d'intensité des deux objets : ici une valeur positive, puisque Robert Chicoine est réputé plus fort que Pierre Tremblay ; b) **et**, on doit y penser aussi, une certaine fluctuation, étant donné que chacune des deux mesures impliquées comporte une part de variation incontrôlable.

Dans une séquence des mesures d'un même objet (X_1, X_2, X_3, ...), on conçoit que les petites variations d'une mesure à l'autre sont attribuables à diverses causes : instabilité de la caractéristique évaluée, imprécisions dans la lecture du résultat, influences incontrôlables des conditions environnantes, etc. En théorie des tests, on utilise le terme générique d'**erreur de mesure**, symbolisé souvent par ***e*** (ou ε, en caractère grec). « Erreur de mesure » ne signifie pas en général une « erreur », par exemple une lecture incorrecte de l'échelle graduée sur un instrument ou l'utilisation inadéquate d'un procédé de mesure. On entend plutôt par là la petite variation du nombre produit par

---

1. Il s'agit aussi bien ici des propriétés des instruments de mesure que des mesures elles-mêmes. Quelles sont ces deux propriétés ?

l'instrument, une variation imputable à l'effet combiné de nombreuses influences, y compris le hasard. S'il n'y avait pas cette variation d'erreur, chaque mesure s'appliquerait exactement à chaque objet, et les instruments de mesure parviendraient à classer correctement et définitivement les objets en leur attribuant des nombres correspondants. C'est la présence de cette « petite erreur » *e*, qui bien sûr peut être plus ou moins grande selon les cas, qui motive toute notre approche en théorie des tests.

3.1.4. L'équation fondamentale

Bref, la mesure d'une personne étant une opération imparfaite, on définira deux parts dans le résultat obtenu : une part d'information, une part de fluctuation (on dit aussi du « bruit »). L'équation représentant ces idées est :

$$X_{i,o} = V_i + e_o \qquad (1)$$

où $X_{i,o}$ est la **mesure** de la personne ***i*** à l'occasion ***o*** ; V_i est la **valeur vraie** de la personne *i*, la grandeur réelle qui la caractérise ; e_o est l'**erreur**, la fluctuation particulière attachée à cette mesure particulière.

Le modèle présenté dans l'équation ci-dessus n'a pas toute la généralité souhaitable. Noter en particulier qu'il ne peut représenter qu'une seule caractéristique chez les personnes évaluées, puisqu'il n'y est question que de mesures « X ». Nous pouvons avoir à mesurer d'autres caractéristiques, par exemple par les mesures « Y » et « Z ». Il faudrait alors enrichir la notation, en écrivant par exemple :

$$X_{i,o} = {}_xV_i + {}_xe_o$$

cette notation se généralisant facilement à Y et Z. La valeur réelle pour une personne, comme Robert Chicoine, dépend de la caractéristique évaluée (*e.g.* X, Y ou Z) ; de la même manière, la grandeur des fluctuations *e* dépend de la caractéristique et de l'instrument utilisé (une mesure de pèse-personne fluctue moins qu'une mesure de dynamomètre, en général).

Avec un instrument parfait, aucune fluctuation n'interviendrait dans la mesure, et l'on obtiendrait chaque fois le même résultat, $X_{i,o} = V_i$. Pour comparer deux personnes, *i* et *j*, il suffirait de comparer leurs mesures, X_i et X_j, et l'on saurait que la comparaison est équitable puisqu'elle équivaudrait à la comparaison des valeurs réelles, V_i et V_j. Par ailleurs, les mesures prises au moyen d'un instrument ordinaire contiennent des fluctuations, de l'erreur de mesure, de l'imprécision. L'évaluation d'une personne, la comparaison de deux ou plusieurs personnes au moyen de ces mesures posent un problème de validité scientifique : jusqu'à quel point les mesures reflètent-elles les valeurs réelles des personnes évaluées ?

La composante $\mathbf{X_{i,o}}$ de l'équation fondamentale identifie une mesure de la personne *i* ; ainsi $X_{i,1}$, $X_{i,2}$, $X_{i,3}$, ... constituent une séquence de mesures de la même personne. L'équation fondamentale pose ces mesures X comme étant composées de deux ingrédients, la « valeur vraie » et « l'erreur » (ou valeur fluctuante) ; de plus, ces ingrédients sont reliés par addition (plutôt que multiplicativement, par exemple).

La composante $\mathbf{V_i}$ (ou $_xV_i$) est **inconnue** : de fait, si on la connaissait, il n'y aurait pas lieu de prendre une mesure ! On suppose cependant qu'elle existe ; c'est la valeur autour de laquelle semblent fluctuer les différentes mesures d'une personne. Si l'instrument utilisé est parfait, ou si l'erreur de mesure est zéro, V_i sera directement la valeur mesurée.

Quant à la composante $\boldsymbol{e_o}$, elle reflète une imprécision inhérente à l'opération de mesure. D'où vient cette imprécision ? Elle dépend de l'instrument utilisé, de l'erreur de lecture sur l'échelle graduée (on ne peut guère être plus précis que l'unité de mesure affichée sur l'appareil), d'une instabilité de la caractéristique évaluée, de l'influence de conditions externes incontrôlables, etc. Les valeurs e_o fluctuent autour de zéro mais elles ont aussi une amplitude typique : certains instruments donneront des erreurs habituellement plus grandes, d'autres, des erreurs plus petites. Quoi qu'il en soit de la source de cette imprécision, on considérera qu'elle se manifeste comme une **variable aléatoire**, présentant des valeurs imprédictibles et semblant n'obéir qu'au hasard, des valeurs cependant qui tournent autour d'une moyenne de zéro, avec un écart type (σ_e) déterminé (voir aussi §3.5).

3.2. LES POSTULATS DU MODÈLE CLASSIQUE

3.2.1. Le modèle classique de la théorie des tests

La théorie des tests (Gulliksen, 1950 ; Lord et Novick, 1967 ; Bernier, 1985) est constituée essentiellement depuis le début des années 1950 : concepts, postulats, équation fondamentale et équations dérivées se trouvent réunis dans un « modèle classique ». Dès l'origine cependant et particulièrement depuis peu, différents auteurs ont débordé le cadre relativement étroit du modèle classique et ont proposé de nouveaux développements. Ainsi la « théorie de la généralisabilité » de Cronbach et ses collaborateurs a fait éclater le concept d'erreur et enrichi le concept de fidélité ; l'approche factorielle de Thurstone a fracturé et diversifié le concept de valeur vraie ; la « théorie des réponses aux items » a introduit une non-additivité dans l'équation fondamentale, fondée sur la sensibilité particulière de chaque sujet par rapport à un instrument donné, etc. Il reste que le besoin existe d'un système de concepts cohérent et d'un langage pour qu'on puisse réfléchir et communiquer sur la valeur des instruments de mesure, et c'est ce que le modèle classique nous fournit.

On peut représenter le modèle classique par un système de quatre postulats. Ces postulats, énoncés fondamentaux posés comme étant vrais sans preuve, seront par la suite invoqués pour justifier des dérivations algébriques et des interprétations statistiques. Les postulats font tous référence à l'équation fondamentale, $X_{i,o} = V_i + e_o$, et ils portent respectivement : 1) sur la nature de l'erreur (ou fluctuation) e_o ; 2) sur la non-corrélation des erreurs e_o ; 3) sur la fixité des valeurs vraies V_i; 4) sur l'additivité de V_i et $e_{i,o}$.

3.2.2. Le postulat 1 (sur la nature de l'erreur)

Le postulat 1 s'attache à décrire le comportement de e_o, c'est-à-dire de la valeur qui s'ajoute à la valeur vraie et qui explique la fluctuation continuelle de la mesure. Le postulat s'énonce en trois niveaux, chacun ayant un degré d'évidence différent :

1a : e_o fluctue symétriquement autour de zéro ;

1b : $\mathrm{var}(e_o)$, ou σ_e^2, est une quantité définie, caractéristique de l'instrument de mesure X ;

1c : la variable e_o se distribue normalement, avec une moyenne zéro et une variance σ_e^2.

Ces trois formulations sont progressives, à la fois de plus en plus précises (donc utilisables) et de moins en moins sûres. L'**énoncé 1a** met en mots une évidence : la fluctuation attachée à la mesure est parfois positive, parfois négative, et ce, symétriquement, sans quoi nous aurions affaire à une mesure biaisée[2] et à une « erreur systématique » (plutôt qu'à une simple « fluctuation », aléatoire par définition). Nous étudierons plus loin le concept d'erreur systématique (voir §3.5). Notons en passant que, si on la calculait, la moyenne des e_o tendrait vers zéro, puisque les fluctuations sont symétriques et que les positives sont compensées par des négatives.

L'**énoncé 1b** affirme quelque chose de moins évident mais qui est tout aussi convaincant, à savoir qu'il existe une amplitude de variation typique de e_o autour de zéro, et que toutes les valeurs (par exemple +0,55, −123,8, −0,0038) n'ont pas la même probabilité. Avec un instrument donné, moins précis, les fluctuations e_o s'écarteront plus facilement et plus loin de zéro, tandis qu'un instrument précis produirait de petites fluctuations, tassées autour de zéro.

---

2. Le *biais* d'une mesure, ou d'une estimation, est la différence qu'elle a en moyenne avec la valeur de référence. Ainsi, si R est une valeur de référence (= mesure exacte d'un objet) et que X en est une mesure estimative, le biais B_x de X est $B_x = E(X) - R$, ou encore $B_x \approx \overline{x} - R$. Une mesure est dite *biaisée* si son biais B_x est non nul.

En général, posant « u » comme unité de mesure, « l'erreur » associée à la lecture de l'instrument est d'au moins $\pm\frac{1}{2}u$. Ainsi, un instrument dont l'unité de mesure est plus grossière aura tendance à produire des fluctuations plus grandes.

La fluctuation e_o dépend non seulement de l'erreur de lecture, mais d'autres sources aussi. Notons par $e_{o,u}$ la partie de e_o qui dépend uniquement de l'erreur de lecture ; alors cette erreur se distribue également entre les bornes $-\frac{1}{2}u$ et $+\frac{1}{2}u$, ce qu'on peut dénoter par $e_{o,u} \sim U(-\frac{1}{2}u, +\frac{1}{2}u)$. Dans ce cas, la variance de $e_{o,u}$ est égale à $u^2/12$. Étant donné que la fluctuation e_o dépend de sources supplémentaires, en sus de l'erreur de lecture, on aura donc l'inégalité :

$$\sigma^2(e_o) \geq u^2/12$$

Nous reviendrons plus loin (§3.5) sur la composition de « l'erreur de mesure » en termes de sources de fluctuation distinctes, y compris l'erreur de lecture.

Ainsi, l'erreur de mesure e_o, tout en variant au hasard, observe une marge de variation typique. Or, la théorie des tests utilisant le langage de l'algèbre statistique, c'est par le concept de variance que l'on dénotera cette marge de variation. De même qu'on a pu déclarer (selon l'énoncé 1a) que $moy(e_o) = 0$, on dira que $var(e_o)$ existe, donc que e_o ne peut présenter de valeurs indéfiniment grandes mais qu'elle se trouve habituellement étalée dans un intervalle comme $\{-k\sigma_e, +k\sigma_e\}$, k étant petit ($k \approx 1$ à 3).

Tout raisonnable que paraisse le postulat 1b, on évoque aisément des situations de mesure dans lesquelles l'erreur fluctue à des amplitudes variables. Ainsi, en physiologie cardiovasculaire, la mesure de la fréquence cardiaque (FC) est très influencée par l'irrégularité naturelle du cœur ; cependant, aux fréquences élevées, l'irrégularité diminue à mesure qu'on approche du régime maximum du cœur. Aussi, dans un test d'habileté où l'on compterait le nombre d'erreurs commises, le score se comporte comme une variable de Poisson, pour laquelle moyenne et variance sont égales (ou, disons, en forte corrélation). La « loi de Fechner », en psychophysique, indique que l'erreur d'appréciation humaine varie avec la grandeur jugée, c'est-à-dire que l'erreur du jugement pour la grandeur d'un arbre sera plus grande que l'erreur pour une fleur. Dans ces cas et d'autres cas semblables, la variance d'erreur n'est pas la même selon les conditions de mesure utilisées et particulièrement selon le niveau général des valeurs vraies.

Le moins évident reste l'**énoncé 1c**, qui pourtant reprend essentiellement les énoncés antérieurs ; spécifiquement, ce dernier énoncé du postulat 1 pose que e_o obéit à une distribution normale (ou gaussienne), cette distribution étant caractérisée par une moyenne de zéro (énoncé 1a) et une variance de σ_e^2 (énoncé 1b). L'énoncé se ramène à l'expression mathématique $e_o \sim N(0,\sigma_e^2)$. Pourquoi ajouter ici la forme normale ? Parce que, comme dans plusieurs autres contextes de la statistique, la distribution normale est une fiction commode. À strictement parler, elle n'est pas nécessaire aux développements essentiels de la théorie des tests. Cependant, étant donné le caractère aléatoire et composite de l'erreur de mesure, la « normalité » est une hypothèse raisonnable : c'est dans ce contexte précis d'erreur aléatoire et composite que C.F. Gauss[3] a élaboré cette fonction mathématique.

Les auteurs en théorie des tests n'incluent ordinairement pas l'énoncé de « distribution normale de l'erreur » dans les postulats. Cette omission est justifiée en apparence du fait que les concepts et formules de la théorie sont obtenus par dérivation algébrique simple, sans recours à des notions de distribution ni même de variable aléatoire.

En dépit de la tradition universitaire à cet égard, l'énoncé de « distribution normale de l'erreur » nous paraît requise dans les postulats, pour les trois raisons suivantes. l) Ainsi qu'il a été mentionné plus haut, c'est une hypothèse distributionnelle raisonnable, une hypothèse en tout cas plus acceptable que toute autre. 2) Les auteurs qui ne l'incluent pas en font quand même usage à un moment ou à un autre, pour indiquer par exemple que « la valeur vraie ne s'écarte pas de la valeur observée de plus que σ_e, avec une probabilité (normale) de 0,68 ». En fait, toutes nos habitudes, toutes nos techniques d'interprétation statistique sont dominées par la distribution normale et les distributions qui lui sont associées (t, χ^2, F). 3) Les dérivations algébriques de la théorie des tests concernent les concepts de moyenne, de variance, de corrélation. Tout en s'appliquant validement à d'autres variables aléatoires, ces concepts statistiques ont leur pleine signification pour des variables aléatoires normales. Noter en particulier que moyenne et variance sont deux paramètres indépendants seulement pour des variables normales (ils sont non indépendants dans tous les autres cas), et aussi que la distribution échantillonnale du coefficient de corrélation linéaire n'est connue que pour des variables normales.

3.2.3. Le postulat 2 (sur la non-corrélation de l'erreur)

Les fluctuations e_0 qui s'attachent à la mesure sont occasionnées par l'opération de mesure, et elles sont nouvelles chaque fois. C'est ce qu'on disait plus haut, en affirmant que l'erreur e_0 est une variable aléatoire. Le postulat 2, en deux parties, précise encore cette affirmation.

2a : Il n'y a pas de corrélation entre l'erreur et la valeur vraie, soit $\rho(e_0, V_i) = 0$.

2b : Il n'y a pas de corrélation entre les erreurs, soit $\rho(e_0, e'_0) = 0$.

3. Pour l'origine de la distribution normale, voir la note infrapaginale 1, à la page 36.

Le postulat 2 dit très simplement que, étant une variable aléatoire, l'erreur e_o n'a pas de relation systématique avec quoi que ce soit, n'est en corrélation avec rien d'autre. En particulier, l'**énoncé 2a** affirme que l'erreur n'est pas influencée par la grandeur de la valeur vraie V_i, que par exemple l'erreur n'est pas plus forte même alors que la valeur vraie est plus forte.

L'**énoncé 2b** apparaît plus généralement vrai : il n'y a pas de relation entre une erreur et une autre erreur. Cette non-corrélation suppose qu'il s'agit d'une *autre* erreur, c'est-à-dire d'une erreur provenant d'une autre mesure, faite indépendamment de la première bien que dans des conditions équivalentes. Ainsi, si l'on place un sujet dans une situation de mesure et qu'on lit coup sur coup deux valeurs $X_{i,1}$ et $X_{i,2}$, ces deux valeurs sont en fait deux expressions de la même mesure, et les erreurs qui leur sont associées auront tendance à corréler positivement (voir aussi §3.5).

Les énoncés 2a et 2b, libellés pour le contexte d'un seul instrument de mesure, s'appliquent *a fortiori* à un contexte mixte. Pour ce contexte, l'énoncé 2a affirme en corollaire que : il n'y a pas de corrélation entre l'erreur sur un instrument et la valeur vraie sur un autre instrument, ou $\rho({}_x e_o, {}_y V_i) = 0$. De même, l'énoncé 2b dit que : il n'y a pas de corrélation entre les erreurs sur deux instruments, en d'autres mots $\rho({}_x e_o, {}_y e_o') = 0$.

Les énoncés du postulat 2 sont généralement plausibles dans une situation de mesure réelle, quoiqu'on puisse trouver à y redire dans maints cas particuliers. Ces énoncés sont cependant requis pour simplifier les développements algébriques de la théorie des tests.

3.2.4. Le postulat 3 (sur la fixité des valeurs vraies)

Les mesures prises à répétition sur le même objet, la même personne ne sont pas nécessairement égales, puisque, comme on a vu, une valeur aléatoire de fluctuation s'y attache ordinairement. Néanmoins, toutes ces mesures se rapprochent plus ou moins et semblent évoluer autour d'une valeur donnée, valeur qui serait caractéristique de l'objet évalué : c'est ce qu'affirme le postulat 3 :

3. La valeur vraie d'un objet ou d'une personne est constante [ou $\text{var}(V_{i,o}) = 0$ pour i constant].

Cette intuition, formulée comme un postulat de la théorie des tests, nous dit que si $\{X_{i,1} ; X_{i,2} ; X_{i,3} ; ... \}$ représente une séquence de mesures faites du même objet aux occasions 1, 2, 3, ..., les valeurs vraies correspondantes $\{V_{i,1} ; V_{i,2} ; V_{i,3} ; ...\}$ sont toutes égales entre elles, soit égales à V_i. Ce postulat suppose expressément 1) que les mesures sont faites dans les mêmes conditions (ou dans des conditions équivalentes) et 2) que l'objet, la personne évaluée n'a pas changé ou n'a pas eu l'occasion de changer d'une occasion de mesure à l'autre.

> Le postulat 3 rend explicite un principe qui fonde toute mesure, à savoir que les caractéristiques évaluées chez les personnes sont stables, ont une valeur fixe à un moment donné. S'il en était autrement, il serait incongru de vouloir les mesurer. Cette vérité d'évidence, dans le domaine des mesures en sciences pures et appliquées, peut toutefois faire problème en sciences humaines, où les caractéristiques évaluées sont plus subtiles. Déjà la mesure d'intelligence proposée par Binet, à l'origine des tests actuels, est un cas type, qui a été disputé dès sa mise en œuvre : peut-on évaluer, mesurer une qualité de l'esprit telle que « l'intelligence » ? Que dire encore de « l'anxiété », « l'intérêt pour les métiers de la construction », « la viscosité mentale » ? En fait, dans tous ces cas, on peut se demander si, là où l'instrument de mesure est appliqué, il y a quelque chose de réel, de numériquement consistant, à évaluer ? Par bonheur, la théorie des tests est parée pour répondre à une telle question à travers ses concepts de variance vraie et de fidélité, que nous examinerons bientôt. Il reste que le constructeur et l'utilisateur de tests doivent se préoccuper de la question sous-jacente au postulat 3, à savoir « est-ce que ce que je veux évaluer par ce test est vraiment une caractéristique définie et mesurable chez une personne ? ».

3.2.5. Le postulat 4 (sur l'additivité du modèle)

Le postulat 4 concerne strictement la forme mathématique de l'équation fondamentale. Cette équation pose la mesure comme étant composée de deux ingrédients, une valeur vraie (caractéristique de l'objet évalué) et une valeur à fluctuation aléatoire (engendrée par l'opération de mesure même). Le postulat 4 affirme simplement que ces deux ingrédients sont composés par addition, à savoir :

4. $\mathrm{X} = \mathrm{f}(\mathrm{V}, e)$, où $\mathrm{f}(\mathrm{V}, e) = \mathrm{V} + e$

En admettant que la mesure est composée de valeur vraie et d'erreur (les ingénieurs en communication diraient : d'information et de bruit), il est possible de proposer d'autres formes de combinaison de ces ingrédients, des formes simples (par exemple : $\mathrm{X} = \mathrm{V}e$, où $e > 0$) ou des formes plus complexes ($\mathrm{X} = \mathrm{V}a^e$, $a > 0$), ces diverses formes pouvant avoir une raison d'être et une validité démontrables dans un contexte donné. Nonobstant cette multiplicité de formes possibles, on peut donner deux solides arguments en faveur du postulat 4 tel qu'il est. D'abord la composition additive est de loin la plus simple et la plus générale. En deuxième lieu, le modèle additif se prête le mieux, c'est-à-dire le plus simplement et le plus directement, aux manipulations algébriques. Un autre modèle donnerait lieu à une théorie des tests différente, plus enchevêtrée mathématiquement et d'application plus restreinte.

3.3. LES CONCEPTS DE BASE EN THÉORIE DES TESTS

À quoi peut bien servir la « théorie des tests » ? Il est bon de se rappeler ici que la théorie des tests est l'aboutissement d'efforts menés dans le but de donner aux concepteurs et aux utilisateurs de tests un langage, un ensemble de concepts, des techniques standardisées et de favoriser ainsi la recherche et la communication entre spécialistes. Les idées sur les tests ont vu le jour une à une, les premières techniques ont été supplantées par des techniques meilleures, mathématiquement mieux fondées, d'interprétation plus simple, etc. Le développement historique a donné naissance à un corpus cohérent, présent implicitement dans les postulats énoncés plus haut. Ce corpus comporte certains concepts de base, qui font l'objet de la présente section.

Nous examinerons donc les concepts de « variance observée », « variance vraie », « variance d'erreur » ; le concept clé de « fidélité » ; le concept « d'erreur type de mesure » ; la corrélation entre valeur vraie et valeur observée ; enfin l'estimation de la valeur vraie.

3.3.1. Variance observée, variance vraie, variance d'erreur

L'information qu'on obtient par l'application d'un instrument de mesure tient à la diversité des mesures qu'il peut produire : si, en mesurant 18 personnes, on obtenait 18 scores égaux, on ne serait pas mieux informé sur ces personnes ni mieux préparé à les classer ou à prendre des décisions à leur sujet.

La diversité, l'étalement des mesures correspond au concept statistique de variance (ou l'écart type élevé au carré), et l'on peut dire qu'un instrument de mesure est utile pour autant que sa variance, la variance des mesures qu'il fournit, est suffisante. C'est pour cette raison que la première série de concepts que nous étudierons concerne la notion de variance.

La variance des valeurs mesurées (X_1 ; X_2 ; ...) est appelée **variance observée** (s_x^2). La variance des valeurs vraies (V_1 ; V_2 ; ...) est appelée **variance vraie** (s_v^2). La variance des valeurs aléatoires qui « contaminent » les mesures s'appelle **variance d'erreur** (s_e^2). L'équation 2 identifie la relation entre ces trois variances :

$$s_x^2 = s_v^2 + s_e^2 \qquad (2)$$

Cette relation indique que l'information transmise par l'instrument de mesure contient deux parts, une part d'information utile : la variance vraie, et une part de bruit, de non-information : la variance d'erreur.

La preuve de l'équation 2 est non seulement facile à faire, mais elle permet de saisir la consistance de la théorie des tests en faisant appel à son corps de postulats. Les étapes sont les suivantes :

1. $s_x^2 = \text{var}(X) = \text{var}(V + e)$, par simple substitution.

2. $\text{var}(V + e) = s_v^2 + s_e^2 + 2r_{v,e}s_vs_e$, par développement et simplification algébriques (*cf.* théorème 3b, « variance d'une somme simple »).

3. $\text{var}(V + e) = s_v^2 + s_e^2 + 0$, puisque $r_{v,e} \to 0$ selon le postulat 2a (« Il n'y a pas de corrélation entre l'erreur et la variance vraie »), ce qui, en espérance, annule le troisième terme à droite du signe d'égalité.

La preuve est ainsi complète.

Remarquer ici que, alors que s_x^2, la variance observée, est une quantité connue (comme son nom l'indique bien), les deux autres quantités, s_v^2 et s_e^2, ne le sont pas, puisqu'on ne peut pas mesurer directement la valeur vraie ni l'erreur. Cela ne revient pas à dire que ces variances, ou leurs variables sous-jacentes, n'existent pas. Au contraire, comme on verra bientôt, il y a plusieurs moyens d'obtenir indirectement, c'est-à-dire d'« estimer », la variance vraie et la variance d'erreur, et de s'en servir alors pour prendre des décisions.

3.3.2. La fidélité

Les séries de mesures qu'on étudie ici sont produites par un instrument de mesure, un test, un appareil. Ces mesures dépendent certes des personnes (ou objets) mesurées ; mais, avec un échantillon d'une bonne taille[4], la moyenne et la variance obtenues constitueront de bonnes estimations de la moyenne et de la variance réelles, caractéristiques de l'instrument de mesure.

L'instrument de mesure est utile pourvu qu'il permette de classer les personnes (ou objets) évaluées, de les disperser les unes par rapport aux autres sur un axe numérique[5], et la variance nous renseigne justement là-dessus. Mais, on l'a vu, la variance des mesures renferme deux composantes, elles-mêmes des variances (voir éq. 2) : une variance vraie, correspondant à l'information réelle et utilisable dans la mesure, et une variance d'erreur qui ne contribue pas à un classement véridique, stable, des sujets. *Tout instrument*

---

4. En plus d'être de bonne taille, l'échantillon doit être représentatif de l'ensemble de personnes auxquelles la mesure s'applique, comme le serait par exemple un échantillon tiré au hasard dans cet ensemble. Dans cette perspective, l'utilisation d'un échantillon spécifique (l'équipe locale de hockey au lieu de hockeyeurs occasionnels, les diplômés de maîtrise au lieu des jeunes adultes, etc.) constitue une erreur sérieuse.
5. Ou de les placer dans des catégories différentes. Dans le cas de telles mesures catégorielles (ou « nominales », selon l'appellation traditionnelle), le concept et la formule de variance (applicables à des données numériques) sont avantageusement remplacés par le concept et la formule d'*information*, H_x (voir §5.7). La théorie des tests classique ne traite cependant pas ces cas.

de mesure étant caractérisé par une variance observée, l'instrument sera réputé meilleur, plus précis, plus utile, pour autant que sa part de variance vraie sera grande. Ce principe, facile à saisir, peut être illustré par deux exemples extrêmes. Dans un premier cas, imaginons un instrument parfait, mesurant exactement l'intensité de la caractéristique évaluée dans les objets, c'est-à-dire $X_i = V_i$ pour tous les objets *i*. Dans ce cas, Variance observée = Variance vraie ; toute l'information transmise par l'instrument est utile, en ce sens que le classement donné par les mesures X correspond aux positions réelles des objets, telles qu'elles sont exprimées par les V. Dans l'autre cas extrême, un instrument farfelu ou mal conçu ne mesurerait que du « bruit », soit $X_i = e_i$; les personnes évaluées par cet instrument recevraient néanmoins des mesures différentes et pourraient être classées ; toutefois, le classement obtenu ne correspondrait généralement pas aux rangs réels des personnes, en plus de n'être pas reproduit lors d'une séance de mesures ultérieure. Ici, Variance observée = Variance d'erreur, et rien n'est utile dans l'information véhiculée par un tel instrument.

La fidélité, c'est justement la capacité d'un instrument à donner une information utile et précise, utile en ce que cette information correspond à la grandeur de l'objet mesuré et peut être reproduite à volonté ; précise en ce que la valeur d'erreur aléatoire qui s'y rattache est relativement proche de zéro. Utilité et précision sont ici deux facettes de la même idée, comme on s'en pénètre aisément[6].

Un bon instrument est donc celui pour lequel la variance vraie est plus grande. Or, les variances étant des quantités au carré et positives, on peut voir dans l'équation 2, $s_x^2 = s_v^2 + s_e^2$, un total (s_x^2) divisé en deux parties (s_v^2, s_e^2). La part de variance vraie, qui reflète l'information utile donnée par l'instrument, peut ainsi être présentée comme une proportion de la variance observée, la fidélité (r_{xx}) étant définie par :

$$r_{xx} = \frac{s_v^2}{s_x^2} \,. \tag{3}$$

Une autre équation équivalente révèle l'impact des fluctuations et de l'erreur de mesure sur la fidélité :

6. Ces deux facettes sémantiques ont leurs appuis mathématiques respectifs, la précision correspondant à « l'erreur type de mesure » et l'utilité à la « stabilité de rangs » ; ces deux concepts sont abordés plus loin.

$$r_{xx} = 1 - \frac{s_e^2}{s_x^2} \; . \qquad (4)$$

Ainsi, dans sa définition mathématique, *la fidélité est la proportion de variance vraie* caractéristique d'un instrument ou, selon l'équation 4, le complément de la proportion de variance d'erreur. Un instrument parfait, pour lequel s_v^2 prend toute la place, aura une fidélité parfaite, $r_{xx} = 1$, tandis qu'un instrument très imprécis et contaminé de fluctuations aura une fidélité médiocre, avec $r_{xx} \to 0$.

Le symbole « r_{xx} » utilisé pour désigner la fidélité (les auteurs américains emploient « r_{tt} ») doit être interprété comme tel, c'est-à-dire un symbole définitionnel faisant référence à l'équation 3 (ou à l'équation 4). Si on connaissait par exemple la variance observée s_x^2 et la variance vraie s_v^2, on pourrait appliquer l'équation 3 et déterminer la fidélité de l'instrument correspondant.

Le symbole « r_{xx} » ne désigne donc pas un coefficient de corrélation, malgré leur évidente parenté notationnelle. Une corrélation « $r_{x,x}$ », si elle était calculée, serait bien entendu égale à +1, puisqu'il y a une stricte correspondance entre une variable et elle-même. Par ailleurs, on pourra utiliser la notation « $r_{x,x'}$ » pour indiquer la corrélation entre les mesures d'une série d'objets, prises deux fois (une fois pour x, puis une autre pour x') ; cette corrélation, comme on le verra plus loin, servira à *estimer* la fidélité « r_{xx} », non pas à la *calculer* directement.

On donne parfois une équation supplémentaire pour définir la fidélité, soit :

$$r_{xx} = \frac{s_v^2}{s_v^2 + s_e^2} \; .$$

Cette équation, qui répète l'équation 3 (on reconnaîtra l'équivalent de la variance observée, s_x^2, au dénominateur), fait ressortir l'influence respective des valeurs vraies et de l'erreur sur le coefficient de fidélité. Pour un ensemble donné de valeurs vraies, la fidélité diminuera si la variance d'erreur, au dénominateur, augmente. De plus, et là réside peut-être le mérite de cette formule, pour une variabilité d'erreur donnée, la fidélité sera plus grande lorsque la variance vraie augmentera.

Cette conclusion un peu surprenante se comprend bien si l'on se réfère à la signification de la variance vraie ; en effet, même si les erreurs d'un instrument varient globalement de +3 à −3, correspondant à une variance d'erreur de 9, le test sera (relativement) précis si les objets évalués diffèrent beaucoup les uns des autres, disons de 50 unités de mesure. Au contraire, l'instrument ayant une erreur de +3 à −3 sera plutôt imprécis lorsqu'il sera appliqué à des objets dont les valeurs réelles s'étendent sur un intervalle d'une dizaine d'unités. Ainsi, l'univers d'objets (ou de personnes) auquel un instrument est destiné détermine la fidélité de celui-ci, puisqu'il détermine en même temps l'univers des valeurs vraies. La précision d'un pèse-personne (une « balance » domestique) n'est pas la même pour la mesure de poids d'une personne, d'un éléphant, d'un sachet d'épices.

L'unité de mesure, de plus, a un impact sur le coefficient de fidélité, impact généralement négligeable mais qu'il est intéressant de souligner ici. Nous avons vu déjà (*cf.* §3.2.2) que sur une échelle graduée selon l'unité de mesure u, l'erreur de lecture se distribue uniformément de $-\frac{1}{2}u$ à $+\frac{1}{2}u$, entraînant une variance de $u^2/12$. La variance d'erreur, qui inclut l'erreur de lecture, est au moins aussi grande qu'elle. Nous avons donc :

$$s_x^2 \geq s_v^2 + u^2/12 \ .$$

Une transformation de formule aboutit à l'inégalité suivante pour le coefficient de fidélité :

$$r_{xx} \leq 1 - u^2/(12s_x^2) \ ,$$

inégalité qui donne corps à l'intuition selon laquelle un instrument de mesure est d'autant moins fidèle que son unité de mesure est plus grossière.

La fidélité est vraiment le concept central de la théorie des tests, et nous en avons déjà saisi la définition et les contenus. Il reste à trouver des méthodes pour estimer la fidélité, soit des méthodes utilisant les mesures produites par un instrument et nous renseignant sur la fidélité de celui-ci. Entre-temps, une fois le concept de fidélité bien posé, nous pouvons aborder certains concepts complémentaires qui lui sont associés et qui, en même temps, l'éclairent. Nous verrons donc l'erreur type de mesure, la corrélation entre valeurs vraies et valeurs observées et l'estimation de la valeur vraie.

3.3.3. L'erreur type de mesure

Quand, en appliquant un instrument de mesure ou un test, on obtient la mesure de quelqu'un, on ne connaît pas la valeur vraie de cette personne et, bien entendu, on ne connaît pas non plus la valeur d'erreur e_0 attachée à cette mesure. Cependant, comme on peut le supposer (voir en particulier le postulat 1b), chaque instrument de mesure présente une fluctuation caractéristique, en ce sens que les valeurs d'erreur varieront autour de zéro dans une marge de variation typique. Cette marge typique est indiquée par la variance d'erreur, s_e^2 : en effet, en tant que variance, cette quantité s_e^2 représente à peu près la moyenne des erreurs de mesure, élevées au carré, ou l'erreur carrée moyenne[7]. La racine carrée de cette variance d'erreur correspond donc à l'écart type des erreurs, et on l'appelle l'**erreur type de mesure**. L'erreur type de mesure indique donc la grandeur typique de l'erreur associée à chaque mesure, en plus ou en moins, ou encore de combien, en moyenne, la mesure d'une personne s'écarte de sa valeur vraie.

Les erreurs de mesure n'étant pas connues directement, comment déterminer l'erreur type de mesure ? L'équation 4 plus haut, définissant le coefficient de fidélité, nous donne une solution. En effet, on connaît la variance observée (s_x^2), ou on peut l'obtenir facilement en mesurant un bon échantillon de personnes. D'autre part, comme nous verrons bientôt, il existe plusieurs méthodes d'estimation de la fidélité (r_{xx}). Il reste à isoler s_e^2 dans l'équation 4, puis à extraire la racine carrée, soit :

$$s_e = s_x \sqrt{1 - r_{xx}} \ . \qquad (5)$$

Cette quantité équivalant à l'écart type des erreurs de mesure e_o, on peut s'en servir pour estimer l'écart possible entre la mesure d'une personne et sa valeur vraie.

Soit un instrument de mesure, pour lequel on a estimé une variance observée de 144,0 ($s_x = 12,0$) et un coefficient de fidélité de 0,84 (d'où on déduit que la variance vraie est de 120,96, soit $s_v^2 = r_{xx}s_x^2 = 0,84 \times 144,0$). L'erreur type de mesure, en appliquant la formule ci-dessus, est de $s_e = s_x\sqrt{(1 - r_{xx})} = 12,0\sqrt{(1 - 0,84)} = 4,80$.

Robert Chicoine obtient X = 69 avec cet instrument. On peut donc croire que sa valeur vraie (V) se situe près de X, avec une variation probable de s_e en plus ou en moins ; en particulier, $V \approx X \pm s_e \approx 69 \pm 4,8$, cette information pouvant être présentée comme un intervalle, $V \in (X - s_e ; X + s_e)$, soit $V \in (64,2 ; 73,8)$.

Peut-on être plus précis, plus explicite que par l'intervalle donné ci-dessus ? En invoquant le postulat 1c (« la variable e_o se distribue normalement avec une moyenne de zéro et une variance σ_e^2 »), on peut affecter un degré de probabilité à l'insertion dans un intervalle donné.

7. Pour estimer directement la variance d'erreur, supposons qu'on ait mesuré la même personne (le même objet) n fois, obtenant les mesures $X_1, X_2, ..., X_n$. Si l'on connaissait la valeur vraie (V) de cette personne, l'erreur attachée à la première mesure, X_1, serait simplement $e_1 = X_1 - V$, et ainsi de suite pour les autres mesures. Dans ce cas, la variance d'erreur serait estimée comme $\sigma_e^2 = [\sum(X_o - V)^2]/n$ (dénotée aussi $\hat{\sigma}_e^2$). Dans l'ordinaire, on ne connaît pas V, et l'estimation exploite plutôt la moyenne des observations, $\bar{X}$, la variance d'erreur estimée étant alors $s_e^2 = [\sum(X_o - \bar{X})^2]/(n - 1)$.

Nous stipulons, ou nous savons, que l'erreur de mesure se distribue normalement ; alors il est permis de formuler l'énoncé probabiliste suivant :

$$\Pr\{ V \in (X - z_\alpha s_e ; X + z_\alpha s_e) \} = 1 - 2\alpha \qquad (6)$$

où z_α est l'abscisse normale délimitant l'intégrale[8] $1-\alpha$; l'énoncé (6) place la valeur vraie de l'objet mesuré dans un intervalle et indique en outre quelle probabilité, ou quel degré de confiance, on peut y accorder. Par exemple, « l'erreur probable » est traditionnellement associée à un intervalle de probabilité 0,50, d'où α = 0,25, z_α = 0,6745 ; pour Robert Chicoine, nous aurons :

$$\Pr\{ V \in (69 - 0{,}6745 \times 4{,}8 ; 69 + 0{,}6745 \times 4{,}8) \} = 1 - 2 \times 0{,}25$$

$$\Pr\{ V \in (65{,}8 ; 72{,}2) \} = 0{,}50 ;$$

en d'autres mots, il y a une chance sur deux que la valeur vraie de Robert Chicoine se situe entre 65,8 et 72,2. Quant à l'intervalle $(X \pm s_e) = (X - s_e ; X + s_e)$ donné plus haut, il correspond, on le voit, à $z = 1$; l'intégrale de la distribution normale à $z = 1$ est 0,8413 = 1 − α, d'où α = 0,1587 et 1 − 2α = 0,6826. Ainsi, on peut dire qu'en général la valeur vraie (V) sera située dans l'intervalle $(X \pm s_e)$ avec probabilité de 0,6826, soit environ 2 fois sur 3.

Pour deux instruments mesurant la même caractéristique, celui présentant l'erreur type de mesure la plus petite est préférable. Dans un instrument de précision ou de fidélité parfaite, l'erreur type sera zéro, et la marge de variation de la mesure autour de la valeur vraie sera nulle, indiquant que chaque mesure est systématiquement juste. Dans un instrument farfelu ou très mal conçu, la fidélité peut être nulle, et alors l'équation 5 montre que l'erreur type de mesure égale l'écart type (la racine carrée de la variance observée) ; dans ce cas extrême, il y aura autant d'incertitude à apprécier la valeur vraie d'une personne à partir de sa mesure que de chercher à le faire en mesurant n'importe quelle autre personne de la même population !

3.3.4. Corrélation entre valeurs vraies et valeurs observées

Au moment où il applique son instrument à une personne ou à un groupe de personnes, l'utilisateur d'un test veut en connaître les valeurs vraies ; or, ce qu'il obtient du test, c'est une série de valeurs observées, de mesures. Pour autant qu'il s'agisse d'un instrument un peu efficace, on peut espérer que les valeurs observées nous informent sur les valeurs vraies, nous permettent en

8. Le lecteur trouvera à la fin du chapitre 2 une table de l'intégrale normale (fournissant le percentile en fonction de l'abscisse *z*) et de l'intégrale normale inverse (fournissant le centile *z* en fonction du percentile).

fait de prendre des décisions sur les personnes comme si nous avions en main les valeurs vraies. Quelle est la relation, le degré de correspondance entre valeurs observées et valeurs vraies ? Peut-on estimer la corrélation entre ce qu'on obtient, les mesures, et ce qu'on veut obtenir, les valeurs vraies ?

Pour évaluer la corrélation entre valeurs observées et valeurs vraies, r(X,V), il faut reprendre le modèle additif de la mesure, X = V + e, et y appliquer quelques théorèmes d'algèbre statistique, en utilisant notamment $r(X,V) = cov(V + e,V)/(s_x s_v)$.

En premier lieu, par définition de corrélation, $r(X,V) = cov(X,V)/(s_x s_v)$, où cov(X,V) est une covariance (*cf.* Définition 1c).

Ensuite, dans le modèle additif, X = V + *e* ; par substitution, cov(X,V) = cov(V+*e*,V). Une application du théorème sur la covariance d'une somme simple (*cf.* Théorème 3c) produit cov(V + *e*,V) = cov(V,V) + cov(V,*e*).

Or, $cov(V,V) = s_v^2$ (*cf.* Définition 1d). De plus, selon le postulat 2a, la corrélation entre V et *e* est nulle, d'où cov(V,*e*) = 0. Par conséquent, $cov(V + e,V) = s_v^2$.

Réunissant ces résultats, nous obtenons $r(X,V) = s_v^2 / (s_x s_v) = s_v/s_x$, cette forme étant la racine carrée du quotient de la variance vraie sur la variance observée, c'est-à-dire la racine carrée du coefficient de fidélité !

La corrélation entre valeurs vraies et valeurs observées dépend ainsi étroitement de la fidélité de l'instrument de mesure, comme le montre l'équation 7 :

$$r_{x,v} = \sqrt{r_{xx}} \qquad (7)$$

Ainsi, pour un coefficient de fidélité de 0,5, la corrélation entre valeurs vraies et valeurs observées est de $\sqrt{0{,}5} = 0{,}71$. Noter que, en réciproque, le coefficient de fidélité est égal au carré de la corrélation entre valeurs vraies et valeurs observées, $r_{xx} = r_{x,v}^2$.

3.3.5. Estimation de la valeur vraie

De la valeur mesurée d'une personne, peut-on connaître la valeur vraie ? La réponse à cette question dépend bien sûr de la corrélation qu'il y a entre valeurs vraies et valeurs observées. En effet, si l'erreur de mesure est nulle et la corrélation égale à 1, la mesure exprime directement la valeur vraie, *i.e.* :

$$\hat{V}_i = X_{i,o} \text{ (si } r_{x,v} = 1) \qquad (8)$$

Cependant, dans le cas général, l'erreur e_o n'est pas nulle et la corrélation est moindre que 1 ; alors on ne peut connaître qu'approximativement la valeur vraie, selon un intervalle tel que celui décrit plus haut (éq. 6)[9]. On dira alors que la valeur vraie (V_i) occupe un intervalle fixé par la valeur mesurée (X_i), intervalle dont l'étendue probable est proportionnelle à l'erreur type de mesure (s_e).

Même s'il apparaît difficile, en général, de fixer des estimations précises[10] des valeurs vraies, il peut être utile de construire une échelle propre de valeurs vraies, c'est-à-dire une série statistique semblable à celle des mesures X, mais ayant les propriétés attendues des valeurs vraies. Pour élaborer une telle échelle, on pourrait simplement substituer les mesures aux valeurs vraies, comme dans l'égalité (éq. 8) ci-dessus ; mais, puisque, en général, la fidélité n'est pas parfaite, $r_{x,v} < 1$ et l'égalité $V = X$ est alors trompeuse. En fait, à défaut de connaître précisément chaque valeur vraie (ce qui est impossible, compte tenu de l'erreur aléatoire qui est attachée à la mesure), on peut déterminer une série de valeurs vraies ayant les propriétés suivantes :

1. que la moyenne des valeurs vraies reconstruites soit la même que la moyenne des mesures (ou valeurs observées) ;
2. que la série reconstruite reproduise les propriétés statistiques associées aux valeurs vraies.

La clause 2, formulée de manière ouverte, permet d'englober par exemple les propriétés de variance et de corrélation qui caractérisent les valeurs vraies, dans le modèle classique de la théorie des tests.

L'équation suivante donne une fonction qui définit une échelle de valeurs vraies, une fonction parmi d'autres possibles[11] :

$$\hat{V}_i = \sqrt{r_{xx}}\, X_i + (1 - \sqrt{r_{xx}})\, \bar{X} \qquad (9)$$

La fonction représentée dans l'équation 9 fournit, à partir de la mesure (X_i) d'une personne, une estimation de sa valeur vraie. En outre, pour un groupe d'objets ou de personnes, les valeurs vraies estimées par la fonction proposée 1) ont la même moyenne que les mesures ou valeurs observées, 2) ont une variance correcte (s_v^2) par rapport à la variance observée et 3) ont une corrélation correcte ($r_{x,v}$) avec les valeurs observées.

---

9. Une discussion extensive de cette question se retrouve dans L. Laurencelle, « La valeur vraie et son estimation : un choix de méthodes », publié dans *Mesure et évaluation en éducation*, vol. 15, 1992, p. 61-81.
10. On parle aussi d'« estimation ponctuelle », dans le langage de l'inférence statistique.
11. Lord et Novick (1968, éq. 3.7.2a, p. 65) proposent une fonction différente, soit $\hat{V}_i = r_{xx} X_i + (1 - r_{xx}) \bar{X}$. Cette fonction, basée sur la théorie de la régression linéaire, ne respecte pas la propriété de variance associée aux valeurs vraies. Elle a cependant une propriété nouvelle, celle de prédire sans biais la valeur V_i associée, non pas à une personne *i* donnée, mais à un niveau de résultat X (voir Laurencelle, 1992, *op. cit.*).

La démonstration des propriétés indiquées (sur la moyenne, la variance et la corrélation des valeurs vraies « reconstruites ») est facile ; le lecteur qui s'y applique y trouvera instruction et plaisir.

La fonction donnée (en éq. 9) est un cas particulier d'une formule générale consistant à estimer la valeur vraie à partir d'une moyenne de k mesures du même objet ($X_{i(k)}$). Les développements algébriques relatifs aux propriétés d'une telle moyenne seront abordés plus loin et sont apparentés à la fameuse « formule d'allongement » de Spearman-Brown.

Sur le plan pratique toutefois, l'estimation la plus simple, soit $\hat{V}_i = X_{i,o}$, reste la meilleure. Elle est sans biais pour toute personne *i*, elle a la bonne moyenne attendue et la corrélation juste avec les valeurs vraies. Lorsque la fidélité n'est pas parfaite ($r_{xx} < 1$), les valeurs vraies estimées n'ont plus la variance attendue des valeurs vraies (car $s^2_{\hat{V}} = s^2_x = s^2_v + s^2_e > s^2_v$) ; d'un autre côté, ces valeurs estimées partagent la même *unité de mesure* que les valeurs observées, un avantage inappréciable pour l'interprétation : ce sont encore, par exemple, des centimètres, des points de QI, des millimoles de glycémie par millilitre sanguin, plutôt que des unités abstraites, sans étalon de référence.

Déjà nous avons fait le tour des principales notions qui constituent la théorie des tests classique. Nous aborderons maintenant les méthodes d'estimation de la fidélité, méthodes différentes correspondant à autant de facettes de la fidélité. Nous appuierons l'exposé des techniques et leur interprétation sur des exemples, rien ne pouvant cependant remplacer la pratique active du testing pour une intelligence approfondie des notions. L'examen du concept de validité, de ses catégories et de ses méthodes d'estimation terminera cette première incursion dans la théorie des tests.

3.4. L'ESTIMATION DE LA FIDÉLITÉ

La fidélité, on l'a dit déjà, est un concept clé en théorie des tests. La fidélité nous renseigne sur la qualité de précision d'un instrument de mesure, elle reflète jusqu'à quel point l'instrument est sensible à l'erreur de mesure ; elle permet même de déterminer l'erreur type de mesure, grâce à laquelle on peut cerner la valeur vraie associée à chaque mesure. La fidélité d'un instrument, ou d'un test, n'est pas connue d'emblée, mais on peut *estimer* la fidélité par une procédure d'estimation. Nous examinerons maintenant les procédures les plus importantes, ce qui nous mettra en présence d'exemples concrets.

3.4.1. Par corrélation entre deux mesures équivalentes

La procédure la plus connue pour estimer la fidélité d'un instrument de mesure consiste à **appliquer deux fois l'instrument de mesure à une population de sujets, dans des conditions équivalentes**, et à calculer la corrélation entre les deux séries de scores : cette corrélation ($r_{x1,x2}$) est directement un estimateur du coefficient de fidélité, soit :

$$r_{xx} = r_{x1,x2} \tag{10}$$

La preuve de cette « égalité » (il s'agit plus précisément d'une fonction d'estimation) fait appel à seulement quelques réductions algébriques et aux postulats du modèle classique. Rappelons-nous que $r(X_1,X_2) = cov(X_1,X_2) / [s(X_1)s(X_2)]$, et $cov(X_1,X_2) = cov(V+e_1,V+e_2)$. Utilisant $r(e_1,V) = 0$ (postulat 2a) et $r(e_1,e_2) = 0$ (postulat 2b), on obtient rapidement $r(X_1,X_2) = var(V)/[s(X)s(X)] = var(V)/var(X) = r_{xx}$, QED.

La procédure d'estimation indiquée ici peut donner lieu à au moins deux *réalisations* distinctes, c'est-à-dire qu'on peut l'appliquer de deux façons. La façon la plus habituelle, dite du **test-retest**, consiste à appliquer une première fois l'instrument à un groupe de personnes, puis à le réappliquer encore dans des conditions équivalentes. L'estimateur de fidélité qui résulte de cette procédure est désigné par certains auteurs sous le nom de « coefficient de stabilité ». L'autre façon, dite des **tests équivalents**, consiste à mesurer un groupe de personnes par un instrument, puis à mesurer les mêmes personnes par un autre instrument, construit de façon identique mais avec des composantes distinctes (comme deux examens scolaires sur la multiplication à deux chiffres, par exemple). Cette façon de faire se retrouve surtout en éducation et en psychologie, à propos de tests papier-crayon. Les deux instruments, à structure équivalente, mesurent censément la même caractéristique, et la corrélation entre les deux séries de mesures satisfait aussi l'équation 10 ci-dessus ; quelques auteurs désignent ce type de fidélité sous le nom de « coefficient d'équivalence ».

Supposons que nous ayons administré deux fois un test d'intelligence (QI) à 15 personnes, des élèves de 2e secondaire, en septembre puis en février de la même année scolaire. Le tableau 1, à la page suivante, présente leurs résultats. L'examen des scores de QI montre que nous avons là un groupe plutôt ordinaire d'élèves, sans individus trop faibles intellectuellement (ils ne seraient pas parvenus en 2e secondaire) et sans intelligence très forte (hormis peut-être Robert H.). D'une fois à l'autre, les résultats fluctuent quelque peu, comme il est typique dans ce genre d'évaluation.

La corrélation des scores du test avec le retest est de $r_{x1,x2} = 0{,}907$, ce qui nous fournit notre estimation de fidélité, soit $\hat{r}_{xx} = 0{,}907$, ou plus simplement $r_{xx} = 0{,}907$. Cette estimation représente la fidélité de l'instrument de mesure pour autant que les conditions appropriées de l'estimation soient

TABLEAU 1. Test et retest du QI de 15 étudiants

André A.	82	88
Sylvie C.	105	106
Anik C.	95	93
Étienne D.	107	101
Jean-Marc D.	88	96
Louis-Ph. F	103	113
Robert H.	124	125
Lucie H.	96	96
Steve K.	78	84
Marie L.	97	105
Solange P.	92	99
Michel R.	112	107
Pierre-Luc S.	88	85
Bernard T.	102	103
Sophie Y.	91	94

satisfaites. Une première condition, à savoir que les deux mesures soient équivalentes, suppose que les élèves avaient « oublié » leurs réponses à la seconde évaluation, qu'ils reprenaient le test comme à neuf. L'autre condition est que le groupe de sujets mesurés, ici nos 15 élèves, représente globalement l'éventail des sujets de la population correspondante. Cette seconde condition ne peut pas être considérée comme satisfaite ici, avec nos seuls 15 élèves ; un échantillon diversifié de plusieurs dizaines de sujets serait requis. Pour les besoins de l'exemple, restons-en néanmoins au tableau 1.

après cette évaluation, il y a 95 % de chances que le QI réel d'André se ue entre 75 et 89[12].

D'autres interprétations du coefficient de fidélité seront abordées plus n.

Dans le cas de données test-retest, comme dans l'exemple illustré au tableau 1, on peut estimer l'erreur type de mesure directement, par la formule :

$$s_e = \sqrt{\frac{\sum (x_{i,1} - x_{i,2})^2}{2n}} ,$$

formule dont l'évaluation donne ici $s_e = 3{,}808$. Cette formule plus directe est toutefois sensible à un décalage possible de tous les résultats, de la première à la seconde évaluation. Dans le cas idéal où les conditions de mesure seraient équivalentes, les moyennes et écarts types des deux séries devraient être égaux (ce n'est pas le cas, puisque nous obtenons $\overline{x}_{test} = 97{,}33$ et $\overline{x}_{retest} = 99{,}67$), et les deux formules d'estimation donneraient le même résultat.

Posons le modèle général suivant :

$$X_{i,1} = V_i + e_i$$
$$X_{i,2} = V_i + \alpha + ke'_i \ \{ \alpha \neq 0, k \neq 1 \},$$

modèle dans lequel la seconde mesure ($X_{i,2}$) présente un décalage α d'avec la première et une composante d'erreur à variance k^2 plus forte. Dans ce cas, en utilisant l'estimateur ci-dessus, on montre facilement que :

$$s_e \approx \sigma_e \sqrt{1 + \frac{\alpha^2}{\sigma_e^2} + \frac{k^2 - 1}{2}} .$$

L'équation ci-dessus illustre le jeu complexe des facteurs de *biais* ($\alpha \neq 0$) et d'*hétérogénéité de variance* ($k \neq 1$), qui a pour effet net de fausser l'estimation de l'erreur type de mesure. Ainsi, la formule directe d'estimation doit être employée avec la plus grande circons-

---

Le tableau 1 nous rend disponibles deux évaluations d'André A., soit 82 pour la première fois et 88 pour la seconde. On est tenté, avec raison, d'estimer le QI d'André A. par la moyenne des deux scores, soit ½(82 + 88) = 85,0. Sous réserve que les deux scores aient été obtenus dans des conditions équivalentes, leur moyenne (85,0) est un estimateur plus sûr que chacun pris séparément. L'erreur type de cette moyenne sera alors $s_e/\sqrt{2}$; si la moyenne était établie sur k évaluations équivalentes, son erreur type serait $s_e/\sqrt{k}$. Ici $s_e(\overline{x}_2) = s_e/\sqrt{2} = 3{,}480/1{,}4142 \approx 2{,}461$. L'intervalle probabiliste à 95 %, centré sur la moyenne 85,0, donnera { 80,2 ; 89,8 }.

Cette condition de « représentation » n'est pas une c *représentativité*, comme on exige dans les enquêtes et l d'opinions. Quels que soient les sujets mesurés, le comp l'erreur de mesure n'est théoriquement pas affecté. Cepend due des valeurs vraies, et donc leur variance, dépend d réelles des personnes sélectionnées pour l'étude de fidé exemple on ne retenait que des élèves de classe « Douance seraient non seulement plus élevés mais aussi moins di fidélité mesurée dans ce contexte serait alors *sous-estim* petite que la fidélité réelle, puisque la variance vraie proportion de variance vraie seraient plus petites. Le n surtout la diversité des sujets échantillonnés sont les garantissent la condition d'estimation mentionnée ici.

Les données du tableau 1 nous permettent d'évalue teurs, en plus des moyennes et écarts types usuels. On notamment l'erreur type de mesure par l'équation 5, à savo Cette formule utilise une estimation de l'écart type des me avons ici, grâce à la procédure test-retest, deux valeurs de $s_{x2} = 10,874$. Nous pourrions utiliser l'une ou l'autre, mais prendre la moyenne quadratique des deux (c'est-à-dire variances), soit :

$$s_x = \sqrt{\frac{s_{x_1}^2 + s_{x_2}^2}{2}} ,$$

ce qui donne ici $s_x = \sqrt{[(11,926^2 + 10,874^2)/\ 2]} = 11,412$. l'équation 5, nous obtenons $s_e = 11,412 \times \sqrt{(1 - 0,907)} =$ données disponibles, on peut donc s'attendre à ce que les faites avec ce test fluctuent selon une erreur type de 3,480, ou moins 4 points de variation autour de la valeur obtenue

Ayant en main cette erreur type de 3,480, nous pou interprétations suggérées plus haut (voir §3.3.3), en détermi un intervalle pour le QI réel d'André A. Prenant sa prem intervalle probabiliste de 95 %, nous obtenons $\alpha = 0,025$,

$$\Pr\{\text{ QI réel} \in (X - 1,96s_e\ ;\ X + 1,96s_e)\} = 0,95$$

$$\Pr\{\text{ QI réel} \in (82 - 1,96 \times 3,48\ ;\ 82 + 1,96 \times 3,4$$

$$\Pr\{\text{ QI réel} \in (75,2\ ;\ 88,8)\} = 0,95$$

pection ou dans un contexte qui garantit l'absence de biais et le maintien de la variance d'erreur.

On peut construire en fait maintes formules différentes pour l'estimation de la variance d'erreur[13], la moins sûre étant celle présentée ci-dessus en raison du décalage possible de toutes les mesures du premier au second moment d'évaluation. Pour une taille d'échantillon raisonnable (*e.g.* $n > 20$), toutes ces formules ont une efficacité comparable, et l'on peut les exploiter indifféremment. L'exercice 3.28 suggère une autre de ces formules.

Il reste deux questions à discuter, la durée de l'intervalle entre le test et le retest, puis la notion de tests équivalents. Quant à l'**intervalle entre test et retest**, il doit être fixé de manière à assurer l'équivalence des conditions de mesure d'une fois à l'autre. Lors de son retest, le sujet doit montrer des dispositions physiques, intellectuelles ou morales comparables, le milieu de testing doit présenter les mêmes caractéristiques, etc., et l'influence de la première mesure doit être minimisée. Deux tests physiques (*e.g.* course de 100 mètres) trop rapprochés supposeraient de la fatigue au retest, deux tests cognitifs (*e.g.* QI ou examen de connaissances) trop rapprochés feraient jouer la mémoire en faveur du retest, deux tests motivationnels (*e.g.* test d'intérêt pour l'alimentation naturelle) trop éloignés pourraient refléter un changement des attitudes du répondant. Dans plusieurs cas simples, la règle de « la semaine suivante, même jour, même heure » semble adéquate, puisque notre mode de vie est ordinairement structuré sur le cycle hebdomadaire. Cependant chaque situation doit être considérée selon son contexte propre, notamment le type de mesure envisagé et la disponibilité des sujets.

Quant aux **tests équivalents** (les Américains utilisent l'expression *parallel tests*), on les utilise dans les cas où l'on doit évaluer à plusieurs reprises les mêmes sujets, par exemple des sujets à différentes phases de traitement, et où des effets d'apprentissage, de mémoire ou de monotonie risquent d'influencer les réponses au retest. Deux tests sont dits équivalents lorsqu'ils ont même structure, des contenus de même type quoique différents, mêmes moyennes et écarts types, et une structure de corrélations internes (entre les parties composant chaque test, s'il y a lieu) semblable.

Dans le domaine du testing scolaire, il est de coutume de construire des examens équivalents, par exemple en français où l'on constituerait deux ou trois examens avec des items d'orthographe, ou en mathématique où l'on pourrait composer plusieurs tests semblables pour l'addition ou la multiplication à deux chiffres. Le testing des aptitudes intellectuelles, en psychologie, se prête facilement à la construction de tests à structure identique et à items distincts.

---

13. Voir l'article de D. Allaire et L. Laurencelle, « Comparaison Monte Carlo de la précision de six estimateurs de la variance d'erreur d'un instrument de mesure », dans *Lettres statistiques*, 1998, vol. 10, p. 27-50.

Cette définition rigoureuse d'équivalence peut être assouplie de différentes façons[14]. Puisque deux tests équivalents mesurent en principe la même valeur vraie, leur corrélation mutuelle indique donc la fidélité de chacun.

3.4.2. Par corrélation entre deux moitiés équivalentes

Une autre procédure peut être appliquée pour estimer la fidélité d'un test, si le test concerné s'y prête. Il s'agit, après une seule administration du test à un groupe intéressant de sujets, de répartir les composantes du test pour en constituer deux **moitiés équivalentes** et de mesurer la corrélation entre une moitié et l'autre ($r_{m1,m2}$), la fidélité étant alors obtenue par la formule :

$$r_{xx} = \frac{2r_{m1,m2}}{1 + r_{m1,m2}} , \qquad (11)$$

formule qui est un cas particulier de la « formule d'allongement », aussi appelée « formule de Spearman-Brown » (voir §3.4.4).

Une autre formule, dite formule de Rulon, utilise aussi les scores des moitiés pour estimer la fidélité. Il s'agit, dans un premier temps, de calculer les différences d_i observées entre les moitiés, puis d'appliquer la formule :

$$r_{xx} = 1 - \frac{s_d^2}{s_x^2}$$

où s_x^2 représente comme d'habitude la variance observée, et où s_d^2 est la variance des différences (d_i) entre les moitiés. Cette formule et celle donnée plus haut (éq. 11) sont algébriquement transformables l'une dans l'autre, en supposant l'égalité des variances s_{m1}^2 et s_{m2}^2. [L'étudiant peut vérifier l'égalité de ces deux formules, en utilisant le théorème d'algèbre statistique 3b sur la variance d'une somme. *Suggestion* : Substituer $s_v^2 / (s_v^2 + s_e^2)$ à r, dans éq. 11].

L'*équivalence* dont il est question ici est la même que celle exigée pour des « tests équivalents » (voir §3.4.1). Il ne s'agit donc pas, en général, de bêtement séparer un test de 50 questions entre une première moitié (questions 1 à 25) et une deuxième (questions 26 à 50) ; même la recette du **pair/impair** (M_1 = Q1 + Q3 + Q5 + ... ; M_2 = Q2 + Q4 + Q6 + ...), suggérée

14. Par exemple, l'égalité des moyennes et des écarts types peut être assurée après coup, par une transformation de scores ou par l'utilisation de « cotes pondérées ».

pour ce cas, doit être exploitée avec prudence, en gardant à vue les conditions d'équivalence déjà mentionnées.

La corrélation entre deux moitiés de test, $r_{m1,m2}$, nous renseigne sur la fidélité d'un test *moitié moins long*. Or, c'est une réalité statistique qu'un test à composantes moins nombreuses est moins fidèle (et qu'il mesure une plus grande part d'erreur) qu'un test plus long. Par la formule ci-dessus (éq. 11), la sous-estimation entraînée par cette réduction de moitié du test est corrigée. Nous reviendrons plus loin sur l'influence du nombre de composantes d'un test sur sa fidélité et sur la formule générale d'allongement.

3.4.3. Par consistance interne

De même qu'on peut estimer la fidélité en prenant la corrélation entre deux moitiés de test, on pourrait le faire en utilisant des tiers (t_1, t_2, t_3) de test ; nous obtiendrions alors trois coefficients de corrélation ($r_{t1,t2}$; $r_{t1,t3}$; $r_{t2,t3}$), et une autre application de la « formule d'allongement » (voir plus loin) nous fournirait l'estimation voulue, basée sur la moyenne des trois coefficients calculés. On pourrait utiliser aussi quatre quarts équivalents du test, ou cinq cinquièmes, etc. Comme pour les moitiés équivalentes, ces méthodes supposent que le test est constitué d'items ou de parties, et qu'il est possible de le subdiviser.

D'une part, on voit qu'il y a quelque chose d'arbitraire dans la procédure des « moitiés équivalentes », puisqu'on pourrait tout aussi bien, avec un peu plus de labeur, exploiter une subdivision différente du test en nombreuses parties équivalentes. D'autre part, la subdivision du test ne peut pas se faire sans limites : les parties élémentaires du test, les items ou questions, ne peuvent pas être séparées. À la limite donc, un test composé de 50 questions peut être vu comme 50 tests équivalents d'une question chacun, ce point de vue étant à l'origine du coefficient de *consistance interne*, connu sous le nom de **alpha de Cronbach** (désigné par la lettre grecque « α »).

Supposons que nous avons un test constitué de *k* parties (p_1, p_2, ..., p_k), le score d'un sujet (X_i) étant obtenu comme étant la somme de ces parties : $X_i = p_1 + p_2 + ... + p_k$. Le test est administré à un groupe de *n* sujets, la variance observée (s_x^2) et toutes les variances des parties (s_{p1}^2, s_{p2}^2, ..., s_{pk}^2) sont calculées et le coefficient « alpha » est donné par :

$$\alpha = \frac{k}{k-1}\left(1 - \frac{\sum_{j=1}^{k} s_{p_j}^2}{s_x^2}\right) . \qquad (12)$$

La fidélité peut être estimée à partir du coefficient α, grâce à l'inégalité suivante :

$$r_{xx} \geq \alpha \,, \tag{13}$$

la fidélité étant en général *au moins aussi grande* que le coefficient α.

La preuve algébrique du coefficient α est assez touffue. Elle est essentiellement fondée sur la « formule d'allongement » (dite de Spearman-Brown), appliquée à la moyenne des $k(k-1)/2$ corrélations entre les k parties du test. Le développement utilise quelques simplifications (notamment l'égalité des covariances), qui entraînent l'inégalité donnée en (13) (voir exercice 3.31).

Parmi les nombreuses formules apparentées au coefficient α de Cronbach, il faut citer le coefficient KR20 (ou formule 20 de Kuder-Richardson) :

$$KR20 = \frac{k}{k-1}\left(1 - \frac{n\sum_{j=1}^{k} p_j q_j}{(n-1)s_x^2}\right) \tag{14}$$

qui s'applique aux tests constitués d'items dichotomiques (Vrai/Faux, Correct/Incorrect), recodables sous forme 0/1. En fait, la formule KR20 est la même que celle donnée plus haut, la variance d'une question ou d'un item étant $p_j q_j n/(n-1)$, où p_j = (nbre rép. correctes)/n, p_j, étant aussi appelé l'*indice de facilité* de l'item, et $q_j = 1 - p_j$.

La consistance interne est une généralisation du concept de fidélité[15], comme le montrent leurs formules d'estimation respectives. En fait, étant basé sur la moyenne des intercorrélations de toutes les parties du test, le coefficient α reflète jusqu'à quel point toutes les parties du test mesurent la même caractéristique, se regroupent autour d'une même dimension.

Comme il arrive souvent, un test peut être constitué d'items tombant dans différentes catégories de contenu[16]. Les items de ce test ne peuvent pas être considérés comme tous équivalents, et les concepts de fidélité (globale) ou de consistance interne s'y appliquent mal ; d'ailleurs, le coefficient α en serait plutôt médiocre.

---

15. C'est une généralisation par le bas, pour ainsi dire, en ce sens que la consistance interne dénote la fidélité du test à travers chacune de ses parties indivisibles. Le coefficient de généralisabilité, de Cronbach *et al.* (voir §3.4.5), constitue quant à lui une généralisation par le haut, puisqu'il dénote la fidélité du test à travers différents univers de généralisation (occasions de mesure, moments de la journée, conditions de testing, etc.).
16. Il s'agit alors d'un test *multidimensionnel*. Même si les facettes, ou dimensions, d'un tel test ont des liens entre elles, il est préférable d'en établir séparément la fidélité ou la consistance interne.

3.4.4. La formule d'allongement

Quelle est l'influence de la « longueur du test », c'est-à-dire du nombre de parties qu'il contient, sur sa fidélité ? Est-ce que la moyenne de deux mesures d'une personne a une fidélité plus grande que chaque mesure considérée séparément ? Ces deux questions, et d'autres encore (*e.g.* « est-ce qu'un test plus court est moins fidèle ? »), sont apparentées, et la réponse est affirmative. Un test basé sur un plus grand nombre d'indicateurs, que ce soit en multipliant les parties du test ou bien en prenant la moyenne de plusieurs évaluations, est plus fidèle. La réciproque est aussi vraie : raccourcir un test diminue sa fidélité.

La manière dont la fidélité varie est décrite par la *formule d'allongement*. Donnons un aperçu de sa dérivation.

Prenons l'exemple d'un test, produisant un score X_1 (= V + e_1), dont la fidélité est r_{xx}. Doublons ce test en lui ajoutant un test semblable X_2, soit Y = X_1 + X_2 ; le test X_2 (= V + e_2) aurait même fidélité r_{xx}.

Le nouveau score Y (= 2V + e_1 + e_2) a pour variance observée var(y) = $4s_v^2 + 2s_e^2$, comme on le montre par un développement algébrique. On voit que pour le test doublé Y, la variance vraie est augmentée 4 fois, contre 2 fois pour la variance d'erreur, la fidélité étant $[4s_v^2] / [4s_v^2 + 2s_e^2]$, ou $2r_{xx}/(1 + r_{xx})$, ainsi qu'on l'a donné plus haut (*cf.* §3.4.2).

Soit un score composé de *k* parties, Y = $X_1 + X_2 + ... + X_k$, chaque partie ayant une composition semblable, soit X_j = V + e_j, et même fidélité r_{xx}. On montre alors que var(y) = $k^2s_v^2 + ks_e^2$, la part de variance vraie croissant *k* fois plus vite que la part de variance d'erreur. Ce changement plus rapide de la part de variance vraie est ce qui fonde la formule d'allongement.

La part de variance vraie, si on augmente ou diminue le nombre de composantes d'un test, va augmenter ou diminuer plus rapidement que la part d'erreur ; la formule d'allongement (ou « formule de Spearman-Brown ») exprime cette influence sur la fidélité, soit :

$$r_{qk} = \frac{q r_k}{1 + (q-1) r_k} , \qquad (15a)$$

où q est le coefficient d'allongement ; dans cette formule, r_k représente le coefficient de fidélité du test, qui inclut *k* parties (ou de longueur *k*), et r_{qk} est la fidélité qu'aurait le même test s'il comportait $q \times k$ parties. Ainsi, une valeur $q > 1$ correspond à un allongement du test, et $q < 1$ à une réduction des composantes du test. Une autre formule décrivant l'effet de l'allongement s'exprime en fonction du nombre « A » de composantes ajoutées (ou retranchées), soit :

$$r_{k+A} = \frac{\left(1+\frac{A}{k}\right) r_k}{1 + \frac{A}{k} r_k} . \tag{15b}$$

Prenons un test de 40 questions, le test ayant une fidélité de 0,70. Quelle serait la fidélité de ce test si on lui ajoutait 10 questions semblables ? Par la seconde formule, A = +10, et r(50) = [(1 + 10/50) × 0,70]/[1 + 10/50 × 0,70] = 0,7368 ≈ 0,74.

La formule d'allongement montre clairement que, toutes choses étant égales d'ailleurs, la fidélité d'un test ou d'une mesure augmente lorsque sa base d'évaluation s'accroît. Encore faut-il pour cela que les items ajoutés, les éléments d'évaluation nouveaux soient comparables, voire équivalents aux éléments déjà présents. L'explication intuitive de ce théorème remarquable tient au fait que, en ajoutant de nouveaux éléments de mesure équivalents, on ajoute autant de composantes de valeur vraie que de composantes d'erreur. Or, alors que les composantes d'erreur fluctuent et se compensent partiellement l'une l'autre, les composantes de valeur vraie s'additionnent et se confirment l'une l'autre, leur influence relative sur le score total devenant de plus en plus grande par rapport à l'influence des composantes d'erreur. Noter qu'en réciproque, si l'on réduit la base d'évaluation d'un test, sa fidélité diminuera.

Les applications de la formule d'allongement sont multiples et intéressantes. Par exemple, un score basé sur la moyenne de deux mesures d'une personne équivaut à un test qu'on aurait doublé, et sa fidélité serait donnée par la formule des moitiés équivalentes (éq. 11), une application de la formule d'allongement (éq. 15a) avec $q = 2$. Supposons qu'on ait en main un test de français constitué de 60 problèmes, ayant une fidélité de $r_{xx} = 0,90$. Ce test étant trop long pour les élèves, on souhaite le raccourcir à 20 problèmes. Le quotient d'allongement est ici fractionnaire, soit $q = 20/60 = 1/3$, et la formule d'allongement (éq. 15a) donne [⅓ × 0,9] / [1 + (⅓ − 1) × 0,9] = 0,3/0,4 = 0,75.

Peut-on estimer r_{ii}, la fidélité (moyenne) d'un item particulier, une question, un élément dans un test qui en contient plusieurs ? Prenons l'exemple du test de français comportant 60 problèmes, avec une fidélité de 0,90. En utilisant $q = 1/60$ dans la première formule (éq. 15a), ou A = −59 dans la seconde (éq. 15b), on peut estimer la fidélité moyenne par item[17] ou fidélité *unitarisée* (voir exercice 3.38), soit ici :

17. Une simplification des éq. 15a,b donne ici $r_{ii} = r_k / [k - (k - 1)r_k]$.

$$
\begin{aligned}
r_{ii} &= [(1 - 59/60) \times 0{,}9] / [1 - (59 \times 0{,}9/60)] \\
&= 0{,}015 / 0{,}115 \\
&\approx 0{,}13
\end{aligned}
$$

On voit par là que, même si la fidélité des composantes particulières d'une mesure est plutôt faible, leur simple accumulation « fortifie » en quelque sorte la fidélité du test.

Une autre méthode pour estimer la fidélité, moins usitée mais non moins intéressante, consiste à administrer d'abord le test en entier, obtenant la mesure X_1, puis, au moment du retest, à n'administrer qu'une partie des items du test, la k^e partie, obtenant ainsi $X_2^{(k)}$. La corrélation calculée entre X_1 et $X_2^{(k)}$, disons $r^{(k)}$, nous renseigne sur la fidélité r_{xx}. En fait :

$$r^{(k)} = r(X_1, X_2^{(k)}) = r_{xx} / \sqrt{[k - (k - 1)\, r_{xx}]}\,.$$

On peut alors estimer r_{xx} en solutionnant une équation du second degré, au moyen de la formule :

$$r_{xx} = \frac{r^{(k)}}{2}\left\{\sqrt{\left[r^{(k)}(k-1)\right]^2 + 4k} - (k-1)\, r^{(k)}\right\}; \qquad (16)$$

cette méthode d'estimation du coefficient de stabilité peut s'avérer avantageuse, voire indispensable, lorsque le test à évaluer est exagérément long ou encore si l'intervalle entre le test et le retest semble dangereusement court.

Enfin, la formule d'allongement peut être utilisée à l'envers, c'est-à-dire pour déterminer de combien il faut allonger un test afin d'obtenir une valeur donnée de fidélité. Soit r_k, la fidélité du test au départ, et R la fidélité voulue. Le coefficient d'allongement q nécessaire pour produire une fidélité $R = r_{qk}$ est donné par :

$$q = \frac{R}{r_k}\left(\frac{1 - r_k}{1 - R}\right) \qquad (17)$$

Par exemple, avec notre test de 60 problèmes en français, nous pourrions nous contenter d'une fidélité de 0,80, au lieu du coefficient de 0,90 requérant les 60 problèmes. Appliquant la formule, avec $R = 0{,}80$ et $r_{60} = 0{,}90$, nous obtenons $q = 0{,}444$. Il suffirait donc de retenir $q \times 60 = 26{,}66 \approx 27$ problèmes, pour obtenir un test ayant une fidélité de 0,80.

3.4.5. Autres méthodes d'estimation de la fidélité

Il existe d'autres méthodes pour estimer la fidélité d'un test, d'un instrument de mesure, certaines méthodes étant adaptées à des situations particulières.

Nous en énumérerons ici seulement quelques-unes.

Dans une situation donnée, il peut être possible d'**obtenir directement la variance d'erreur**, s_e^2. La structure même de l'appareil de mesure, la théorie du phénomène étudié ou d'autres voies peuvent nous mettre en possession de cette information. Dans ce cas, avec une estimation de variance observée (s_x^2) basée sur quelques mesures, on applique sans détour la formule (éq. 4) $r_{xx} = 1 - s_e^2/s_x^2$.

En sciences physiques, par exemple, on a coutume d'attacher une « mesure d'incertitude » à chaque procédé de mesure : cette mesure, disons h, représente habituellement l'erreur maximale à quoi on peut s'attendre avec ce procédé, soit en nos termes, $X - h \leq V \leq X + h$, l'intervalle $\{ X - h, X + h \}$ ayant probabilité 1. Or, on admet qu'en général l'erreur réelle e_0 est inférieure, voire très inférieure à ce maximum. Aussi, comme $|e_0| \leq h$, la *fidélité instrumentale* obéit par conséquent à l'inégalité $r_{xx} \geq 1 - h^2/s_x^2$.

La fidélité d'un test basé sur un ensemble d'éléments équivalents peut aussi être obtenue par l'***analyse de variance***, une technique très sophistiquée de statistique inférentielle mise au point par R.A. Fisher vers 1925.

Cette technique vise à identifier et à mesurer des composantes de variance, certaines relatives à des conditions expérimentales, d'autres à des variations interindividuelles, pour vérifier en fin de compte l'efficacité (ou *significativité statistique*) des manipulations expérimentales. D'abord créée pour faciliter les tests de significativité reliés à des plans d'expérience complexes, l'analyse de variance a été utilisée aussi comme une autre technique de description statistique dans différents contextes.

Les formules appropriées utilisent le langage spécial de l'analyse de variance (selon les plans dits *à mesures répétées*), aussi les passerons-nous ici sous silence[18]. Noter que ces formules permettent aussi d'évaluer la fidélité par élément, ou pour l'ensemble du test[19].

Par sa formule définitionnelle, $r_{xx} = s_v^2/(s_v^2 + s_e^2)$, la fidélité peut être vue comme reflétant l'importance des discriminations réelles entre les personnes (la variance vraie) par rapport aux fluctuations spontanées de la

---

18. Le lecteur intéressé est renvoyé à B.J. Winer, *Statistical Principles in Experimental Design*, McGraw-Hill, 1971. Aux pages 283 à 296, il trouvera un exposé détaillé des calculs requis.
19. La *corrélation intraclasse* (proposée par K. Pearson) est aussi un estimateur de fidélité évaluable par les techniques d'analyse de variance : voir J. C. Stanley, « Reliability » (chap. 13, aux pages 423-425), dans R.L. Thorndike (dir.), *Educational Measurement*, Washington, American Council on Education.

mesure (la variance d'erreur) d'une occasion à l'autre. Cronbach[20] étend ce point de vue afin d'évaluer l'importance du pouvoir discriminant du test (encore s_v^2) par rapport à l'influence de diverses conditions de mesure, incluant les fluctuations spontanées (s_e^2). Les conditions de mesure ajoutées sont, par exemple, le moment du jour auquel la mesure est prise, le sexe de l'évaluateur, etc., toutes sources susceptibles d'interférer avec l'estimation de la valeur vraie des personnes évaluées. Le ***coefficient de généralisabilité*** qui en résulte est lui-même une extension du coefficient de fidélité, une formule simple en étant $s_v^2/(s_v^2 + \sum s_j^2)$. Les quantités s_j^2 représentent les variances respectives des conditions de mesure interférentes, au regard desquelles on veut déterminer la généralisabilité (*i.e.* la stabilité, la consistance, la précision) de nos mesures. La formule du coefficient se construit selon le domaine de généralisabilité qui nous intéresse, en ajoutant ou non chaque composante de généralisation s_j^2. Les calculs, qui procèdent par l'estimation de composantes de variance nombreuses, se font en exploitant les techniques de l'analyse de variance.

3.5. LA NOTION D'ERREUR

Dans l'équation $X_{i,o} = V_i + e_o$, le comportement de la composante e_o, dite erreur de mesure, est défini clairement en théorie des tests (voir §3.1.4). On présente l'erreur de mesure comme une variable aléatoire, de moyenne zéro, reflétant l'imprécision de l'instrument et les effets de petits changements dans les conditions de mesure. En fait, la notion d'erreur de mesure peut couvrir des réalités diverses, et certaines d'entre elles n'ont pas une place avérée dans la théorie.

3.5.1. L'erreur sur une mesure particulière

Pour une mesure particulière $X_{i,o}$, la composante hypothétique e_o est une valeur, une quantité spécifique, la réalisation occasionnelle d'une variable aléatoire. La dénomination de « variable aléatoire » avec moyenne de zéro ne doit pas faire illusion et porter à croire que l'erreur e_o est négligeable, « proche de zéro » ou qu'elle « tend vers zéro ». Le comportement fluctuant de e_o n'en est pas moins réel, mais cette fluctuation se manifeste par la variation d'une mesure à l'autre, et d'une occasion de mesure à l'autre ; *l'erreur particulière pour une mesure donnée n'est ni nulle ni aléatoire.*

---

20. Voir L.J. Cronbach, G.C. Gleser, H. Nanda et N. Rajaratnam, *The Dependability of Behavioral Measurements : Theory of Generalizability for Scores and Profiles*, Wiley, 1972. Une très bonne présentation en français se retrouve dans J. Cardinet et Y. Tourneur, *Assurer la mesure*, Peter Lang, 1985.

3.5.2. La composition de l'erreur e_o

La variable e_o, dans l'équation fondamentale, est une résultante : elle reflète d'un seul coup, en une seule quantité, un grand nombre d'influences. On doit y retrouver l'*erreur de lecture*, e_u (*cf.* §3.2.2) ; l'*erreur instrumentale*[21], e_I ; l'erreur associée aux variations incontrôlables de la situation de mesure, ou *erreur des conditions de mesure*, e_C ; l'erreur imputable aux petits changements d'état de l'objet mesuré, ou *erreur d'état*, e_E, et peut-être d'autres sources encore, de sorte qu'on peut écrire :

$$e_o = e_u + e_I + e_C + e_E + \dots$$

Les sources de variation potentielles identifiées ici ont toutes la propriété d'être fluctuantes, c'est-à-dire de varier au hasard autour de zéro, contribuant ainsi à l'erreur de mesure e_o, de moyenne zéro et de variance σ_e^2.

Ces nombreuses sources d'influence engendrent conjointement la fluctuation, observable d'une occasion à l'autre, de la mesure du même objet ou de la même personne. Ces sources n'ont cependant pas toutes la même hystérésis[22], c'est-à-dire le même rythme de fluctuation. Certaines peuvent varier *lentement* relativement à l'intervalle entre une mesure et l'autre, ce qui « stabilise » les composantes d'erreur correspondantes et peut causer de la corrélation positive dans l'erreur e_o. Ce pourrait être le cas par exemple de la *saison* ou du moment de la journée, qui peuvent influencer la mesure d'une capacité physique, ou encore de l'état de repos ou d'aisance physique pour l'exécution d'un test d'aptitude mentale, etc.

La composante d'erreur relative à l'unité de mesure, e_u, a un statut spécial puisqu'elle est *déterminée* par l'ensemble des autres composantes de mesure, y compris la valeur vraie V. En effet, prenant la somme momentanée de ces valeurs, $S = V + e_I + e_C + e_E + \cdots$, cette somme se situera quelque part entre la borne M et la borne $M + u$ de l'échelle de mesure ; selon sa proximité, le nombre attribué sera ou bien $X = M$ ou $X = M + u$, déterminant $e_u = X - S$. Si la variance totale des sources d'erreur est minime ou, en d'autres mots, si la

---

21. L'erreur instrumentale est la variation de réponse d'un instrument soumis à des conditions exactement identiques, ne dépendant pas de l'opérateur. Cette variation peut être d'origine mécanique (*e.g.* friction, chaleur), chimique, etc. La « mesure d'incertitude », qu'on retrouve en instrumentation physique, semble être un composite d'erreurs dominé par l'erreur instrumentale. M. Bassière et E. Gaignebet, dans *Métrologie générale* (Dunod, 1966, p. 99 et suiv.), identifient plusieurs types d'erreurs (incluant la « mobilité », ou seuil différentiel de l'instrument, et la dérive du zéro) et leurs causes possibles.
22. Dans le domaine de la mesure instrumentale, l'hystérésis peut se définir comme le délai du retour à la valeur de repos (ou valeur de base, ou valeur neutre) d'un système de mesure après une opération de mesure (on parle aussi du *cycle d'hystérésis*). Un délai nul est évidemment préférable.

variance d'erreur associée à l'unité de mesure (égale à $u^2/12$) *domine* les autres sources, la composante e_u devient alors un biais individuel (quoique de grandeur imperceptible) associé à la mesure de chaque objet.

3.5.3. Les erreurs systématiques

La mesure peut aussi être soumise à des erreurs d'une autre espèce, les *erreurs systématiques*. Au contraire des erreurs fluctuantes mentionnées plus haut, les erreurs systématiques ont la propriété de *biaiser* la mesure X, d'y introduire un décalage constant, un biais, qui fausse la position de l'objet mesuré. On peut catégoriser en trois groupes les sources d'où peuvent provenir des erreurs systématiques : les erreurs dues à l'**instrument de mesure**, les erreurs relevant de la **situation de mesure**, les erreurs associées aux **objets** (ou aux personnes) **évalués**.

Rien de plus commun qu'un appareil décalibré, par exemple un pèse-personne dont le zéro est faux ou un système d'électromyographie au gain mal réglé. Pour la mesure des personnes, par ailleurs, il existe présumément des situations de mesure optimales et d'autres moins appropriées eu égard à la caractéristique évaluée. Ainsi, il est bien imprudent pour un enseignant d'administrer un test de mathématique un vendredi après-midi, ou à la veille d'un grand congé scolaire. De même, il y a des moments de la semaine et des heures du jour plus propices que d'autres pour évaluer les aspects de la condition physique. Dans les situations impropices, on s'expose à une erreur systématique de *sous-estimation* pour l'ensemble des sujets. Enfin, il peut arriver que certaines personnes aient eu une préparation particulière pour une mesure, alors que pour d'autres la mesure soit faite dans des conditions qui leur sont momentanément défavorables : grippe durant un test scolaire ou une évaluation physique, étude approfondie d'une partie des contenus d'apprentissage qu'on privilégie dans une question d'examen, chance répétée dans une série de questions à choix multiples, distraction « idiote » dans la lecture ou le calcul d'une formule, etc.

La contamination des mesures par les erreurs *fluctuantes* est certes indésirable ; cependant ces erreurs sont compensatoires, s'annulant partiellement l'une l'autre et permettant néanmoins de repérer approximativement les valeurs vraies des objets évalués. La présence d'erreurs systématiques est généralement plus grave et dommageable, puisqu'ici l'estimation même des valeurs vraies est compromise. Un modèle possible, incluant une erreur systématique (e_S) : $X_{i,o} = V_i + e_S + e_o$, montre que, en évaluant plusieurs fois la même personne, la moyenne des erreurs fluctuantes tend vers zéro ($\bar{e}_o \rightarrow 0$), tandis que la moyenne des mesures restera faussée ($\bar{X}_i \rightarrow V_i + e_S$) par l'addition de l'erreur systématique. Donc, gare aux erreurs systématiques !

3.5.4 Justesse et calibrage d'un instrument de mesure

La justesse d'un appareil, d'un procédé de mesure est cette qualité par laquelle l'appareil produit des mesures sans biais, c'est-à-dire sans erreur systématique. Le procédé de calibrage, discuté en §3.7.1, a comme premier but d'assurer la justesse des mesures, la *linéarité* (ou linéarisation) en étant un but auxiliaire.

> Un appareil, un procédé de mesure, un test peuvent se trouver décalibrés pour diverses raisons. Chacun, un jour ou l'autre, a dû manœuvrer un bouton pour régler le zéro d'un pèse-personne. De même, maint appareil de laboratoire doit subir une phase de « réchauffement » (mise sous tension ou mise en circuit) avant de pouvoir fournir des mesures justes, etc. On connaît de même des tests psychologiques dotés de *normes d'interprétation* caduques, des normes *décalées* par rapport à la position réelle des populations de référence. Le décalage provient soit de l'âge des normes, la population ayant évolué depuis l'obtention et la parution première des normes, soit de la différence de population, dans le cas de normes importées ou traduites d'un autre pays.

La non-justesse (ou *biais*) d'un test, d'un appareil de mesure est souvent quelque chose de connu, à propos de quoi le praticien doit réagir. Faute de pouvoir recourir à un autre procédé de mesure, on peut parfois corriger la non-justesse par une simple soustraction du biais : ainsi, si l'on sait que, dans la population québécoise, un test de quotient intellectuel donne une moyenne d'environ 115 (au lieu de la valeur supposée 100) au QI verbal, incluant donc un biais de +15 points, on pourra soustraire ce biais de la mesure de tout individu[23]. Une autre intervention, appropriée lorsqu'on doit utiliser un appareil possiblement décalibré, consiste à effectuer une mesure-sonde à partir d'un autre appareil, mesure-sonde qui nous informe de la valeur approximative de l'objet évalué : les résultats de la mesure-sonde serviront au praticien à confirmer ou non ceux qu'il obtient de l'appareil suspect ; il agira alors en conséquence.

3.5.5. L'erreur en sciences et l'erreur dans les opérations arithmétiques

3.5.5.1 Chiffres significatifs, unité de mesure, erreur : ces concepts ont, en sciences, une définition stricte et ils réfèrent généralement à ce qu'on pourrait appeler l'*erreur maximale*. Ainsi, pour un instrument calibré et d'unité de mesure u, l'erreur maximale e_{max} est égale à u ou, si l'on arrondit à la position

23. Cette correction par soustraction du biais suppose que les autres propriétés de l'échelle de QI sont intactes, ou telles que supposées ; notamment, la variance observée du test ne doit pas différer de la valeur imposée par les constructeurs du test.

la plus proche, à ½*u*. L'erreur correspond ainsi à la demi-unité du dernier chiffre significatif : par exemple, une règle métrique affichant « 2,15 m » a pour unité 0,01 m, ou 1 cm, et la mesure a pour erreur maximale ±0,005 m[24].

> L'erreur e_o, qui est véritablement une variable aléatoire, n'est donc pas considérée comme telle en science, et elle est ramenée à sa seule composante e_u. Dans le cas assez fréquent de mesures uniques, faites dans des conditions très contrôlées, le scientifique veut avant tout déterminer de combien la mesure *lue* peut s'écarter de la valeur *objective* (*i.e.* vraie) de l'objet mesuré.

3.5.5.2 Parfois dans certains tests ou dans l'application d'un procédé de mesure, le score final provient d'une combinaison de deux ou de quelques mesures prises indépendamment. Ces mesures, pas nécessairement équivalentes au sens de la théorie des tests, peuvent néanmoins comporter de l'erreur. Quelle est donc l'erreur du score résultant ? Les règles de l'algèbre permettent de déterminer l'erreur d'un résultat obtenu par l'addition, la multiplication ou la division de deux (ou plusieurs) mesures, quels que soient les objets mesurés. Soit X_A et X_B les deux mesures, A et B les valeurs précises (ou vraies) correspondantes, ε_A et ε_B les erreurs (décalages) associées ; on a ainsi $X_A = A + \varepsilon_A$ et $X_B = B + \varepsilon_B$.

Somme et différence. L'erreur de la somme ou différence $(X_A \pm {}_B)$ est $\varepsilon(X_A \pm X_B) = \varepsilon_A \pm \varepsilon_B$; l'erreur relative, $\varepsilon(X_A \pm X_B)/(A \pm B)$ est $(\varepsilon_A \pm \varepsilon_B)/(A \pm B)$. Dans le cas d'une différence, l'erreur relative est ordinairement plus importante, par exemple lorsque $|A - B| \to 0$.

Produit. L'erreur du produit $(X_A \times X_B)$ est $\varepsilon(X_A \times X_B) = \varepsilon_A B + \varepsilon_B A + \varepsilon_A\varepsilon_B$; en valeur relative $\varepsilon(X_A \times X_B)/(AB)$, nous avons $\varepsilon_A/A + \varepsilon_B/B + \varepsilon_A\varepsilon_B/(AB) \approx \varepsilon_A/A + \varepsilon_B/B$.

Quotient. L'erreur du quotient $(X_A \div X_B)$ est[25] $\varepsilon(X_A \div X_B) \approx \varepsilon_A/B - \varepsilon_B A/B^2 - \varepsilon_A\varepsilon_B/B^2$; en valeur relative $\varepsilon(X_A \div X_B)/(A \div B)$, nous obtenons à peu près $\varepsilon_A/A - \varepsilon_B/B - \varepsilon_A\varepsilon_B/(AB) \approx \varepsilon_A/A - \varepsilon_B/B$.

24. C. Eisenhart (« Effects of rounding or grouping data », dans C. Eisenhart, M.W. Hastay et W.A. Wallis (dir.), *Techniques of Statistical Analysis*, p. 187-223, McGraw-Hill, 1947) traite de la convention consistant à arrondir le nombre résultant d'une mesure et, particulièrement, de ses effets statistiques (sur le calcul de la moyenne, de l'écart type, sur la distribution *t* de Student, etc.).
25. Il s'agit d'une approximation, basée $(B+\varepsilon_B)^{-1} = B^{-1}(1+\varepsilon_B/B)^{-1} \approx B^{-1}(1-\varepsilon_B/B)$, d'après les premiers termes de l'expansion binomiale $(1 + \alpha)^{-1} = 1 - \alpha + \alpha^2 - \alpha^3 + ...$, où $|\alpha| < 1$.

L'impact de l'erreur de mesure et l'évaluation du biais résultant d'opérations mathématiques complexes (racine carrée, opérations matricielles, etc.), questions qui relèvent du domaine de l'analyse numérique, dépassent le cadre que nous nous sommes fixé. Le lecteur devra consulter les publications pertinentes[26].

3.5.5.3 Fisher et Wishart[27] s'intéressent au biais d'une valeur interpolée en fonction de la formule d'interpolation et à l'impact de l'erreur présente dans les données de référence sur l'erreur de la valeur interpolée. D'utiles indications sont aussi données sur la construction de tables interpolatives, des indications pertinentes pour la construction des *normes d'interprétation* d'un test.

3.6. LES INTERPRÉTATIONS DU COEFFICIENT DE FIDÉLITÉ

Le concept de fidélité occupe une place centrale dans la théorie des tests, avec les concepts d'erreur de mesure et de validité. Nous nous pencherons bientôt sur la validité. Quant à la fidélité, nous en avons donné une définition rigoureuse et nous avons proposé différentes méthodes d'estimation du coefficient de fidélité r_{xx}. L'utilisateur, une fois en possession du coefficient r_{xx}, peut se prononcer sur la « valeur » de son instrument de mesure, ou son test, en *interprétant* ce coefficient de manière appropriée.

Il existe quelques interprétations « classiques » du coefficient de fidélité, en particulier l'interprétation standard en rapport avec l'erreur type de mesure. Bernier[28] consacre un chapitre à ce sujet. Les techniques d'estimation exploitent le coefficient de corrélation linéaire ; aussi est-il possible d'importer en théorie des tests certaines interprétations pertinentes de la corrélation linéaire[29]. Dans les prochains paragraphes, nous donnerons un aperçu des principales interprétations de la fidélité.

---

26. On trouvera une introduction au sujet dans l'excellent ouvrage pédagogique de C.F. Gerald et P.O. Wheatley, *Applied Numerical Analysis*, Addison-Wesley, 1984.
27. R.A. Fisher et J. Wishart, « On the distribution of the error of an interpolated value, and on the construction of tables », *Proceedings of the Cambridge Philosophical Society*, vol. 23, 1927, p. 917-921.
28. J.J. Bernier, *Théorie des tests. Principes et techniques de base*, Gaëtan Morin, 1985.
29. Notamment dans L. Laurencelle : « Corrélation et décalage de rangs », dans L. Laurencelle (dir.), *Trois essais de méthodologie quantitative*, Presses de l'Université du Québec, 1994. Voir aussi L. Laurencelle : « Et la corrélation, comment la voyez-vous ? », *Mesure et évaluation en éducation*, vol. 16, 1993, p. 133-145.

3.6.1. Fidélité et précision de la mesure

Plus un instrument est fidèle, plus les mesures qu'il produit seront précises, plus elles colleront étroitement aux valeurs vraies des objets évalués. Il s'agit là de l'interprétation officielle de la fidélité, si l'on peut dire, officielle parce que, en théorie des tests, la qualité des mesures dépend d'abord de la grandeur des erreurs de mesure qu'elles comportent. Un instrument de mesure fidèle comporte des erreurs de mesure plus petites, et qui dérangent moins l'estimation des valeurs vraies pour les objets évalués. L'**erreur type de mesure** (*cf.* éq. 5 et §3.3.3) reflète cette précision, en identifiant la marge de fluctuation typique de chaque mesure autour de sa valeur vraie.

3.6.2. Corrélation entre valeur observée et valeur vraie

Le but d'une mesure est d'estimer la valeur vraie de l'objet évalué. En fait, on peut dire qu'en général chaque mesure estime la valeur vraie ($X_i \rightarrow V_i$), puisque l'erreur qu'elle comporte tourne autour de zéro ($e_0 \rightarrow 0$). On parle ici des erreurs de fluctuation, pas des erreurs systématiques qui, lorsqu'elles sont présentes, biaisent les mesures et viennent fausser l'estimation des valeurs vraies. Quelle est donc la corrélation entre les X_i qu'on mesure et les V_i qu'on voudrait connaître ?

La corrélation entre valeurs observées et valeurs vraies,

$$r_{x,v} = \sqrt{r_{xx}} \, ,$$

généralement plus forte que le coefficient de fidélité, a été démontrée plus haut (*cf.* éq. 7, §3.3.4) ; on peut, grâce à elle, construire diverses échelles de *valeurs vraies estimées* à partir des valeurs mesurées (*cf.* §3.3.5).

Nous pouvons faire un pas de plus dans la théorie, en utilisant le précieux outil qu'est la formule d'allongement, examinée plus haut (*cf.* §3.4.4, éq. 15). Supposons que nous souhaitions mieux cerner la valeur, la position d'une personne. Nous pouvons alors l'évaluer plus d'une fois, en prenant par exemple q mesures ($X_{i,1}$, $X_{i,2}$, ..., $X_{i,q}$). Nous calculerions alors la moyenne pour cette personne, disons $X_{i,q}$. En vertu de la formule d'allongement, la fidélité de cette moyenne $X_{i,q}$ est qr/[1 + (q - 1)r], r étant la fidélité de chaque mesure originale. Reprenant cette procédure pour l'ensemble des sujets évalués, nous pouvons, à partir des moyennes $X_{1,q}$, $X_{2,q}$, $X_{3,q}$, ... pour les sujets 1, 2, 3, ..., estimer les valeurs vraies correspondantes, par :

$$\hat{V}_i = X_{i,q} \, , \qquad (18)$$

soit une simple généralisation de la formule d'estimation de la valeur vraie (éq. 8). La fidélité de cette estimation, sa précision, tend vers 1 lorsque le nombre de valueurs moyennées (q) augmente[30]. Remarquons enfin qu'à la limite et quelle que soit la fonction d'estimation employée, si $q \to \infty$, on obtient :

$$V_i = X_{i,\infty} ,$$

estimation de fidélité parfaite, qui restitue en même temps la définition statistique du concept de valeur vraie.

3.6.3. Fidélité comme plafond de corrélation

En sciences comme dans le domaine des applications, il arrive que nous soyons intéressés à évaluer la relation qui peut exister entre deux caractéristiques, disons X et Y, chacune étant mesurée de son côté. Pour la construction d'un nouveau test, une technique de validation consiste justement à démontrer le mérite du nouveau test par la corrélation qu'il présente avec un autre test réputé valide. Comme autre exemple, nous pouvons utiliser une mesure, tel un score d'*aptitude*, afin de prédire une *performance* de nature physique ou intellectuelle ; dans ce cas aussi, la corrélation des mesures d'aptitude et de performance nous importe.

Pour étudier la relation entre deux caractéristiques, on peut constituer un échantillon de sujets à évaluer, mesurer pour chacun les deux caractéristiques X et Y, puis trouver la corrélation $r_{x,y}$ entre les deux séries de mesures. Quelle est l'étendue des valeurs possibles du coefficient de corrélation ? D'après un théorème d'algèbre statistique[31], on sait que $|r_{x,y}| \leq 1$. Toutefois, l'atteinte de ces limites de +1 et −1 suppose que X et Y sont des mesures parfaites, dépourvues d'erreur. En fait, **la corrélation entre deux mesures X et Y est bornée par les fidélités respectives de X et de Y**, soit :

$$|r_{x,y}| \leq \sqrt{r_{xx}}\sqrt{r_{yy}}. \qquad (19)$$

---

30. Cette progression des valeurs moyennées en fonction de q touche également les autres fonctions d'estimation de la valeur vraie, celle par exemple de l'éq. 9. Dans ce cas, la fonction devra se lire :

$$\hat{V}_i = \sqrt{\frac{qr}{1+(q-1)r}}X_{i,q} + \left(1 - \sqrt{\frac{qr}{1+(q-1)r}}\right)\bar{X} \ ,$$

l'estimateur tendant vers $X_{i,q}$ et V_i à mesure que q augmente.

31. Il s'agit de l'inégalité de Cauchy-Schwartz, dont une forme est : $|\text{cov}(X,Y)| \leq \sigma(X)\sigma(Y)$. Voir V. K. Rohatgi, *An Introduction to Probability Theory and Mathematical Statistics*, Wiley, 1976.

Il est donc impossible que la corrélation mesurée entre deux caractéristiques soit parfaite, à moins que chaque mesure ait une fidélité elle-même parfaite : comment en effet exiger qu'une mesure corrèle avec une autre plus fortement qu'elle ne corrèle avec elle-même ?

Le plafond de corrélation indiqué par l'inégalité ci-dessus a inspiré diverses formules, dites ***formules de désatténuation***. Supposons, dans un premier cas, que nous voulions valider un test X, en vérifiant qu'il est en corrélation avec une mesure-critère C, la mesure-critère servant de référence pour la mesure de la caractéristique visée. Or, il se peut que la mesure-critère ne soit pas elle-même parfaitement fidèle, et cette imperfection va *atténuer* la corrélation calculée entre X et C. On peut alors estimer le **coefficient désatténué pour le critère** (${}_{c}r_{x,c}$), par l'équation :

$$ {}_{c}r_{x,c} = r_{x,c} / \sqrt{r_{cc}}\,, \qquad (20) $$

la valeur corrigée indiquant la corrélation que le test X entretient avec le critère C, comme si ce dernier était obtenu sans erreur. On peut aussi obtenir une estimation de **corrélation totalement** (ou doublement) **désatténuée** (${}_{D}r_{x,y}$), par la formule :

$$ {}_{D}r_{x,y} = r_{x,y} / [\sqrt{r_{xx}}\sqrt{r_{yy}}], \qquad (21) $$

la valeur obtenue estimant la corrélation qu'on aurait pu observer entre X et Y si ces deux mesures étaient parfaitement fidèles, dépourvues d'erreur.

Ces formules de désatténuation produisent des estimations qu'il faut interpréter avec prudence. Prenons l'exemple d'une corrélation (fictive) évaluée entre le bulletin scolaire (=X) et un score de QI (=Y), chez un groupe d'enfants de 3e année du primaire. Supposons que nous ayons $r_{X,Y} = 0{,}80$. La fidélité du test de QI est $r_{xx} = 0{,}92$, celle du bulletin (estimée par les corrélations entre les bulletins d'étapes) de $r_{yy} = 0{,}60$. La valeur désatténuée, calculée par la formule 21 ci-dessus, serait $0{,}80/[\sqrt{0{,}92}\sqrt{0{,}60}] = 1{,}077$, une impossibilité algébrique ! Ce résultat, qui serait de fait impossible si les différents coefficients employés étaient exacts, se produit parce que les corrélations elles-mêmes sont des estimés, avec une variabilité d'erreur ; il faut donc y penser lors de l'interprétation. Dans l'exemple ci-dessus, il est légitime de conclure que, pour le groupe concerné, la corrélation entre QI et bulletin est presque parfaite !

3.6.4. Utilisation d'un barème d'appréciation

Une autre manière d'interpréter un coefficient de fidélité donné consiste à le rapporter à un barème d'appréciation. Ce mode d'interprétation est particulièrement en vogue chez les praticiens. Par barème d'appréciation, on entend ici une mise en correspondance des valeurs du coefficient de fidélité et de « phrases appréciatives » appropriées.

Donnons un exemple, applicable aux tests d'aptitude intellectuelle ou d'habiletés physiques primaires (*e.g.* force, souplesse, etc.). Le barème pourrait se présenter comme au tableau 2. Ce barème, ou tout autre du même type, facilite la prise de décision dans le choix d'un test ou l'interprétation d'une mesure. Toutefois, il est évident qu'une grande part d'arbitraire entre dans la fabrication d'une telle grille de correspondance et qu'il faut y recourir *cum grano salis.*

Qu'il s'agisse d'une situation pratique de testing, de la construction d'un test ou d'une recherche universitaire, il importe de trouver le **barème approprié** par rapport à la mesure ou à l'instrument qui nous occupe. Ainsi, le barème présenté au tableau 2 serait trop rigoureux pour des tests de type psychologique (« motivation », « anxiété », etc.), pas assez pour des tests anthropométriques (« poids », « pourcentage de graisse », etc.). Il est donc recommandé en général d'interpréter la fidélité d'un test en la comparant avec les coefficients rencontrés dans les bons tests du même domaine de mesure.

Au lieu d'un barème proprement dit, on peut être tenté d'appliquer au coefficient de fidélité r_{xx} les techniques d'interprétation statistique particulières au coefficient de corrélation. Par exemple, tenant compte de la taille *n* du groupe par lequel nous avons administré la technique du test-retest, nous pourrions calculer un *t* de Student pour vérifier si le coefficient $r_{test,retest}$ obtenu est *significatif* (*i.e.* significativement plus grand que zéro) ou non. L'hypothèse fondant un tel test est que la relation mesurée entre « test » et « retest » dépasse ce que le hasard seul aurait pu produire : un *t* significatif nous apprend seulement qu'il y a une relation non nulle et positive entre nos deux mesures, un résultat trivial que nous connaissions déjà (par contre, un *t* non significatif serait désastreux !). L'interprétation d'un r^2, dit *coefficient de détermination*, n'a pas non plus de sens, puisqu'il correspondrait ici à une proportion de variance vraie élevée au carré !

TABLEAU 2. Exemple de barème d'appréciation du coefficient de fidélité r_{xx}

Valeurs de r_{xx}	Appréciation
0,95 à 1,00	Instrument parfait, les mesures sont pratiquement sans erreur.
0,85 à 0,95	Instrument excellent, les mesures contiennent peu d'erreur.
0,70 à 0,85	Bon test, il est prudent d'évaluer une seconde fois le sujet.
0,50 à 0,70	Instrument imprécis, peut contenir de l'information utile.
0,00 à 0,50	Instrument peu utile, ne pas l'employer pour classer un sujet.

3.6.5. Fidélité et stabilité des rangs

Mesurant une première fois un groupe de personnes, nous obtenons un classement de celles-ci, depuis le résultat le plus élevé jusqu'au plus bas. Si nous reprenons la mesure une deuxième fois, nous pouvons refaire un classement des mêmes personnes. Dans ce contexte, **un instrument fidèle devrait produire des classements comparables des mêmes personnes d'une mesure à l'autre**. Par exemple, la personne obtenant le score le plus fort la première fois devrait conserver une position forte à la seconde mesure. Par contraste, un instrument peu fidèle pourra donner lieu à de nombreuses variations de rangs parmi les personnes évaluées.

Jusqu'à quel point un instrument de fidélité r_{xx} produit-il des classements comparables, d'une application à l'autre ? On peut étudier cette question de différentes manières. Ainsi on peut évaluer, pour deux personnes occupant deux rangs déterminés lors de la première mesure, la probabilité qu'elles *croisent de rangs* à la deuxième mesure[32]. On peut aussi se demander de quelle importance sera la perturbation des rangs d'une fois à l'autre si on utilise un instrument de fidélité connue, disons r_{xx}. En quantifiant le degré de perturbation par le taux de croisements des rangs de deux personnes quelconques, la probabilité d'interversion (p_I) des rangs de X à Y, pour un coefficient de corrélation ρ donné, est approximativement[33] :

$$p_I \approx \frac{1}{2} - \frac{\sin^{-1}\rho}{180^\circ} , \qquad (22)$$

Le tableau 3 présente quelques exemples de la probabilité d'interversion en fonction du coefficient ρ. À la valeur $\rho = 0$, c'est-à-dire ici avec un instrument parfaitement non fidèle ($r_{xx} = 0$), il y a une chance sur deux ($p_I = 0{,}5$) pour que deux personnes croisent leurs rangs de la première à la deuxième mesure ; cette probabilité diminue, mais non linéairement, à mesure que la corrélation (ou la fidélité) augmente.

On peut construire un graphique très simple, qui illustre l'importance relative des perturbations de rangs pour un ensemble de personnes évaluées. Il s'agit de placer deux axes verticaux identiques côte à côte, gradués selon l'échelle des valeurs observées X. Pour chaque personne

32. R.L. Thorndike et E.P. Hagen (*Educational Measurement*, Wiley, 1977, p. 93) posent le problème en termes semblables ; voir aussi L. Laurencelle, « Corrélation et décalage de rangs », *op. cit.*, pour un développement approfondi de ces questions.
33. La formule indique le *taux moyen* d'interversions pour toutes positions, la probabilité d'interversion n'étant pas la même pour les positions extrêmes ou pour les positions centrales. Noter que la formule (22) est une approximation statistique, utilisant en outre des équivalences approximatives de formules.

donnée, on trace une ligne partant de l'axe gauche, à la hauteur de la première mesure, jusqu'à l'axe droit, à la hauteur de la seconde mesure ; ainsi de suite pour toutes les personnes. Si la corrélation tend vers 1, les lignes seront plutôt parallèles ; si elle tend vers −1, elles formeront plutôt une étoile, et les lignes se croiseront de façon complexe et incohérente si la corrélation tend vers zéro. Un tel graphique, appelé « Déploiement temporel », a été proposé par C. Valiquette en 1983[34].

Dans un ensemble de résultats obtenus deux fois chez les mêmes sujets, on peut compter le nombre d'interversions entre les sujets, c'est-à-dire le nombre de fois que chaque sujet croise de rangs avec chacun des autres. Dans un graphique tel que le « déploiement temporel », ce nombre correspond au nombre d'intersections des lignes. Chaque ligne peut en principe couper chaque autre ; s'il y a n lignes, il peut y avoir jusqu'à $n(n-1)/2$, et le nombre d'interversions effectives devrait approcher $p_I n(n-1)/2$.

TABLEAU 3. Probabilité d'interversion (p_I) et consistance ordinale (c) en fonction de ρ

ρ	−1,0	−0,5	0,0	0,5	0,75	0,9	1,0
p_I	1,0	,67	,50	,33	,23	,14	0,0
c			,00	,33	,54	,71	1,0

Le contexte particulier de la théorie des tests impose une restriction importante dans l'interprétation du coefficient de corrélation : il s'agit ici de la corrélation d'un test avec lui-même, c'est-à-dire entre deux mesures issues du même instrument. Dans le pire cas, cette corrélation serait nulle, et les rangs Avant (*i.e.* de la première mesure) ne correspondraient en rien aux rangs Après ; dans ce contexte, les valeurs négatives de ρ n'ont pas d'intérêt, la fidélité variant (par définition) de 0 à 1. On peut donc obtenir un autre indice, plus approprié, de la *stabilité des rangs* associée à une valeur donnée de fidélité, par la formule de **consistance ordinale** (c) :

34. Voir C. Valiquette, « Le déploiement temporel : un nouvel outil graphique pour l'analyse de données d'un devis prétest/post-test », *L'orientation professionnelle*, vol. 18, 1983, p. 75-78 ; L. Laurencelle (1993), *op. cit.*, en donne un exemple. On retrouve une trace de cette technique dans H.D. Griffin, « Graphic computation of Tau as a coefficient of disarray », dans *Journal of the American Statistical Association*, vol. 53, 1958, p. 441-447.

$$c = \frac{\sin^{-1} r_{xx}}{90^\circ}, \tag{23}$$

dont le tableau 3 présente quelques valeurs typiques, en fonction de r_{xx} (= ρ).[35] La consistance des rangs d'une fois à l'autre est très affectée, comme on le voit, par la chute du coefficient de fidélité, les perturbations se manifestant très tôt dans les positions centrales, dès que r_{xx} s'écarte de +1.

3.6.6. Fidélité et capacité discriminante

Un test fidèle, produisant des mesures précises, devrait être capable de classer les objets ou les personnes de manière plus « fine », de mieux séparer ce qui est différent, de discriminer un plus grand nombre d'intensités dans les objets mesurés.

On peut quantifier la *capacité discriminante*[36] d'un instrument ou d'un test de la manière suivante. Le domaine des valeurs d'intensité auxquelles un instrument est sensible (et pour lequel il a une réponse *linéaire*[37]) est l'étendue, E. Soit l'unité de mesure u, c'est-à-dire l'intervalle le plus fin défini par l'instrument de mesure (*e.g.* 1 kg, 1 point de QI, 1 cm). Le nombre total de discriminations possibles de l'instrument, sa **capacité virtuelle de discrimination**, est simplement E/u. Si l'instrument était parfaitement fidèle, on pourrait s'en servir pour évaluer un grand nombre d'objets et les répartir correctement en E/u catégories distinctes d'intensité.

Toutefois les instruments ne sont pas parfaitement fidèles. Ainsi, avec un instrument de fidélité $r_{xx} < 1$ et d'erreur type $s_e > 0$, on classera un objet donné tantôt à la valeur X_i, tantôt à $X_i + u$, ou $X_i - 2u$, etc., selon la fluctuation de mesure rencontrée (et dont l'amplitude dépend de l'erreur type).

> Dans ce contexte, on pourra discriminer avec sûreté deux objets, A et B, si leurs mesures X_A et X_B s'écartent suffisamment, par exemple selon un écart $|X_A - X_B| > 3s_e$; dans les autres cas, même si les mesures obtenues sont inégales, il sera imprudent de séparer dans des catégories différentes des sujets dont les mesures sont plus rapprochées.

35. L'équivalence entre les deux quantités c et p_I s'exprime simplement par $c = 1 - 2p_I$, pour les valeurs $\rho \geq 0$.
36. La notion corrélative de « pouvoir discriminatif » apparaît dans l'ouvrage de Bassière et Gaignebet (*op. cit.*, p. 140) ; elle est rapportée égale à l'inverse du *pouvoir de résolution* de l'instrument.
37. C'est-à-dire que les différences entre les mesures sont proportionnelles aux variations d'intensité de la caractéristique évaluée. La *linéarité* est une qualité fondamentale (mais non indispensable) d'un instrument de mesure.

L'erreur type de mesure, même pour un bon instrument, sera ordinairement plus grande que $u/\sqrt{12}$, soit la marge d'erreur associée à l'unité de mesure utilisée. C'est pourquoi la **capacité de discrimination réelle** - ou *capacité discriminante* - de l'instrument sera plus faible que sa capacité virtuelle. Par analogie avec cette dernière, on pourrait alors définir la capacité discriminante par le quotient $E/[\sqrt{(12s_e)}]$, qui indiquerait approximativement le nombre de catégories effectives qu'un instrument utilise en tenant compte de l'erreur de mesure.

Pour plusieurs instruments, toutefois, la valeur de l'étendue E n'est pas connue et, dans le cas général du recours à la distribution normale, elle est théoriquement infinie. Laurencelle[38] propose une démarche définitionnelle globale pour déterminer la capacité discriminante, basée sur une segmentation probabiliste de l'axe de mesure et exploitant une généralisation et une inversion du concept de pouvoir classificatoire de Ferguson[39]. Ainsi, pour une personne de valeur vraie V_i évaluée dans un système de mesure X à intervalles Δ_X, la probabilité que la mesure X_i de cette personne tombe dans son intervalle propre augmente avec la grandeur Δ_X de l'intervalle et elle diminue avec l'erreur type de mesure. Pour une valeur donnée de fidélité r_{XX}, on peut trouver la grandeur d'intervalle Δ_X telle que la probabilité de bon classement soit ½. Cette grandeur Δ_X détermine à son tour un pouvoir classificatoire (généralisé), dont l'inversion, avec égalisation de la taille des catégories, fournit la capacité discriminante, c'est-à-dire le nombre de catégories équiprobables parmi lesquelles la population peut être classée correctement avec probabilité ½. La formule :

$$Dr = 2{,}654 / \sqrt{(1 - r_{xx})} \qquad (24)$$

fournit une excellente approximation. Ainsi, *quelles qu'en soient les unités de mesure*, un instrument ayant un coefficient de fidélité de 0,80 mettrait à notre disposition seulement 5,9 catégories (ou catégorisations) efficaces à partir d'une mesure simple des personnes, ce nombre s'élevant à 11,9 si le coefficient de fidélité s'élève à 0,95.

> Le concept de *capacité discriminante*, ou de pouvoir discriminant, doit nous guider lorsque nous interprétons le résultat d'une évaluation ou que nous construisons un test ou une échelle de mesure. Il faut se méfier en particulier d'une considération trop sérieuse du score obtenu par une personne, et rechercher plutôt la catégorie, ou zone de mesure, dans laquelle son score la situe.

38. « La capacité discriminante d'un instrument de mesure », à paraître dans *Mesure et évaluation en éducation*.
39. Voir G.A. Ferguson, « On the theory of test discrimination », *Psychometrika*, vol. 14, 1949, p. 61-68. L'indice de Ferguson s'applique originellement à une échelle de mesure discrète. La généralisation à une échelle continue va de soi.

Pour mieux classer ses objets d'évaluation, l'utilisateur garde la possibilité d'augmenter la fidélité, partant le pouvoir discriminant, en utilisant la moyenne de quelques (*q*) mesures plutôt qu'une seule mesure de chaque objet (la valeur résultante de r_{xx} étant alors donnée par la formule d'allongement, éq. 15a).

3.7. LES NOTIONS DE VALIDITÉ

En sciences ou dans les disciplines utilisant le laboratoire, on considère qu'un phénomène est connu par les mesures qu'on en prend : la mesure est une manière structurée, le plus souvent structurée par un instrument, de percevoir le phénomène. Une approche importante de la science, l'*opérationnisme*, accentue encore cette connexion : selon l'approche opérationnelle, le phénomène étudié est identifié à la mesure qu'on en prend par un instrument ou par plusieurs instruments[40]. Dans certains cas, une telle approche, une telle convention épistémologique ne fait pas problème, puisque les gens concernés, scientifiques, industriels, clients, etc., en admettent l'évidence. La mesure des qualités vivantes et notamment des qualités psychologiques, dès le premier quart du XXe siècle, a soulevé toutefois des difficultés et maintes objections. Ces objections peuvent être de plusieurs sortes. On contestait par exemple qu'on pût « mesurer » l'intelligence, qui est évidemment quelque chose d'immatériel [on admettait volontiers qu'on pût peser le cerveau] ; on disputait que la fréquence cardiaque constituât un indice irréfutable de mensonge ou de stress [on acceptait facilement la mesure de fréquence cardiaque], et ainsi de suite. L'idée même de la validité d'une mesure émane des discussions occasionnées par ces difficultés réelles.

Il y a donc lieu de distinguer les cas, ceux pour lesquels la mesure est pour ainsi dire évidente et les cas d'interprétation problématique :

- ou bien la mesure est valide de manière évidente, notamment parce que le phénomène est lui-même défini par cette mesure (poids, fréquence cardiaque, taille...) ;
- ou bien la mesure est un indice, un indicateur reflétant les effets supposés d'une caractéristique (ou phénomène) inaccessible directement ; dans ce cas, la mesure n'est valide que par inférence (ou indirectement), et on doit démontrer cette validité (en démontrant les relations entre les nombres obtenus d'une part et les variations d'intensité du phénomène d'autre part).

---

40. On rapporte qu'Alfred Binet, auquel on disputait que son *test d'intelligence* mesurât vraiment cette « faculté spirituelle », répondit à ses détracteurs par une boutade, en disant que « l'intelligence, c'est ce que mon test mesure ». Voilà bien une définition opérationnelle poussée à l'extrême !

Ces deux catégories de mesures correspondent à ce qu'on peut appeler grossièrement des « mesures directes », relatives à des caractéristiques généralement physiques, et des « mesures par inférence », ou « indirectes », pour des caractéristiques d'un autre ordre, *i.e.* psychologiques, biologiques, cognitives, etc.[41].

La validité est un concept complexe, multivalent, qui n'a pas une définition générale ni une place bien désignée en théorie des tests, au contraire du concept de fidélité. Pour établir la validité, on ne cherche pas à déterminer jusqu'à quel point l'instrument est précis ou consistant ; on veut plutôt vérifier ou démontrer qu'il mesure vraiment ce qu'il est censé mesurer.

> Est-ce à dire que la validité est un concept plus fondamental que la fidélité ? Tout dépend de qui pose cette question, et dans quel but elle est posée. Rappelons que c'est dans un but défini, pour mesurer une caractéristique connue, que l'instrument (le test) a été mis au point ; *a priori*, la validité de l'instrument peut être présumée (voir §3.7.2.1, Validité intrinsèque), et il reste quand même à en établir la fidélité. D'un autre côté, un instrument non fidèle ne mesure rien ; pour cette raison, la fidélité est un *sine qua non* de la validité et, en ce sens, elle apparaît plus « fondamentale ». Enfin, un instrument très précis, très fidèle, peut mesurer tout autre chose que ce que l'on croit !

Nous examinerons à tour de rôle la question de la validité des instruments à mesures directes, puis celle des instruments à inférence.

3.7.1. Calibrage et justesse d'un instrument à mesure directe

3.7.1.1 Dans le cas des mesures fondamentales de masse, de longueur, de nombre, etc., dans les sciences et parfois en biologie et en sciences humaines, nous sommes placés devant un instrument à mesures directes, c'est-à-dire un instrument dont le résultat définit lui-même, « concrétise » la qualité visée, et dont l'interprétation est patente. Dans ces cas, la question de validité revêt une signification toute différente de celle qui hante les mesures par inférence qu'on rencontre en sciences humaines. Nous ne cherchons pas à démontrer ni à vérifier que la mesure correspond bien au phénomène étudié, car c'est d'emblée évident. Nous voulons plutôt savoir si l'instrument, si les mesures données par l'instrument sont *justes*, si l'unité de mesure affichée (u), sans considération de précision, correspond bien à sa valeur conventionnelle, à sa définition, en un mot si l'instrument est calibré.

---

41. Le problème de la validité apparaît plus épineux encore pour les questionnaires auto-descriptifs (sondages d'opinions, tests d'attitudes, tests de personnalité), questionnaires dans lesquels les réponses de camouflage, les réponses de désirabilité sociale, les réponses sincères mais fausses et les réponses véridiques sont très difficiles à démêler.

Un instrument sera dit calibré, et les mesures qu'il produit justes, pour autant que les dites mesures coïncident avec des mesures de référence, à la demi-unité de mesure près. Les mesures de référence proviennent soit d'un instrument fondamental de la qualité étudiée, d'un autre instrument réputé juste ou d'un ensemble de calibres (ou standards) fiables.

3.7.1.2 La firme de recherche-développement, le scientifique qui conçoivent et élaborent un nouvel instrument de mesure le font en poursuivant des objectifs particuliers et dans un contexte spécifique. Parfois l'instrument projeté a l'avantage d'être plus simple ou moins coûteux que l'appareil de référence, parfois le procédé de mesure projeté vise à fournir une quantification médiate (indirecte) de la qualité ciblée, etc. C'est le cas, par exemple, des épreuves dites d'effort sous-maximal, dont l'objet est de déterminer, au moyen d'une estimation théorique et mathématique, la qualité correspondant à un effort exhaustif du sujet. Dans certains cas, un chercheur voudra évaluer une qualité ordinairement facile à déterminer (*e.g.* la pression de la pince digitale d'un sujet), mais dans des conditions qui rendent la mesure hasardeuse (*e.g.* pression sur un petit objet en manipulation libre).

> L'utilisation très répandue de l'électronique et de la micro-informatique a, depuis plusieurs années, facilité et encouragé la multiplication des applications de mesure : il est devenu beaucoup plus aisé, grâce aux « puces » programmables et aux circuits imprimés, de fabriquer de petits systèmes capables de mesurer virtuellement n'importe quoi. Par exemple, les *thermistors* sont des éléments (transducteurs) dont le courant varie selon la température, tout comme les *jauges de contrainte* varient selon la pression exercée ; d'autres éléments mesurent la quantité de lumière reçue (par exemple, pour la densitométrie).
>
> Les petits systèmes à base d'électronique et de micro-informatique donnent une lecture du réel sous forme d'une tension électrique (un voltage), d'un courant (un ampérage) et, éventuellement, d'un nombre. Ce nombre provient d'ordinaire de la conversion linéaire d'une intensité (voltage, ampérage, etc.) par le moyen d'un convertisseur analogique-numérique. Le résultat, c'est-à-dire les nombres fournis primitivement par le système de mesure, se présente dans une échelle numérique arbitraire, sans unité de mesure définie. C'est un des rôles du calibrage que de restituer (ou imposer) l'échelle de mesure et l'unité de mesure véritables[42].

42. Les propriétés du convertisseur analogique-numérique (CAN), dans le cas des systèmes de mesure qui en exploitent, ont une influence critique sur les mesures qui en résultent éventuellement. Globalement le CAN a deux caractéristiques fonctionnelles qui en déterminent les propriétés : ce sont le nombre de bits (propriété de précision) et la résolution temporelle (l'indépendance des mesures successives). La précision peut s'exprimer comme un ratio N :V, représentant l'étendue de valeurs du convertisseur correspondant à 1 volt (ou le ratio inverse, V :1) ; la précision à ce niveau détermine la précision maximale éventuelle que le système de mesure aura après calibrage.

Dans tous les cas, la responsabilité incombe à la firme de R-D ou à l'utilisateur de démontrer que la mesure (*i.e.* les nombres associés aux diverses situations de mesure) correspond à la qualité visée ; bien plus, il faudra *calibrer* l'appareil, ou le procédé de mesure, afin que ce dernier produise des mesures démontrables et justes (selon la définition plus haut) de la qualité visée.

3.7.1.3 Nous sommes donc en possession d'un système de mesure, un instrument, destiné à mesurer les intensités d'un phénomène donné. Pour calibrer cet instrument, nous pouvons fixer certaines valeurs d'intensité, telles X_1, X_2, ..., ou bien observer le phénomène (ou le provoquer) en le mesurant aussi avec un instrument de référence, obtenant les mêmes mesures ; d'un autre côté, l'instrument à calibrer nous donne les mesures Y_1, Y_2, ... Nous voilà devant un problème de régression en deux étapes. La première étape consiste à identifier une fonction de régression des mesures selon les valeurs de référence $\hat{Y} = f(X)$, et la seconde, à inverser la fonction précédente $\hat{X} = f^{-1}(Y)$, afin de produire, pour chaque mesure, une valeur sur l'échelle de référence. Examinons à présent quelques classes de solution pour la première étape.

Graphique de corrélation. Comme dans tout problème de régression ou de corrélation, il y a lieu de construire un graphique de corrélation : l'axe des X en abscisses, l'axe des Y en ordonnées, et l'essaim des points mesures. Pour que le calibrage soit possible, le graphique doit afficher un essaim régulier et relativement mince, suffisamment en tout cas pour identifier la forme de régression de Y sur X.

Relation Y sur X linéaire. Dans la plupart des cas et idéalement, la relation de Y sur X prendra la forme d'une ligne droite. La solution en moindres carrés de la régression linéaire :

$$\hat{Y} = bX + a \tag{25}$$

est bien connue, soit $b = r_{xy}s_y / s_x = \sum(x - \bar{x})(y - \bar{y})/\sum(x - \bar{x})^2$ et $a = \bar{y} - b\bar{x}$.

D'autres solutions sont possibles et peuvent parfois être préférables. Ainsi, il peut arriver que, bien qu'il soit arrangé en ligne droite, l'essaim de points présente des anomalies, ou points isolés hors d'alignement. Une bonne méthode consiste tout simplement à placer la droite à l'œil, en s'aidant de papier millimétré et d'une règle ! Une autre méthode revient à appliquer un critère autre que celui des moindres carrés, par exemple le critère des moindres distances correspondant à la droite dite de Boscovich.

La *droite de Boscovich* passe elle aussi par le centroïde de l'essaim de points, $(\bar{x}, \bar{y})$, selon $a = \bar{y} - b\bar{x}$; la pente est quant à elle déterminée de façon que la somme des écarts verticaux absolus des points par rapport à la droite soit minimale. Pour trouver b, il faut 1) former $b_i = (y_i - \bar{y})/(x_i - \bar{x})$ et $d_i = |x_i - \bar{x}|$; 2) placer les $\{b_i, d_i\}$ en ordre décroissant des b_i ;

3) faire $D = \sum d_i$; 4) trouver d_1, $d_1 + d_2$, $d_1 + d_2 + d_3$, etc., jusqu'à $d_1 + d_2 + ... + d_{j-1} < ½D$ et $d_1 + d_2 + ... + d_j \geq ½D$, auquel cas la pente cherchée est $b = b_j$. Noter que les valeurs indéterminées de b_i, *i.e.* celles pour lesquelles $d_i = 0$, n'ont pas d'effet sur la solution.

Dans plusieurs cas, cependant, la relation linéaire aura une origine spécifique (une valeur d'origine obligatoire), voire une origine de zéro. La relation (25) ne convient pas à ces cas puisque, en général, $a \neq 0$. Il faudra appliquer plutôt la relation :

$$\hat{Y} = bX, \qquad (26)$$

ou bien une variante comme $(\hat{Y} - C) = bX$, C étant une constante obligée. L'estimateur des moindres carrés pour b est alors $b = \sum xy / \sum x^2$.

Relation Y sur X non linéaire. Il peut arriver aussi que la forme apparente de la relation soit non linéaire, tout en restant monotone ; certaines composantes électroniques peuvent en effet afficher une variation logarithmique, ou bien la variation non linéaire est un sous-produit de la structure même (mécanique, électronique, etc.) du système de mesure.

Il faut d'abord confirmer la forme de relation par quelques réplications de l'ensemble des mesures : d'une fois à l'autre, les contours de l'essaim des points devraient très bien se superposer. Ensuite il s'agit de partir en quête d'un modèle de relation mathématique non linéaire. La première catégorie à considérer est celle des modèles rhéologiques, c'est-à-dire de modèles représentant la forme mathématique des mécanismes censés être à l'œuvre dans l'opération de mesure. À défaut d'un tel modèle, il faut chercher le modèle satisfaisant le plus simple, c'est-à-dire celui comportant le moins grand nombre de paramètres. Certains de ces modèles pourront ensuite être linéarisés, afin de faciliter l'obtention des estimations en moindres carrés des paramètres ; toutefois la possibilité de linéariser ne doit pas primer sur d'autres critères de simplicité.

Un modèle simple comme $Y = ae^{bX}$ se linéarise aisément, comme $Y' = a' + bX$, où $Y' = \log Y$ et $a' = \log a$. Un autre comme $Y = \exp(bX^a)$ peut se linéariser, comme $Y' = b' + aX'$, où $Y' = \log(\log Y)$, $b' = \log b$ et $X' = \log X$. Cependant le modèle $Y = c \cdot \exp(bX^a)$ ne pourra se linéariser qu'en supposant c connue et en divisant les deux parts de l'équation par cette valeur supposée. De même, le modèle $Y = a/(X - b)$ n'est pas linéarisable.

La dernière catégorie de modèles à considérer est celle des polynômes linéaires (en moindres carrés), soit $\hat{Y} = b_0 + b_1X + b_2X^2 + ... + b_kX^k$. La capacité descriptive d'un polynôme de haut degré k est lourdement handicapée par sa fragilité : la variance d'erreur du coefficient de chaque terme ayant la même puissance que ce terme, soit $\mathrm{var}(\hat{b}_j) \sim (\sigma^2_\varepsilon)^j$, l'estimation de valeurs $\hat{b}_j$ sûres requiert un nombre correspondant de données.

Relation régulière non réductible. Il arrivera rarement que la relation manifestée entre Y et X soit régulière, reproductible, serrée, mais qu'elle ne corresponde pas à une forme simple ou à un polynôme linéaire de bas degré (*e.g.* $k \leq 3$). On peut alors utiliser le graphique de corrélation lui-même en tant que fonction de calibrage. Cette utilisation prendra le plus souvent la forme d'une fonction d'interpolation : il s'agit de subdiviser le domaine de X en quelques intervalles tels que l'interpolation linéaire (polynôme de degré 1) ou parabolique (polynôme de degré 2) produise des mesures $\hat{Y}$ telles que $\max|\hat{Y} - Y| \leq \varepsilon$, ε dénotant une précision convenue. Les traités d'analyse numérique (voir par exemple Gerald et Wheatley, *op. cit.*) proposent aussi d'autres approches pour l'interpolation d'une fonction régulière, notamment l'interpolation par *splines cubiques*.

3.7.1.4 Quelles que soient la méthode utilisée pour le calibrage et la fonction f obtenue, on doit s'assurer que la fonction inverse f^{-1} produise des valeurs $\hat{X} = f^{-1}(Y)$ qui sont en relation avec les valeurs réelles, à l'unité de mesure près, soit :

$$\hat{X}(\varphi) = X(\varphi) \pm \tfrac{1}{2}u\,; \qquad (27)$$

cette relation doit valoir pour toute l'étendue d'intensités considérée.

Dans le cas d'un modèle ajusté selon le principe des moindres carrés, l'erreur type d'estimation des $\hat{Y}$ ($\hat{\sigma}_\varepsilon$) est dérivée du REQM (la racine carrée de l'EQM, l'erreur quadratique moyenne) ou de la variance d'erreur, soit :

$$\hat{\sigma}_\epsilon^2 = \frac{\sum_{i=1}^{n} (Y_i - \hat{Y}_i)^2}{n - p}, \qquad (28)$$

où p est le nombre de paramètres estimés dans la fonction de régression. Ainsi pour la fonction linéaire ordinaire (25), nous avons $p = 2$ paramètres, alors que $p = 1$ pour la fonction (26), à origine obligée. La même règle d'estimation s'applique aux fonctions de régression non linéaire qui sont ajustées *directement* (plutôt qu'après linéarisation) selon le critère des moindres carrés.

Si la relation rigoureuse (27) ne peut être établie, en raison de l'imprécision de l'essaim de points (mais non pas de son irrégularité), on peut alors recourir au procédé statistique du moyennage. Ce procédé revient à remplacer chaque mesure primitive Y par la moyenne de deux ou quelques mesures du même sujet, disons m(Y), correspondant toutes à la même intensité (X) du phénomène ; l'essaim de points constitué d'une part des mesures de référence X_i et d'autre part des moyennes $m(Y)_i$ devrait devenir plus serré, et le calibrage pourra se faire à partir de ces nouvelles données. Il va sans dire que l'exploitation éventuelle du système de mesure sera soumise elle-même à cette contrainte de mesures multiples et moyennées.

3.7.2. La validité d'un test ou d'une mesure par inférence

Pour les mesures constituant des indicateurs du phénomène considéré, c'est-à-dire les mesures par inférence, la validité peut poser problème et vaut la peine qu'on la démontre. La littérature rapporte différentes sortes de démonstration de la validité d'une mesure indirecte, et chaque démonstration pose en même temps une définition opérationnelle de la validité. En ce sens, il existe donc plusieurs sortes de validité, que nous regrouperons en deux classes : la **validité intrinsèque** et la **validité extrinsèque** ou **par critère externe**. Comme on l'a dit précédemment, il convient de regarder avec perspective et pondération l'ensemble des méthodes de validation que nous allons exposer : elles ne constituent d'aucune façon un corps théorique et ne devraient tout au plus servir qu'à inspirer le chercheur dans sa quête d'une méthode qui convienne à son cas particulier.

3.7.2.1 Une démonstration de la validité intrinsèque d'un test, ou des mesures qu'un test produit, fait essentiellement appel au test lui-même, à sa structure manifeste ou intime. On peut distinguer trois sortes de validité de ce type, la validité manifeste, la validité échantillonnale et la validité conceptuelle (ou de « construit »).

Validité manifeste. Par validité manifeste, on désigne l'adéquation entre les contenus apparents du test et la qualité ou caractéristique qu'on souhaite mesurer (les Américains la désignent par l'expression *face validity*). Un test de rendement scolaire en arithmétique, constitué globalement de problèmes d'addition, de multiplication, etc., peut faire l'objet d'une démonstration convaincante de validité manifeste. Par ailleurs, certains tests psychologiques sournois, qualifiés aussi de « subtils », peuvent paraître litigieux quant à leur validité manifeste : pourquoi quelqu'un qui regarde à gauche et à droite avant de traverser la rue aurait-il une tendance paranoïde ?

Validité échantillonnale. La validité échantillonnale (parfois désignée validité de contenu) est un raffinement de la validité manifeste ; pour l'établir, il faut démontrer que les contenus du test (ou du procédé de mesure) constituent un échantillon représentatif des éléments, habiletés, connaissances, dont on veut mesurer la possession par le sujet. On s'attend par exemple à ce qu'un examen scolaire (de fin d'étape ou de fin de cours) contienne plusieurs éléments qui représentent globalement et proportionnellement les contenus de la matière enseignée. De même, la compétence d'une personne pour un sport (comme le basket-ball) ne saurait être validement indiquée par une seule habileté motrice (comme le dribble du ballon).

Validité conceptuelle. Une autre approche de validation, de type plus fondamental, consiste à caractériser le phénomène, la réalité sous-jacente au procédé de mesure, à en découvrir et définir le concept : il s'agit alors de validité conceptuelle, ou validité de « construit »[43]. L'élaboration de modèles abstraits de l'intelligence et de la personnalité (par Spearman, Thurstone, Cattell, Guilford) au moyen de la méthode de l'analyse factorielle est un exemple majeur d'une démonstration de validité intrinsèque et conceptuelle, qu'on nomme aussi validité factorielle. Nous présentons plus bas (en §3.8) un aperçu du *modèle factoriel* de la mesure tel que nous l'ont légué les auteurs de cette veine. Globalement, la variance des mesures produites par un instrument est assignée à différentes sources appelées *facteurs* ainsi qu'à l'erreur de mesure. L'analyse factorielle permet en principe d'identifier ces sources de variance et de caractériser ainsi le contenu théorique, intime, de la mesure effectuée. La validité conceptuelle, ou factorielle, d'un test est établie lorsqu'on a montré que la proportion de variance apportée par les *facteurs pertinents* associés au test est suffisante.

Pour floue qu'elle paraisse, cette définition de la validité factorielle est pratiquement la seule possible. La tautologie et l'arbitraire sont des corrélats du modèle factoriel de la mesure et de la méthode même de l'analyse factorielle, une méthode complexe et d'une grande beauté mais aussi truffée de difficultés et d'aléas souvent fatals. Mentionnons d'emblée ces difficultés. L'analyse factorielle, qu'on applique aux mesures habituelles en sciences humaines, de fidélité moins que parfaite, peut être abordée par plusieurs techniques différentes. Le nombre de facteurs retenus est largement arbitraire ; la configuration (forme et position) des facteurs dépend de critères et techniques divers, et de choix arbitraires ; l'identification sémantique des facteurs trouvés se fait de manière subjective et sans méthode établie. Après tout cela, il reste à décider quels facteurs sont pertinents par rapport au phénomène visé par la mesure... presque la goutte qui fait déborder le vase !

La validation par analyse factorielle, qui présente d'importantes difficultés de mise en œuvre, n'est après tout qu'une méthode parmi d'autres ayant pour but de démontrer la validité conceptuelle d'une mesure et de prouver que cette mesure covarie réellement avec le phénomène visé. On trouve dans la littérature de splendides démonstrations de validité conceptuelle ou factorielle, des démonstrations qui portent avec elles une force explicative qu'on ne retrouve pas dans les autres méthodes. On trouve aussi, il faut s'y attendre, des applications mécaniques et simplettes de l'analyse factorielle, dues la plupart du temps à l'exploitation bête et irré-

---

43. Le vocable « construit », de l'anglais « *construct* », désigne un objet fictif, une structure ou un mécanisme hypothétique qui sert de substrat explicatif à certaines relations constatées entre des réalités observables. Historiquement, l'atome (c'est-à-dire un microsystème planétaire constitué d'un noyau et d'électrons évoluant en orbites) fut un tel « construit ». La validité conceptuelle (ou de construit), quand elle réfère au substrat descriptif issu de l'analyse factorielle, peut être proprement désignée « validité factorielle ».

fléchie de progiciels statistiques. Pour ces raisons, à défaut de maîtriser les mathématiques de l'analyse factorielle et de posséder une bonne expérience de l'algèbre matricielle et de la trigonométrie, mieux vaut s'abstenir !

3.7.2.2 La démonstration de la validité d'un test peut s'appuyer aussi sur un critère externe ; on parle alors de validité par critère, ou validité extrinsèque. C'est le cas de la validité concomitante et de la validité prédictive.

Validité concomitante. Une manière de s'assurer qu'un test mesure bien ce qu'il est censé mesurer consiste à vérifier la corrélation qu'il entretient avec un autre test mesurant la même caractéristique, une corrélation basée sur des mesures concomitantes produites par ce test. La preuve sera d'autant plus forte, irrécusable, que le test concomitant a bonne réputation ou qu'il a une validité bien établie. On accepte cependant une démonstration de validité concomitante basée sur la simple corrélation de deux tests présumés de la même caractéristique, pour autant que les contenus, les formats ou les méthodes de ces deux tests soient suffisamment distincts[44].

> L'indice de validité concomitante prend ordinairement la forme du coefficient de corrélation, la corrélation étant faite entre les mesures au test et les mesures-critères. C'est à ce type de corrélation que s'adressent les formules de désatténuation mentionnées plus haut (formules 20 et 21), particulièrement la formule de désatténuation pour le critère (formule 20), qui révèle le degré de corrélation qu'il y a entre le test à valider (tel qu'il est) et la valeur vraie du critère (comme si la mesure du critère était faite sans erreur).

Validité prédictive. La validité prédictive consiste en la capacité qu'a le test de prédire le résultat (ou la valeur) obtenu par la personne mesurée dans une caractéristique ou une performance déterminée par la qualité mesurée au test ; cette deuxième « valeur » constitue ici le critère, et la capacité prédictive s'évalue ordinairement par un coefficient de corrélation. L'épithète « prédictive » vient du fait que le critère représente souvent un travail, une capacité, un résultat futurs ou, en tout cas, un effet direct ou indirect de la caractéristique ciblée par le test. L'exemple classique de validité prédictive concerne la corrélation entre le test de quotient intellectuel et la moyenne du bulletin scolaire, cette moyenne étant vue comme un effet (futur) de la capacité mesurée par le test de QI Il en serait de même pour les tests d'aptitudes (le critère serait fourni par un score de compétence dans le domaine d'aptitudes concerné), les tests d'intérêts, etc.

---

44. Si les contenus, les formats et les méthodes sont pareils, on se retrouve devant une preuve de *fidélité* (ou de *généralisabilité*) plutôt que de validité proprement dite.

3.7.3. Validité *versus* utilité pratique d'un test

3.7.3.1 L'usage a consacré plusieurs tests, des tests pour lesquels la preuve de validité n'a pas été faite ou est incomplète ou boiteuse. Cela ne signifie pas qu'un test beaucoup utilisé est forcément un test valable (pour ne pas dire « valide ») ; cependant, un test qui a subi l'épreuve du temps et que les praticiens jugent utile doit bien présenter quelque qualité.

> Chez les psychologues cliniciens par exemple, le test de Rorschach, dit aussi « test des taches d'encre », est d'usage assez répandu. Il s'agit de planches blanches sur chacune desquelles apparaît une tache d'encre noire (ou d'encre colorée dans le cas de quelques planches) : le patient doit dire au psychologue ce qu'il « voit » sur ces planches. Dans les programmes de formation à la psychologie clinique, le test de Rorschach est présenté comme un instrument de mesure, destiné à révéler la personnalité intime (conflits, névroses, fantasmes, besoins) du patient, et le test est très certainement intégré dans la pratique psychothérapique de plusieurs intervenants. Or, des études bien contrôlées ont mis en doute la validité diagnostique de ce test, certaines conclusions étant même à l'effet d'une *validité négative* du Rorschach (en ce sens que le diagnostic serait rendu moins juste par le recours au test). L'utilité du Rorschach, telle que confirmée par les praticiens, ressortit davantage à la situation favorable créée entre patient et thérapeute par l'utilisation du test plutôt qu'à l'efficacité (douteuse) de ce dernier en tant qu'instrument de mesure.
>
> Un autre exemple célèbre concerne deux tests de la catégorie « tests de personnalité » : il s'agit du MMPI (Minnesota Multiphasic Personality Inventory) et du 16PF (16 Personality Factors», de R.B. Cattell). Le premier test, le MMPI, fut bâti à partir de centaines de questions formulées ou regroupées plus ou moins au hasard, puis administrées à des groupes psychiatriques cibles : schizophrènes, délinquants psychopathes, etc. ; les réponses des groupes cibles servirent, par un critère de simple corrélation, à construire des échelles diagnostiques, notamment les 10 échelles de base du MMPI. Quant au 16PF, il fut élaboré dans les règles de l'art, en exploitant toutes les ressources du modèle factoriel (voir §3.7.2.1 et plus bas). Le 16PF, comme son nom l'indique, est lui-même un modèle factoriel de la personnalité, et sa validité globale, de même que la validité spécifique de chacun des 16 facteurs, est hors de doute. À des fins de diagnostic psychiatrique, toutefois, le 16PF fonctionne à peine mieux que ne le ferait une roulette de casino, tandis que la détermination diagnostique par le MMPI est parfois comparée à celle effectuée par une équipe de psychiatres.

Le problème des mesures en sciences humaines, la question même de la validité des mesures en sciences humaines hantent les chercheurs depuis l'existence des premiers tests. Doit-on abandonner la question de validité au profit d'un argument purement pragmatique comme l'utilité d'un test ? Même alors, si la validité n'est pas démontrée et qu'il y a lieu de la mettre en doute, en quel sens le test peut-il vraiment être utile ? Par ailleurs, si la validité d'un test était clairement et abondamment établie, son utilité spécifique en découlerait immédiatement. En conclusion, il n'y a pas de méthode (ou d'approche) universelle pour établir la validité d'un test ou d'un instrument à mesure indirecte, et le concept même de validité reste quelque peu ambigu. Chaque cas particulier doit être apprécié au mérite, en fonction du contexte de mesure, de l'utilité finale de l'évaluation et de la méthode spécifique de validation employée.

3.7.3.2 Le cas de la validité prédictive fait exception aux réserves exprimées plus haut, en ce sens que ce type de validité est opérationnalisé directement en termes d'utilité de la mesure.

> Le cas paradigmatique du test d'intelligence de Binet (qui évaluait alors l'*âge mental*[45] des enfants) illustre ce fait. Le ministère de l'Instruction publique, en France, avait posé au psychologue Alfred Binet le problème du taux d'échecs très élevé des enfants admis à l'école élémentaire. Binet élabora alors son test d'intelligence afin d'évaluer les aptitudes intellectuelles des élèves avant et durant leur première année scolaire, ce qui permit d'anticiper partiellement les échecs et d'entreprendre des actions correctives précoces. L'économie financière et humaine occasionnée par ce test confirma la valeur prédictive du test de Binet et valida par le fait même la mesure en tant que mesure de la capacité intellectuelle.

3.7.3.3 L'une des opérationnalisations de la validité prédictive est donnée par le « différentiel de sélection », $Dy(X, p, r_{xy})$, qui mesure l'avantage conséquent en Y d'une sélection des $100p$ % meilleurs individus en X, lorsqu'il y a corrélation r_{xy} entre les deux. Par exemple, supposons qu'il y a 100 personnes qui se présentent en entrevue afin de combler 5 postes d'emploi. Le chef du personnel leur administre un test X évaluant leur aptitude pour cet emploi. Il aura été établi que la corrélation (r_{xy}) entre ce test (X) et une mesure de rendement (Y) des employés réguliers est, disons, +0,60. Le chef du personnel souhaite, s'il le peut, améliorer le rendement de sa firme ; il sélectionne donc les 5 meilleurs candidats au test, dans l'espoir d'obtenir ainsi les employés les plus aptes à améliorer le rendement. Comme le lecteur peut le constater après réflexion, la quantité Dy[46], qui dénote le bénéfice de

---

45. La mesure de quotient intellectuel (QI) n'a été proposée qu'ultérieurement ; elle consistait initialement en un vrai quotient, soit QI = (Âge mental) ÷ (Âge chronologique) × 100. Assez tôt, les échelles de QI ont été élaborées de façon complètement artificielle, par des transformations mathématiques impliquant l'imposition d'une moyenne de 100, d'un écart type donné (de 15 à 16) et d'une forme de distribution normale.

46. Pour référence, indiquons seulement que $Dy \approx \Delta_p r_{xy} s_y$, s_y étant l'écart type en Y, et Δ_p étant la moyenne d'une variable normale réduite échantillonnée dans les $100p$ percentiles supérieurs : voir L. Laurencelle, « Corrélation et décalage de rangs », dans *Trois essais de méthodologie quantitative*, *op. cit.* Voir aussi les exercices 3.69 et suivants.

rendement obtenu grâce au choix des 5 meilleurs candidats au test, reflète et matérialise en quelque sorte la validité prédictive du test X.

3.7.3.4 Le rapport de sélection constitue une autre opérationnalisation semblable de la validité prédictive, la mesure étant cette fois dichotomique : quel pourcentage des meilleurs candidats en Y obtiendra-t-on, en espérance, par la sélection des 100*p* % meilleurs en X ? L'évaluation du rapport de sélection peut se faire en comparant chaque score X (utilisé pour la sélection) à un score liminaire, un seuil X_C, de même que chaque score critère (Y) à un seuil comparable Y_C : on obtient ainsi le tableau suivant :

	$Y \leq Y_C$ Cas non désirables	$Y > Y_C$ Cas désirables
$X \leq X_C$ Cas rejetés	f_{--}	f_{-+}
$X > X_C$ Cas sélectionnés	f_{+-}	f_{++}

Des *n* candidats étudiés, où $n = f_{++} + f_{+-} + f_{-+} + f_{--}$, seuls $f_{+-} + f_{++}$ ont été retenus, parmi lesquels f_{++} étaient désirables. Le rapport de sélection peut prendre diverses formes [*e.g.* $R.S. = f_{++}/(f_{+-} + f_{++})$ ou $R.S. = (f_{++} + f_{--})/n$] ; un rapport plus élevé, c'est-à-dire plus proche de 1, indique une bonne rentabilité du test de sélection. Or ce rapport sera d'autant plus élevé que la corrélation entre le test (X) et le critère (Y) est forte[47], cette corrélation étant, encore une fois, le coefficient de validité prédictive du test.

47. La relation mathématique entre le coefficient r_{xy}, d'une part, et les différentes formes du rapport de sélection, d'autre part, ne tombe pas dans les limites imparties au présent document. Le lecteur intéressé devra consulter la littérature spécialisée sur ce sujet (L. Laurencelle, « Corrélation et classement : le taux de classements corrects », *Lettres statistiques*, vol. 2, chap. 2, 1977 ; H.C. Taylor et J.T. Russel, « The relationship of validity coefficients ... », *Journal of Applied Psychology*, vol. 23, 1939, p. 565-578). Si les variables X et Y sont dichotomisées à leurs médianes respectives, de sorte que par exemple $f_{--} + f_{-+} = ½n$, alors la fréquence f_{++} a pour espérance $E(f_{++}) = n[¼ + (\sin^{-1} r_{xy})/(2\pi)]$, l'arcsin ($\sin^{-1}$) étant pris en radians. Pour cette situation, la valeur attendue pour l'une ou l'autre formule du rapport de sélection est égale à $½ + (\sin^{-1} r_{xy})/\pi$.

3.7.3.5 On peut aller encore plus loin dans l'opérationnalisation de la validité prédictive, en tentant de chiffrer l'ensemble de l'opération d'évaluation : coût de la mesure elle-même (location d'appareil ou temps et matériel d'administration du test), coût de l'opération de sélection, bénéfice imputable à la sélection. Pour que l'opération soit considérée comme avantageuse, le total des bénéfices devra excéder le total des coûts. Certaines firmes et compagnies plus importantes, telles que l'armée américaine ou Bell Canada, ont avantage à procéder ainsi et, dans quelques cas, elles le font effectivement.

3.8. LE MODÈLE FACTORIEL DE LA MESURE : APERÇU

En §3.7.2.1, nous avons défini un type de validité intrinsèque appelé « validité factorielle », ce type étant tributaire du modèle factoriel de la mesure. Or, on ne peut conclure un exposé sur la théorie des tests sans donner au moins quelques indications fondamentales sur ce modèle. Une introduction plus poussée au modèle factoriel, à l'analyse factorielle et à ses applications au testing se retrouve dans l'ouvrage classique de Guilford, *Psychometric Methods*[48].

3.8.1. L'équation du modèle factoriel

Globalement le modèle factoriel de la mesure est un raffinement de l'équation fondamentale (1), qui était :

$$X_{i,o} = V_i + e_o \,;$$

le modèle factoriel décortique la valeur vraie V_i et l'exprime sous forme d'un ensemble de scores factoriels, qu'on pourrait transcrire comme suit :

$$X_{i,o} = c_{x,A}\, f_{A,i} + c_{x,B}\, f_{B,i} + \ldots + c_{x,m}\, f_{m,i} + c_s\, f_{s,i} + e_o \,, \qquad (29)$$

la valeur vraie étant la somme pondérée des scores factoriels f_A, f_B, etc., les coefficients tels que $c_{x,A}$ étant des constantes. Chaque score factoriel, par exemple $f_{A,i}$, indique la valeur du facteur désigné (A) pour la personne mesurée *i* ; il s'agit prétendument d'une mesure pure d'un « facteur » identifié, dont on connaît ou peut connaître l'interprétation. De plus, le modèle factoriel (29) montre à l'évidence que chaque mesure $X_{i,o}$ issue du test est un *composé* reflétant la contribution de deux à plusieurs facteurs, que l'analyse factorielle permet d'identifier.

---

48. J.P. Guilford, *Psychometric Methods*, McGraw-Hill, 1954 ; voir aussi J.C. Nunnally, *Psychometric Theory*, McGraw-Hill, 1967. Par ailleurs, il existe nombre d'introductions à l'analyse factorielle ; pour n'en citer qu'une, nommons D.F. Morrison, *Multivariate Statistical Methods*, McGraw-Hill, 1976 et R.J. Harris, *A Primer of Multivariate Statistics*, Academic Press, 1975.

3.8.2. Les principales étapes de l'analyse factorielle

Comment donc faut-il procéder, avec l'analyse factorielle, pour trouver le modèle factoriel d'un test ? Les étapes qui suivent en donnent une idée.

ÉTAPE 1 : CONSTITUTION D'UNE BATTERIE DE TESTS ET DE MESURES

La première étape consiste à réunir différents tests et procédés de mesure qui soient apparentés d'une manière ou d'une autre au test étudié. La sélection doit être la plus large possible afin d'obtenir des mesures qui sont corrélées avec un aspect ou l'autre de la mesure cible ; 10, 15, 20 tests sont à considérer. Enfin, il s'agit d'obtenir des mesures pour tous ces tests à partir d'un bon échantillon de sujets : les spécialistes de l'analyse factorielle recommandent de prendre de 25 à 50 fois plus de sujets qu'il y a de tests (pour 10 tests, on recourrait par exemple à 500 sujets).

Cette étape aboutit à la constitution d'un tableau Sujets × Variables.

ÉTAPE 2 : CALCUL DES CORRÉLATIONS ENTRE LES TESTS

Il s'agit de calculer les corrélations entre tous les tests. Si l'ensemble comprend k tests, il faudra calculer $\frac{1}{2}k(k-1)$ coefficients distincts. Dans le cas de variables binaires (ou dichotomisées), certains recommandent d'utiliser des coefficients restitutifs, tels que la corrélation tétrachorique ou la corrélation bisériale (ces indices sont définis en §4.3.3).

Nous obtenons ici un tableau d'intercorrélations Variables × Variables, appelé aussi *matrice de corrélations.*

ÉTAPE 3 : EXTRACTION DES FACTEURS
DU TABLEAU D'INTERCORRÉLATIONS

L'opération de l'étape 3 représente la phase 1 de l'analyse factorielle, soit l'*extraction des facteurs*. Il existe diverses techniques d'extraction (composantes principales, axes principaux, centroïde, etc.), et différents critères, tous arbitraires, pour décider quand terminer l'extraction. Cette étape fournit, disons, m facteurs primitifs, qui expriment tous ensemble un pourcentage déterminé de l'information disponible (désignée *trace*) de la matrice de corrélations[49]. Ces facteurs primitifs sont le plus souvent ininterprétables.

---

49. Étant donné que les coefficients de corrélation sont eux-mêmes des *estimés* statistiques fluctuants, basés sur un nombre fini de sujets, la matrice de corrélations est statistiquement « bruyante » et le nombre de facteurs réels présents est globalement inconnu. Le nombre m de facteurs retenus ressortit ainsi à une décision arbitraire.

L'extraction des facteurs produit ainsi un tableau Variables (k) × Facteurs primitifs (m).

ÉTAPE 4 : POSITIONNEMENT OPTIMAL DES FACTEURS

La relation spécifique des facteurs avec les variables (telle qu'elle apparaît dans les coefficients du tableau Variables × Facteurs) est quelconque et dépend essentiellement de la technique d'extraction employée. Les m facteurs pouvant être vus comme autant d'axes d'un système cartésien projeté dans l'espace multidimensionnel des k variables, on peut réorienter ces axes dans l'espace, soit de façon rigide (par des rotations dites orthogonales), soit de façon souple (par des rotations dites obliques) ; le but général est que chaque axe, ou facteur, soit associé à un groupe distinctif de variables ou, réciproquement, que chaque variable se projette sur un seul ou sur quelques facteurs. Nous désignerons les nouveaux facteurs ainsi obtenus *facteurs optimaux*. Il va sans dire qu'il existe de nombreuses techniques de positionnement (de rotation) des facteurs, chacune ayant son ensemble de critères d'optimalité.

Cette deuxième phase de l'analyse factorielle nous donne un tableau Variables (k) × Facteurs optimaux (m).

ÉTAPE 5 : IDENTIFICATION (NOMINALE) DES FACTEURS

Le lecteur constatera que les étapes 2, 3 et 4 ci-dessus sont essentiellement mathématiques et n'ont en elles-mêmes pas de contenu conceptuel. À l'étape 1, par contre, nous sommes appelés à choisir les tests devant constituer l'ensemble de référence pour le test étudié. À la présente étape 5, qui est en fait la phase 3 et finale de l'analyse factorielle, il nous incombe d'*interpréter les facteurs* et d'identifier chacun d'eux, en nous appuyant sur les coefficients du tableau Variables × Facteurs optimaux. Pour un facteur donné, disons le facteur A, chaque variable présente un coefficient, qu'on appelle aussi *saturation* du facteur dans la variable, mais qu'on peut voir (dans certains contextes) comme une sorte de corrélation entre variable et facteur. On tentera alors d'identifier sémantiquement le facteur A, de déterminer sa signification, en valorisant davantage les tests ayant une forte saturation et en ignorant ceux dont la saturation est infime[50].

La contribution théorique de l'analyse factorielle et du modèle factoriel de la mesure s'achève ici, avec l'identification des facteurs, considérés comme les substrats purs de l'ensemble des caractéristiques mesurées.

50. Cet exercice, qu'aucune méthode sérieuse n'éclaire ni ne guide, est lourdement chargé de subjectivité, d'autant plus que le grand nombre de coefficients à considérer rend l'identification difficile.

L'analyse factorielle fournit potentiellement d'autres résultats, tels les *scores factoriels* apparaissant dans un tableau Sujets × Facteurs.

3.8.3 L'équation des variances du modèle factoriel

À l'instar de l'équation fondamentale qui s'est trouvée enrichie par le modèle factoriel, l'équation de la variance observée (s_x^2) se trouve enrichie par l'apparition de composantes nouvelles. Ces composantes sont en fait les variances associées aux différents facteurs enfouis dans le test analysé : ces facteurs (A, B, C, ···) se retrouvent peu ou prou dans les *k* tests réunis pour effectuer l'analyse factorielle (la somme pondérée de ces variances factorielles dans un test donné est appelée « communauté » de ce test), et l'on compte en outre un facteur, une variance factorielle particulière pour chaque test, nommée *variance spécifique* du test. La « variance vraie » a donc comme composition « communauté » + « variance spécifique » ; l'équation suivante :

$$s_x^2 = c_{x,A}^2\, s^2(f_A) + c_{x,B}^2\, s^2(f_B) + \ldots + c_{x,m}^2\, s^2(f_m) + c_s^2\, s^2(f_S) + s_e^2\,, \qquad (30)$$

qui décompose explicitement la variance observée, constitue un raffinement conceptuel extraordinaire de l'équation (2)[51]. La valeur standardisée des coefficients c_x^2 associés aux variances factorielles permet d'apprécier la composition factorielle et, par conséquent, d'identifier le *contenu théorique réel* de la variance observée, donc de la mesure X, afin d'en établir la validité conceptuelle.

---

51. Telle qu'elle est donnée, l'équation (30) suppose que les facteurs obtenus de l'analyse factorielle sont orthogonaux (*i.e.* statistiquement indépendants), c'est-à-dire notamment qu'on les a obtenus par des rotations orthogonales (plutôt qu'obliques) des facteurs primitifs. Dans le cas, d'intérêt plus général en psychométrie, où l'on a des facteurs obliques, l'équation (30) se complique par l'addition des covariances entre les facteurs.

Exercices

(**C**onceptuel – **N**umérique – **M**athématique | 1 – 2 – 3)

Section 3.1

3.1 [C2] Un modèle de mesure naïf consiste à stipuler que toute mesure est parfaite, c'est-à-dire $X_i = V_i$. Identifier les corollaires d'un tel modèle et quelques-unes de ses conséquences pour une théorie de la mesure instrumentale. Noter que le modèle doit rendre compte, d'une façon ou l'autre, de la fluctuation observée des mesures $X_{i,o}$.

3.2 [C2] Supposons deux tests d'intelligence A et B, mesurant chacun le QI (ou deux autres procédés de mesure mutuellement équivalents). La mesure répétée d'une même personne (dans des conditions équivalentes) fournira la série de mesures A_1, A_2, A_3, ··· pour un test, et la série B_1, B_2, B_3, ··· pour l'autre test. Dans ce contexte, montrer que différentes définitions de « valeur vraie » sont possibles[52]. Discuter chacune d'elles par rapport à sa légitimité pour les mesures physiques.

Section 3.2

3.3 [M2] Soit une variable distribuée de x = a à x = b avec une densité de probabilité constante, $f_x = 1/(b - a)$. Montrer que son espérance (ou moyenne) est ½(a + b) et sa variance $(b - a)^2/12$. [*Suggestion* : L'espérance d'une variable aléatoire, ou moyenne théorique, est définie par $E(X) = \mu_X = \int x \cdot f_x \, dx$, et sa variance par $var(X) = \sigma_X^2 = \int x^2 \cdot f_x \, dx - \mu_X^2$; l'intégration occupe le domaine entier de X, ici de $x = a$ à $x = b$.]

3.4 [M1] Utilisant les résultats de l'exercice précédent, déterminer la moyenne et la variance de l'erreur de lecture e_u, qui varie également de $-\frac{1}{2}u$ à $\frac{1}{2}u$.

52. La condition de *parallélisme* (tests ayant mêmes moyennes, mêmes variances, même structure interne), habituellement *invoquée* dans les axiomes du modèle classique de la théorie des tests, apparaît ici comme un *argument* purement construit (*i.e.* empirique) pour fonder le concept de valeur vraie.

3.5 [N1] Supposons qu'à un test indirect du $\dot{V}o_2$ max Robert ait obtenu le score de 42,6 ml · min^{-1} · kg^{-1}. Ce test (fictif) a une erreur type de 5,6. Stipulant une distribution normale de l'erreur de mesure, montrer que l'intervalle (38,8 ; 46,4) contient la valeur vraie de Robert avec une probabilité de 0,50.

3.6 [N2] Utilisant le contexte de l'exercice précédent, Robert souhaite connaître sa valeur vraie avec une précision d'au moins 1 unité du $\dot{V}o_2$, c'est-à-dire avec une erreur type inférieure à ½ ml. Montrer qu'il lui faudra se soumettre 126 fois au test du $\dot{V}o_2$ max, la moyenne des 126 mesures ayant une erreur type d'environ $0{,}5^-$. [*Suggestion* : La moyenne de n mesures indépendantes, de moyenne et variance μ et σ^2, est encore μ, et la variance de cette moyenne est σ^2/n. L'erreur moyenne des 126 mesures, $\bar{e}$, a pour amplitude $5{,}6/\sqrt{126} \approx 0{,}49889$. Voir aussi page 76, note infrapaginale 12.]

3.7 [C1] Qu'il s'agisse du psychologue évaluant les aptitudes d'un client ou de l'enseignant corrigeant la copie d'un élève, apprécier l'effet que peuvent avoir les préconceptions de l'évaluateur sur les séries de mesures produites. Montrer qu'un effet net de ces préconceptions est d'entretenir (ou stabiliser) les différences d'une personne à l'autre, en maintenant la variance interindividuelle élevée.

Section 3.3

3.8 [M2] Exprimer rigoureusement le théorème donné en éq. 3.2. [*Suggestion* : Les quantités échantillonnales s^2_x, s^2_v et s^2_e ont pour pendants paramétriques σ^2_x, σ^2_v et σ^2_e, de même que $\rho_{v,e}$ pour $r_{v,e}$. Le développement algébrique donne en fait : $s^2_x = s^2_v + s^2_e + 2s_vs_er_{v,e}$. Cependant, en espérance, c'est-à-dire en moyennant tous les échantillons conformes à « notre » échantillon, on obtient $E(s^2_x) = \sigma^2_x = \sigma^2_v + \sigma^2_e$, puisque $E(r_{v,e}) = \rho_{v,e} = 0$.]

3.9 [N1] Dans une population de jeunes personnes, la distribution du poids corporel a pour moyenne 25,43 kg et pour écart type 6,2 kg. Chaque personne peut mesurer sa masse (son poids) sur une balance parfaite, graduée au kg près. Vérifier que la fidélité de ces mesures est d'environ 0,998.

3.10 [M1] Démontrer algébriquement l'inégalité : $r_{xx} \leq 1 - u^2/(12s^2_x)$. [*Suggestion* : Utiliser l'éq. 3.4 et l'inégalité $s^2_e \geq u^2/12$.]

3.11 [N3] Le test ABC, qui mesure le QI, a une moyenne de 100, un écart type de 15 et une fidélité de 0,87. Si l'on n'applique le test qu'à la sous-population ayant un (vrai) QI de 100 ou davantage, quelle en sera la fidélité ? [*Suggestion* : Noter que la moyenne de la moitié droite d'une normale, *i.e.* de $z = \mu$ à $z = \infty$, est $\mu + \sqrt{(2/\pi)}\sigma \approx \mu + 0{,}79788\sigma$, la variance $(1 - 2/\pi)\sigma^2$. La variance vraie initiale (de $-\infty$ à ∞) étant $15^2 \times 0{,}87 \approx 195{,}75$, la variance vraie corrigée (de μ à ∞) sera d'environ 71,1 ($= 0{,}36338\sigma^2$). La variance d'erreur restant égale à $15^2(1 - 0{,}87) \approx 29{,}25$, la fidélité corrigée devient alors $71{,}1/(71{,}1 + 29{,}25) \approx 0{,}708$.]

3.12 [C1] Discuter les mérites respectifs du coefficient de fidélité et de l'erreur type de mesure pour rendre compte de la qualité d'un instrument de mesure ou d'un test. Quelles affirmations générales chaque indice permet-il de faire ?

3.13 [M2] Démontrer algébriquement éq. 3.5 à partir de la définition $e = X - V$.

3.14 [M1] Démontrer algébriquement que, pour la fonction d'estimation de la valeur vraie de Lord et Novick, en note infrap. 11, le biais d'estimation pour une personne i donnée (d'une occasion o à l'autre) est égal à $E_o(\hat{V}_i) - V_i = -(V_i - \bar{X})(1 - r_{xx})$.

3.15 [M2] Soit l'éq. 3.8 ($\hat{V}_A$) et l'équation donnée en note infrap. 11 ($\hat{V}_B$) pour estimer la valeur vraie. Démontrer algébriquement que les biais de ces fonctions d'estimation à travers les personnes i, à savoir $E_i(\hat{V}_A - V_i)$ et $E_i(\hat{V}_B - V_i)$, sont nuls et que leurs variances sont, respectivement, $s_x^2(1 - r_{xx})$ et $s_x^2 r_{xx}(1 - r_{xx})$, la seconde étant, dans ce contexte, plus précise que la première. [*Suggestion* : Pour la seconde, réécrire $rX_i + (1 - r)\bar{X} - V_i$ sous forme $r(X_i - \bar{X}) - (V_i - \bar{X})$, puis prendre l'espérance de l'expression et de son carré à travers les i.]

3.16 [M1] À un test, Robert obtient une première fois le score X_1 ; plus tard, à la suite d'un intervalle de temps et d'activités important, on le remesure et il obtient X_2. Démontrer que le changement $C_{xx} = X_2 - X_1$ a pour espérance 0 et pour erreur type $s_e\sqrt{2}$ ou $s_x\sqrt{(2 - 2r_{xx})}$. Si X se distribue normalement, $z = C_{xx} / (s_e\sqrt{2})$ constitue un test de la significativité du changement, exprimé comme un écart réduit normal.

3.17 [M2] Soit deux tests, un test 1 de paramètres μ_X, σ_X et ρ_{XX} (ou r_{XX}) ; un test 2, μ_Y, σ_Y et ρ_{YY}. La corrélation entre les deux est ρ_{XY} [la corrélation entre leurs valeurs vraies respectives peut être obtenue par l'éq. 21]. Montrer que la *fidélité de la différence* $C_{xy} = (X - Y)$ est généralement égale à :

$$\rho_{CC} = [\rho_{XX}\sigma_X^2 + \rho_{YY}\sigma_Y^2 - 2\rho_{XY}\sigma_X\sigma_Y] / [\sigma_X^2 + \sigma_Y^2 - 2\rho_{XY}\sigma_X\sigma_Y]$$

et que cette expression se réduit à $[\rho_{XX} + \rho_{YY} - 2\rho_{XY}]/[2 - 2\rho_{XY}]$ si les variances σ_X^2 et σ_Y^2 sont égales.

3.18 [M2] Dans le contexte de l'exercice précédent, un individu obtient les scores X et Y. Montrer que $var_e(C_{xy})$, la *variance d'erreur de la différence* $C_{xy} = X - Y$, est :

$$var_e(C_{xy}) = \sigma_X^2(1 - \rho_{XX}) + \sigma_Y^2(1 - \rho_{YY})$$

ou

$$= \sigma^2[2 - \rho_{XX} - \rho_{YY}]$$

si les deux tests ont même variance (σ^2).

3.19 [M2] Dans le contexte de l'exercice 3.17, montrer que la *variance de la différence* C_{xy}, soit $var(C_{xy})$, est donnée par :

$$var(C_{xy}) = \sigma_X^2 + \sigma_Y^2 - 2\rho_{XY}\sigma_X\sigma_Y$$

$$= 2\sigma^2[1 - \rho_{XY}] \{si\ \sigma_X^2 = \sigma_Y^2 = \sigma^2\}$$

$$= 2\sigma^2[1 - \rho_{Vx,Vy}\sqrt{(\rho_{XX}\rho_{YY})}] ,$$

$\rho_{Vx,Vy}$ étant la corrélation entre les valeurs vraies.

3.20 [M2] Dans le contexte de l'exercice précédent, admettant que les deux tests (ou instruments de mesure) visent la même grandeur réelle ($\rho_{Vx,Vy} = 1$), démontrer que $var(C_{xy}) \approx \sigma^2(2 - \rho_{XX} - \rho_{YY}) = var_e(C_{xy})$. [*Suggestion* : Substituer $1 - \delta_x$ à ρ_{XX} et $1 - \delta_y$ à ρ_{YY} dans $2\sigma^2[1 - 1\times\sqrt{(\rho_{XX}\rho_{YY})}]$ et développer $\sqrt{(\rho_{XX}\rho_{YY})}$ comme $[(1 - \delta_x)(1 - \delta_y)]^{½} \approx 1 - ½(\delta_x+\delta_y)$, en retenant le seul premier terme du développement binomial.]

3.21 [N1] Après un entraînement méthodique de 6 mois, Robert obtient un Vo_2max de 54,3 ml · min^{-1} · kg^{-1}, comparativement à son niveau antérieur de 47,6, au même test. L'erreur type du test étant de 3,2 ml · min^{-1} · kg^{-1}, peut-on conclure que l'entraînement a *amélioré* de façon significative l'indice cardiovasculaire de Robert ?

[*Suggestion* : La valeur $z = (54{,}3 - 47{,}6)/(3{,}2\sqrt{2}) \approx 1{,}481$ ne déborde pas $z = 1{,}645$, qui démarque les 5 % supérieurs de la distribution normale. Étant donné l'influence possible des fluctuations de la mesure, on ne peut pas conclure que l'entraînement ait eu un impact réel.]

3.22 [C2] Développer et discuter sur les concepts de *variance d'erreur de la différence* et de *variance de la différence*. Robert obtenant le score X au test 1, le score Y au test 2 et la différence $C_{xy} = X - Y$: quelles interprétations permettent de faire $var_e(C_{xy})$ et $var(C_{xy})$, respectivement ? [*Suggestion* : Noter que l'erreur type de la différence, soit $[var_e(C_{xy})]^{½}$, mesure la *stabilité* de C_{xy} d'une occasion à l'autre, tandis que l'écart type, soit $[var(C_{xy})]^{½}$, indique son taux de fluctuation d'un sujet à l'autre, sa variabilité échantillonnale.]

3.23 [M1] Élaborer un test à base de distribution normale afin de décider de la significativité de la différence $C_{xy} = X - Y$, dans la population. [*Suggestion* : La variable C_{xy} a pour moyenne : $\mu_X - \mu_Y$ et pour variance : $var(C_{xy})$, tel qu'indiqué à l'exercice 3.19. L'écart réduit :

$$z = [C_{xy} - (\mu_X - \mu_Y)] / \sqrt{var(C_{xy})}$$

constitue un tel test.]

3.24 [N2] À l'épreuve d'intelligence ABC, Robert obtient 110 (= X) au quotient verbal et 95 (= Y) au quotient non verbal. Que peut-on affirmer à propos de la différence de 15 points ($C_{xy} = 110 - 95$) mesurée entre les quotients verbal et non verbal de Robert ? Moyennes et écarts types sont fixés à 100 et 15. Les coefficients de fidélité sont de 0,90 et de 0,81 aux quotients verbal et non verbal respectivement. La corrélation rapportée entre les deux ensembles est de 0,7. [*Suggestion* : L'erreur type de la différence est d'environ 8,08, de sorte que d'une fois à l'autre Robert aura tendance à obtenir un score de QI verbal plus élevé que le score non verbal. L'écart type de la différence étant de 11,62 et le test de significativité $z \approx 1{,}291$, le décalage de 15 points n'atteint pas le seuil de signification de 5 %, voire de 10 %, et n'apparaît donc pas exceptionnel dans la population (la différence requise pour être remarquable, au seuil de 5 %, serait par exemple $11{,}62 \times 1{,}96 \approx 23$.]

3.25 [C2] En utilisant par exemple les données de l'exercice précédent, peut-on dire que les scores verbal et non verbal du QI mesurent la même valeur vraie ? Qu'est-ce qui distingue opérationnellement la valeur vraie « Force d'intelligence » de la valeur vraie « Force de l'avant-bras » ?

[*Suggestion* : À un degré plus bas, les sous-tests constituant le score verbal mesurent-ils tous la même valeur vraie ou, encore plus bas, les items d'un sous-test ? Distinguer « valeur vraie posée » et « valeur vraie construite ».]

Section 3.4

3.26 [M2] Reprendre la preuve de l'éq. 3.10 en utilisant le modèle suivant pour les première et seconde mesures : $X_1 = V_1 + e_1$, $X_2 = V_2 + e_2$, où $V_2 = aV_1 + b$ et $\text{var}(e_2) = c^2\text{var}(e_1)$. Il s'agit de mesures linéairement équivalentes mais non *parallèles* si $a \neq 1$, $b \neq 0$ ou $c \neq 1$. Posant $Q = c/a$, montrer que :

$$r_{x1,x2} = r_{xx} / \sqrt{[1 + (Q^2 - 1)(1 - r_{xx})]}\ .$$

[*Suggestion* : À $(a^2s_v^2 + c^2s_e^2)$, substituer $((s_v^2 + s_e^2) + (Q^2 - 1)s_e^2)$, puis développer et simplifier, notamment en remplaçant s_e^2/s_x^2 par $1 - r_{xx}$.]

3.27 [M1] En se référant à l'exercice précédent, déterminer comment l'estimation de fidélité est influencée selon que : 1) seul le comportement de l'erreur change ($a = 1$, $b = 0$, $c \neq 1$) ; 2) seul le comportement de la valeur vraie change ($a \neq 1$, $b \neq 0$, $c = 1$), ou 3) les deux changent tout en conservant $a = c$.

3.28 [N1] Si l'on dispose de deux séries de mesures des mêmes sujets, l'estimateur le plus sûr de s_e^2 est $\frac{1}{2}\text{var}(X_{1i} - X_{2i})$ (voir Allaire et Laurencelle, *op. cit.*). Calculer la valeur de cet estimateur pour les données du tableau 1 et la comparer aux autres estimations obtenues.

3.29 [N3] Par une expérimentation Monte Carlo, montrer que l'estimateur classique de la variance d'erreur, $s_x^2(1 - r_{xx})$, où $r_{xx} \geq 0$, est négativement biaisé et que sa multiplication par le facteur $[n/(n - \frac{3}{2})]^{1/2}$ corrige à peu près ce biais.

3.30 [M2] Soit un test constitué de k parties à variance s_i^2 et covariances $r_{ij}s_is_j$, $1 \leq i,j \leq k$; $X = y_1 + y_2 + \ldots + y_k$ est la somme des parties. Supposant des variances et corrélations égales, soit $s_i^2 \approx \sigma^2$, $r_{ij} \approx r$, et utilisant la formule de Spearman-Brown (éq. 3.15a) sous forme $r_{xx} = kr/[1 + (k - 1)r]$, démontrer que le coefficient α en éq. 3.12 dénote la fidélité de X. [*Suggestion* : Invoquer le théorème 3b en appendice du chapitre 2.]

3.31 [M3] Utilisant le contexte de l'exercice précédent, 1) reprendre la démonstration en supposant encore des variances égales mais des corrélations inter-parties inégales ; 2) répéter, mais avec des corrélations égales et des variances inégales. Montrer que, dans ce second cas, le coefficient α sous-estime r_{xx}. [*Suggestion* : Une façon de procéder consiste à poser $moy_i\,(s_i^2) = \sigma^2$ et $s_i^2 = \sigma^2 + \Delta_i$. Dans ce cas, utilisant $E(s_i s_j) \approx \sigma^2 - E(\Delta_i + \Delta_j)^2/(8\sigma^2)$ et $E(\Delta_i + \Delta_j)^2 = 2(k-2)\text{var}\,(s_i^2)/(k-1)$, on obtient :

$$r_{xx} = \left(\frac{k}{k-1}\right)\left[\frac{s_x^2 - \sum s_i^2}{s_x^2 - V}\right], \quad V = \frac{k^2(k-2)\text{var}(s_i^2)}{4(k-1)\Sigma s_i^2},$$

d'où $r_{xx} \geq \alpha$ puisque $V \geq 0$.]

3.32 [M2] En supposant des variances et covariances égales entre les k parties d'un test, montrer que le coefficient α de Cronbach (éq. 3.12) est une généralisation de l'indice de consistance KR20 (éq. 3.14) en ce sens qu'il estime la fidélité r_{xx} à partir d'une quelconque division du test en k_1, k_2, ... k parties égales, les nombres $k_j \geq 2$ étant les facteurs de k.

3.33 [C2] Reconsidérer l'exercice précédent (mais sans développement algébrique) dans un contexte réaliste, c'est-à-dire des items (ou parties de test) dans lesquels la part de valeur vraie varie en importance et en nature d'un item à l'autre, et la variance d'item varie. Qu'arrivera-t-il au coefficient α selon qu'on le calcule à partir de $k_1 = 2$ parties (formule dite de Flanagan), de 3, 4, ..., k parties ? Que nous apprend cette progression du coefficient α sur la *nature* du test (sa *validité conceptuelle*) ?

3.34 [C2] Pour un test psychologique constitué de plusieurs items, préciser les raisons pour lesquelles on souhaite généralement un coefficient α élevé ? Discuter en outre les contre-indications associées à un test ayant un coefficient α parfait (= 1) ou trop élevé.

3.35 [M2] Démontrer l'éq. 3.15a par le truchement de la corrélation de deux tests, chacun basé sur la somme de q mesures équivalentes. [*Suggestion* : Développer et simplifier $r(y,y')$, où $y = X_1 + X_2 + \cdots + X_q$, $y' = X_1' + X_2' + \cdots + X_q'$, et $X_i = V + e_i$ etc.]

3.36 [M1] Transformer éq. 3.15a en 3.15b.

3.37 [N1] Un test de 12 items a un coefficient de fidélité $r_{xx} = 0{,}72$. Si on allonge le test à 15 items, vérifier, par les formules 3.15a et 3.15b, que sa fidélité approchera alors 0,763. [*Suggestion* : Noter que, pour le cas présent, $k = 12$, $q = 1{,}25$, $A = 3$.]

3.38 [M1] *Unitarisation de la fidélité*. Dériver le coefficient de fidélité par item r_{ii} (*cf.* p. 82, note infrap. 17) à partir de l'éq. 3.15a. Ce calcul, que nous appelons *unitarisation de la fidélité*, s'applique aussi au coefficient α de Cronbach et permet d'estimer la fidélité *unitaire* du score, celle théoriquement basée sur une seule composante (ou un seul item).

3.39 [M2] Soit des scores partiels X et Y, basés respectivement sur la k^e et la r^e partie du test (*e.g.* si le test comprend N items, le score X est basé sur N/k items, et Y sur N/r autres items, ou items mesurés à un autre moment équivalent). Chacun de X et Y comporte une part de valeur vraie et une part d'erreur. Montrer que, selon le modèle de la théorie des tests, on peut représenter ces scores par :

$$X = V/k + e/\sqrt{k}\,;\; Y = V/r + e'/\sqrt{r}.$$

3.40 [M3] *Estimation de la fidélité par corrélation entre parties inégales.* Utilisant les scores partiels X et Y définis à l'exercice précédent, dénotant leur corrélation par ρ_{kr} et la fidélité du test global par ρ, démontrer que la corrélation entre parties inégales (ρ_{kr}) équivaut à :

$$\rho_{kr} = \frac{\rho}{\sqrt{\rho^2 + (k+r)\rho(1-\rho) + kr(1-\rho^2)}},$$

équation qui a pour solution :

$$r_{xx} = \rho = \frac{\rho_{kr}^2(k+r-2kr) + \rho_{kr}\sqrt{\rho_{kr}^2(k+r-2kr)^2 + 4kr\left[1-\rho_{kr}^2(1-k-r+kr)\right]}}{2 - 2\rho_{kr}^2(1-k-r+kr)}$$

[*Suggestions* : Utiliser $\sigma_v^2 = \rho\sigma_x^2$ et $\sigma_e^2 = (1-\rho)\sigma_x^2$. Élever la première équation ci-dessus au carré, puis appliquer la solution $(-b \pm \sqrt{(b^2 - 4ac)})/(2a)$ du système quadratique $ax^2 + bx + c = 0$.]

3.41 [M1] ***(Suite)*** Utilisant les conventions et la solution de l'exercice précédent, montrer que $\rho = \rho_{11}$; aussi que $\rho = k\rho_{kk} / [1 + (k-1)\rho_{kk}]$ (*cf.* éq. 3.15a, dite de Spearman-Brown), ces deux estimations apparaissant comme des cas particuliers de notre formule.

3.42 [M1] ***(Suite)*** Montrer que l'équation 3.16 est un autre cas particulier de l'équation ci-dessus, pour k quelconque et $r = 1$.

3.43 [M2] ***(Suite)*** Posant $1/k + 1/r = 1$, c'est-à-dire que les scores X et Y représentent des portions complémentaires du test, démontrer :

$$r_{xx} = \rho = \frac{k\rho_{kr}\left[\sqrt{\rho_{kr}^2(k-2)^2 + 4(k-1)} - k\rho_{kr}\right]}{2(k-1)(1-\rho_{kr}^2)} \,.$$

Horst (dans Guilford, *op. cit.*) présente cette formule autrement. Utilisant $P = 1/k$ et $Q = 1 - P$, montrer aussi que la formule ci-dessus équivaut à celle de Horst :

$$r_{xx} = \rho = \frac{\rho_{kr}\left[\sqrt{\rho_{kr}^2(1-4PQ) + 4PQ} - \rho_{kr}\right]}{2PQ(1-\rho_{kr}^2)} \,.$$

3.44 [M1] Soit la corrélation (r_{XM}) entre une mesure au test complet et une autre basée sur la moitié du test. À partir de l'éq. 3.16, montrer que, dans ce cas, l'estimeur de fidélité est :

$$r_{xx} = \tfrac{1}{2} r_{XM} \left[\sqrt{(r_{XM}^2 + 8)} - r_{XM}\right] .$$

3.45 [N1] Dans le but d'économiser le temps de ses sujets, un chercheur, au moment du retest, administre seulement la moitié des items du test original. La corrélation qu'il obtient entre ce dernier (X) et le second score (M), basé sur la moitié du test, est 0,60. Vérifier que la fidélité (estimée) du test est d'environ 0,69. [*Suggestion* : Appliquer la formule d'estimation donnée à l'exercice précédent.]

3.46 [N1] Un test de 12 items a pour fidélité $r_{xx} = 0{,}72$. Combien d'items pareils faudrait-il ajouter pour gagner une fidélité de 0,85 ? [*Suggestion* : Appliquer l'éq. 3.17.]

Section 3.5

3.47 [N2] Supposons plusieurs sources d'erreur, chacune engendrant une fluctuation qui se reflète par l'addition d'une des valeurs {-1, 0, 1} dans la mesure obtenue. Stipulant une distribution de probabilité quelconque pour chaque source, montrer que l'effet combiné de deux, trois ou plusieurs fluctuations a pour moyenne la somme des moyennes de chaque source, pour variance la somme de leurs variances et, pour distribution, une forme qui approche la loi normale à mesure que le nombre de sources croît.

[*Suggestion* : Conférer une probabilité égale de ⅓ à chaque valeur, pour chaque source. Pour $k = 2$ sources, énumérer les $3^k = 9$ combinaisons possibles et faire l'histogramme des sommes correspondantes ; de même pour $k = 3$ et leurs $3^k = 27$ combinaisons, etc.]

3.48 [C3] [M2] Si un procédé de mesure, une situation de mesure sont affectés par des sources d'erreur à fluctuation lente, les mesures d'une série de personnes, en test ou en retest, devraient le refléter. Montrer que, dans ces cas, un *biais* ($E(X_i) - V_i \neq 0$) est introduit dans la mesure ; que, de plus, la fidélité (r_{xx}) est surestimée et l'erreur type de mesure (s_e) sous-estimée.

3.49 [C2] L'erreur de *mobilité* d'un instrument[53] provient de ce que l'instrument n'est pas infiniment sensible et qu'un changement de grandeur (ou d'intensité) suffisant est requis pour qu'il y réagisse ou pour que « l'aiguille se déplace », pour ainsi dire. Le *seuil de mobilité* (Δ_x) est la valeur minimale suffisante (à tous les degrés de l'échelle de mesure, *i.e.* $\Delta_x \geq \Delta_{xi}$, tout x_i) pour entraîner une réponse correspondante de l'instrument de mesure. Imaginer des sources (mécaniques, électriques, situationnelles) d'une erreur de cette sorte. Faire les distinctions et comparaisons utiles entre Δ_x et l'unité de mesure u. Identifier l'impact de Δ_x sur r_{xx} et s_e, en tenant compte aussi de u.

3.50 [C2] Appliquer les concepts de mobilité et de seuil de mobilité aux tests et mesures constitués d'items. [*Suggestion* : Un item à correction dichotomique, *e.g.* 0/1, répartit le domaine des grandeurs évaluées en 2 intervalles ; un test composé de 2 items dichotomiques répartit le domaine potentiellement en 3 intervalles, etc. Le nombre d'items, leurs indices de facilité et leurs covariances produisent tous à la fois un gradient de mesure plus ou moins fin. Comparer aussi à l'indice de discrimination virtuelle (§3.6.6) et à l'indice δ présenté à l'exercice 3.56, plus bas.]

3.51 [M2] Soit $y_x = f_x\{(x_1,y_1) ; (x_2,y_2)\}$, une valeur interpolée entre deux bornes, $x_1 \leq x \leq x_2$. Si les valeurs de référence (y_1, y_2) contiennent de l'erreur, avec variance σ_e^2, la valeur cherchée (y_x) en contiendra aussi. Appliquant une fonction d'interpolation linéaire, démontrer algébriquement que l'erreur sur y_x a pour variance $\frac{1}{2}\sigma_e^2 \leq \sigma^2(y_x) \leq \sigma_e^2$, le minimum se produisant à mi-chemin de l'intervalle (x_1, x_2).

53. Voir Bassière et Gaignebet, *op. cit.*, p. 101 et suivantes.

[*Suggestion* : Exprimer selon $f_x = (1 - p)y_1 + py_2$, où $p = (x - x_1) / (x_2 - x_1)$, puis exprimer var(f_x) en fonction de p constant.]

Section 3.6

3.52 [N2] Soit le *déploiement temporel* (cf. §3.6.5) illustrant les scores au test et au retest de 30 personnes. Vérifier que, pour observer (en moyenne) moins de 50 croisements de scores, le coefficient de fidélité doit être de 0,9355 ou plus élevé.

3.53 [N3] Au test, Robert obtient un score le situant au percentile 50, André au percentile 75 ; la fidélité du test est, disons, 0,70. Supposant une distribution normale des scores, évaluer la probabilité que les scores de Robert et d'André *se croisent* au retest. [*Suggestion* : Former et utiliser la distribution de la *différence de scores*, afin d'établir la probabilité asymptotique pr{ $t < -0{,}67449 r_{xx} / \sqrt{[2(1 - r_{xx}^2)]}$ }, ici pr ≈ 0,32. Voir Laurencelle, « Corrélation et décalage de rangs », *op. cit.*]

3.54 [M1] Dériver l'éq. 3.23 à partir de 3.22.

3.55 [N2] Quelle valeur de fidélité serait requise pour un test, tel un test de QI, afin de pouvoir discriminer réellement 15 catégories de personnes ? [*Suggestion* : Inverser la formule 3.24, pour estimer $r_{xx} \approx 1 - (2{,}654 / Dr)^2$; ici, Dr = 15 et $r_{xx} \approx 0{,}969$.]

3.56 [M2] Un test présentant k scores possibles (une telle conception est restreinte aux procédés de mesure contenant un ensemble fini et identifiable de résultats, *e.g.* un examen scolaire), sa capacité de discriminer les sujets dépend de la répartition des sujets d'un score à l'autre. Soit une répartition $\{n_1, n_2, ..., n_k\}$, $n = n_1 + n_2 + ... + n_k$. On ne peut discriminer entre eux les n_i individus qui reçoivent le score i, de sorte que le nombre de discriminations possibles est égal à $\binom{n}{2} - \sum\binom{n_i}{2}$. Montrer que le maximum de discriminations a lieu lorsque la répartition des scores est égalisée (*i.e.* $n_1 = n_2 = \cdots = n/k$) et qu'un *indice de discrimination* possible[54] est :

$$\delta = 1 - ks^2(n_i) / n^2.$$

[*Suggestion* : Inverser $s^2(n_i) = (\sum n_i^2 - n^2/k)/(k - 1)$ pour déterminer $\sum n_i^2$.]

54. Voir l'indice δ de Ferguson, dans Guilford, *op. cit.*, p. 364-365. L'indice fourni ici est une reformulation différente de l'indice de Ferguson.

Section 3.7

3.57 [C1] Discuter l'affirmation selon laquelle la *fidélité* est une propriété de la mesure (ou de l'instrument de mesure) et la *validité*, une propriété d'une interprétation de la mesure.

3.58 [N2] Vérifier que la *droite de Boscovich* pour les données de { (temps ; poids) } de 12 élèves, de l'exercice 2.24, correspond à l'équation $\hat{y} \approx 890{,}36 - 10{,}528x$. Noter que les quantités $\sum|y - \hat{y}|$ et $\sum(y - \hat{y})^2$ pour cette droite sont respectivement moindre et plus grande que les mêmes quantités calculées à partir de la *droite des moindres carrés*.

3.59 [N1] Soit un système mesurant la densité relative (Y) d'une solution en dénombrant les cristaux (X), suivant le modèle exponentiel, $y = e^{bx}$. Les données de calibrage sont : {(x ;y)} = {(5 ;1,337), (12 ;1,622), (14 ;2,001), (19 ;2,615), (27 ;3,774), (30 ;4,419)}. Vérifier que, par une droite à l'origine après la transformation « log y = bx », la solution des moindres carrés est $\hat{b} = \sum xy'/\sum x^2 \approx 0{,}04912$, fournissant $\sum(y' - \hat{y}')^2 \approx 0{,}0445$[55].

3.60 [N3] Les données de calibrage d'un système de mesure sont les suivantes :

X	1	2	3	4	5	6	7	8	9
Y	50,3	101,5	159,5	207,7	249,6	268,5	283,4	288,4	296,7

Trouver un modèle de régression utile. [*Suggestion* : L'inspection visuelle du graphique de corrélation indique une relation curvilinéaire, plafonnée peut-être en Y aux environs de y = 300. La première solution possible, non plafonnée, est une régression linéaire polynomiale de degré 2 : $\hat{y} = b_0 + b_1x + b_2x^2$. Ici $\hat{y} \approx -25{,}88 + 76{,}21x - 4{,}53x^2$ ($R^2 \approx 0{,}9971$, $s_e \approx 5{,}520$). Une autre solution possible est la fonction plafonnée $y = A[1 - \exp(-Bx^C)]$, ici $\hat{y} \approx 376{,}6[1 - \exp(-0{,}1634x^{1{,}081})]$ ($R^2 \approx 0{,}9814$, $s_e > 11{,}70$). Malgré sa performance moins brillante, la solution plafonnée peut avoir l'avantage sur l'autre puisqu'elle permet une *extrapolation* raisonnable au-delà de x = 9 : par exemple, la solution polynomiale donne la valeur $\hat{y}(x = 12) \approx 236{,}32$, peu crédible, alors que pour l'autre $\hat{y} \approx 342{,}37$.]

---

55. Par minimisation directe de $Q = \sum(y - \hat{y})^2$, on obtient $\hat{b} \approx 0{,}04938$, avec $Q \approx 0{,}0424$ et $s_e = \sqrt{[Q/(N - 1)]} \approx 0{,}0921$. Le dénominateur (N − 1) vient de ce qu'ici un seul paramètre est estimé.

NOTE SUR L'AJUSTEMENT DU MODÈLE $\hat{y} = b_0 + b_1x + b_2x^2$. L'ajustement polynomial est un cas particulier de la régression multiple utilisant les prédicteurs x_1, x_2, x_3, etc., remplacés ici par x, x^2, x^3, etc. L'ajustement par la méthode des moindres carrés implique de l'algèbre matricielle ; cependant le cas de 2 prédicteurs (ou du degré polynomial 2) admet une solution simple. Soit les variables y, x_1 et x_2 (ou x_1^2), leurs moyennes : $\overline{y}$, $\overline{x}_1$, $\overline{x}_2$, écarts types : s_y, s_1, s_2, et corrélations r_{y1} (entre y et x_1), r_{y2} et r_{12} (entre x_1 et x_2), alors :

$$b_0 = \overline{y} - b_1\overline{x}_1 - b_2\overline{x}_2 \; ;$$

$$b_1 = s_y(r_{y1} - r_{12}r_{y2})/[s_1(1 - r_{12}^2)] \; ;$$

$$b_2 = s_y(r_{y2} - r_{12}r_{y1})/[s_2(1 - r_{12}^2)] \; .$$

Le coefficient de détermination (indiqué R^2) correspond au carré de la corrélation entre les valeurs observées (y) et prédites ($\hat{y}$) de la variable et s'obtient par $R^2 = [b_1r_{y1}s_1 + b_2r_{y2}s_2]/s_y$, et la variance d'erreur est $s_y^2(1 - R^2)(N - 1)/(N - 3)$.

NOTE SUR L'AJUSTEMENT DU MODÈLE $y = A[1 - \exp(-Bx^C)]$. Ce modèle non linéaire n'est pas linéarisable, sauf par fixation du paramètre A. Une solution possible, employée ici, consiste : 1) à fixer provisoirement A, tel que $A > \max(y)$; 2) à déterminer les paramètres de l'équation linéaire $y' = B' + Cx'$, où $y' = \log(-\log(1 - y/A))$, $x' = \log x$, $B' = \log B$ et $C = C$; 3) à trouver $\sum(y - \hat{y})^2$, s_e ou tout autre critère de la qualité d'ajustement ; 4) à reprendre à l'étape 1 afin de repérer la valeur de A minimisant globalement le critère d'ajustement choisi.

3.61 [N3] Utilisant le contexte de l'exemple précédent, le scientifique, le technicien en charge peut se déclarer insatisfait de la précision du modèle obtenu et souhaiter l'améliorer. Trois voies d'amélioration s'offrent : 1) trouver un nouveau modèle régressif, plus adéquat, à variance d'erreur réduite ; 2) refaire un calibrage, obtenant de nouvelles données $Y_{(2)}$ afin d'exploiter pour chaque x une valeur moyenne à erreur réduite : $\overline{y}(x) = ½(y + y_{(2)})$; 3) multiplier les valeurs de calibrage en utilisant une gradation plus fine des x. Le tableau suivant fournit de nouvelles valeurs. Utilisant ces valeurs et quelques stratégies de calibrage, déterminer les avantages et les difficultés de chacune.

X	1	2	3	4	5	6	7	8	9
$Y_{(2)}$	43,2	91,7	157,8	205,2	238,3	262,9	283,0	290,4	292,1

X	1,5	2,5	3,5	4,5	5,5	6,5	7,5	8,5	9,5
Y	72,0	126,2	183,4	222,2	266,1	271,7	282,5	290,1	305,5

3.62 [C2] Relever quelques exemples de mesures du domaine physique (*e.g.* tests sous-maximaux indirects de la capacité aérobie) ou du domaine psychologique (*e.g.* test des taches d'encre de Rorschach) pour lesquels la *validité manifeste* serait douteuse ou nulle. Pour chaque exemple, fournir les preuves ou arguments spécifiques nécessaires pour suppléer au manque de validité manifeste. [*Suggestion* : Pour les mesures du domaine physique, une théorie ou un principe d'opération détaillé sont donnés en preuve, en explicitant et identifiant la chaîne de causalité de la mesure. Dans le cas des mesures du domaine psychologique, seules de fortes preuves de validité par critère peuvent compenser le manque de validité manifeste, par exemple en prédisant ou en discriminant un type diagnostique de psychiatrie.]

3.63 [M2] *Unitarisation de la corrélation entre deux tests.* Soit le test X basé sur q items et de fidélité globale ρ_{XX}, le test Y basé sur t items et de fidélité ρ_{YY}, et leur corrélation ρ_{XY}. Montrer que cette corrélation est influencée positivement par le nombre d'items dans chaque test, et qu'on peut obtenir une estimation de corrélation *unitarisée* par la formule :

$$\rho_{1,1}(X,Y) = \rho_{q,t}(X,Y) \,/\, \sqrt{\{[\rho_{XX} + q(1 - \rho_{XX})][\rho_{YY} + t(1 - \rho_{YY})]\}}\ .$$

[*Suggestion* : Développer et résoudre la formule : $\rho_{q,t}(X,Y) = \rho(q^2V_X + q\,\varepsilon_X, t^2V_Y + t\,\varepsilon_Y)$.]

3.64 [M2] Dans le contexte de l'exercice précédent, modifier la formule en utilisant les estimateurs de fidélité unitaires (ou unitarisés, voir exercice 3.38) ${}_1\rho_{XX}$ et ${}_1\rho_{YY}$. Montrer que la corrélation *unitarisée* entre les tests X et Y devient alors :

$$\rho_{1,1}(X,Y) = \rho_{q,t}(X,Y)\sqrt{\frac{[1+(q-1)\,{}_1\rho_{XX}][1+(t-1)\,{}_1\rho_{YY}]}{qt}}$$

3.65 [M2] Soit $\rho_{x,y}$, un coefficient de validité prédictive, X représentant le test et Y le critère à prédire, et $\rho_{qx,y}$ le coefficient qu'on obtiendrait si on allongeait le test q fois. Démontrer algébriquement que :

$$\rho(X_q, Y) = \frac{\rho_{X,Y}}{\sqrt{\rho_{XX} + \dfrac{1 - \rho_{XX}}{q}}}.$$

Noter que, si $q \to \infty$, on obtient l'estimateur de corrélation désatténuée pour le test X. [*Suggestion* : Développer et simplifier la corrélation $\rho(qV_X + \sqrt{q}\,\varepsilon_X, Y)$.]

3.66 [N2] Utilisant un test de 20 items et de fidélité $\rho_{XX} = 0{,}60$, on obtient un coefficient de validité prédictive (ou ρ_{XY}) de 0,70. Combien le test devrait-il comporter d'items afin de donner un coefficient prédictif de 0,80 ? [*Suggestion* : Inverser la formule donnée à l'exercice précédent, obtenant $q \approx 2{,}415$ et un test d'environ 49 items.]

3.67 [N1] Dans le contexte de l'exercice précédent, vérifier que le coefficient de validité prédictive le plus fort qu'on peut obtenir est d'environ 0,9037, en allongeant indéfiniment le test.

3.68 [C2] Dans le contexte des deux exercices précédents et en supposant que la mesure du critère est parfaite ($\rho_{YY} = 1$), élaborer une stratégie de testing réaliste afin d'obtenir une qualité de prédiction (sélection, classification, diagnostic) meilleure.

3.69 [M2] Dans une population normale, démontrer que :

$$\Delta_p = E(z^+) = \varphi(z_{1-p}) \,/\, p \; \{ \, z^+ = z > z_{1-p} \, \} \,,$$

où $\varphi(x) = e^{-\frac{1}{2}x^2}/\sqrt{(2\pi)}$. La quantité Δ_p dénote la moyenne d'une variable normale échantillonnée dans la portion supérieure de la distribution, au-delà de z_{1-p}. [*Suggestion* : l'intégrale de $dF = xe^{-\frac{1}{2}x^2}/\sqrt{(2\pi)}$, de z_{1-p} à ∞, peut s'écrire $F(\infty) - F(z_{1-p})$, où la primitive F est simplement $-e^{-\frac{1}{2}x^2}/\sqrt{(2\pi)} = -\varphi(x)$; d'où cette intégrale égale $F(z_{1-p})$[56].]

3.70 [M1] Démontrer que, pour $p > \frac{1}{2}$, la quantité Δ_p de l'exercice précédent équivaut à $(1 - p)\Delta_{1-p}/p$.

3.71 [N1] Utilisant les formules présentées aux exercices précédents, vérifier que, pour p = 0,05, 0,10, 0,50 et 0,90, la quantité Δ_p égale 2,063, 1,755, 0,798 et 0,195 respectivement. [*Suggestion* : Pour la surface supérieure correspondant à p = 0,05, la table de la distribution normale indique $z \approx 1{,}6449$, d'où $\varphi(z) = \exp(-1{,}6449^2/2)/\sqrt{(2\pi)} \approx 0{,}103128$ et $\varphi(z)/p \approx 2{,}063$.]

56. La quantité Δ_p concerne la portion supérieure d'une *population* normale. Si la sélection concernée s'opère dans un *échantillon* modeste ($n \ll \infty$), P.M. Burrows (« Expected selection differentials for directional selection », *Biometrics*, vol. 28, 1972, p. 1091-1100) propose l'estimateur $\Delta^*_p = \Delta_p - (1 - p)/[2(n + 1)\varphi(z_{1-p})]$.

3.72 [C2] Le *différentiel de sélection* $Dy(X,p,r_{xy})$, dont le principe remonte au moins à 1944[57], est l'*augmentation de moyenne* escomptée en sélectionnant les p % meilleurs individus en X, en supposant une corrélation r_{xy} entre le prédicteur (X) et le critère (Y). À partir de quelques évaluations de la formule $Dy = \Delta_p r_{xy} s_y$ (supposant $s_y = 1$) et en traçant un graphique, montrer que le gain Dy est une fonction linéaire du coefficient de validité prédictive r_{xy} et une fonction non linéaire inverse de taux de sélection p.

3.73 [N1] Pour un emploi de type « col blanc » dans une grande ville, l'indice de performance au travail a pour moyenne 65,0 et pour écart type 12,0. Cinq nouveaux postes sont affichés, 50 candidats se présentent. Pour améliorer la sélection, un test d'aptitudes est utilisé, qui a une corrélation de 0,60 avec l'indice de performance. Si on retient les 5 candidats obtenant les meilleurs scores au test, quel devrait être leur indice moyen de performance au travail ? [*Suggestion* : Utilisant $p = 5/50 = 0{,}10$, $\Delta_{0,10} \approx 1{,}755$ et μ (5 candidats sélectionnés) $= \mu_Y + Dy \approx 65{,}0 + 1{,}755 \times 0{,}60 \times 12{,}0 \approx 65{,}0 + 12{,}6 = 77{,}6$. Noter que, pour $n = 50$, l'estimation $\Delta^*_{0,10} \approx 1{,}7047$ se rapproche davantage de la valeur exacte[58] pour $n = 50$, soit $\Delta_{0,10}(50) = 1{,}7055$, qui donnerait μ (5 candidats sélectionnés) $\approx 77{,}3$.]

3.74 [M3] Soit un taux de sélection p_x, un taux de succès au critère p_y et une corrélation r_{xy} entre le prédicteur (X) et le critère (Y), démontrer qu'en inversant la corrélation telle qu'approchée par la formule « cos-π » de corrélation tétrachorique (voir éq. 4.15) le nombre d'individus retenus à bon escient (f_{++}) est estimé par :

$$\frac{E(f_{++})}{n} = \frac{s(A-1)+1-\sqrt{[s(A-1)+1]^2 - 4AC(A-1)}}{2(A-1)},$$

57. Dans l'ordre chronologique : M.W. Richardson, « The interpretation of a test validity coefficient in terms of increased efficiency of a selected group of personnel », *Psychometrika*, vol. 9, 1944, p. 245-248 ; H.E. Brogden, « On the interpretation of the correlation coefficient as a measure of predictive efficiency », *Journal of Educational Psychology*, vol. 37, 1946, p. 65-76 ; R.F. Jarrett, « Per cent increase in output of selected personnel as an index of test efficiency », *Journal of Applied Psychology*, vol. 32, 1948, p. 135-145. L'étude mathématique, pour obtenir des estimateurs plus précis dans le cas d'échantillons petits à modestes, se retrouve dans P.M. Burrows, 1972 (*op. cit.*) et 1975 (*Biometrics*, vol. 31, p. 125-133, qui en donne la variance) ; la désignation de « *selection differential* » lui serait aussi attribuable.

58. Les valeurs exactes de $\Delta_p(n)$, pour n modestes ($n \le 50$), peuvent être calculées à partir des espérances des statistiques d'ordre normales, les *rankits*, qu'on retrouve par exemple dans F.J. Rohlf et R.R. Sokal, *Statistical Tables*, Freeman, 1981.

où $s = p_x + p_y$, $C = p_x p_y$ et $A = [\pi/\cos^{-1} r_{xy} - 1]^2$. [*Suggestion* : Après l'inversion de l'éq. 4.14 et en supposant $a = f_{++}$, $\sum f = 1$, réécrire le quotient « ad/bc » comme « $f_{++}(1 - p_x - p_y + f_{++}) / [(p_x - f_{++})(p_y - f_{++})]$ » et résoudre pour f_{++}.]

3.75 [M2] Dans le contexte de l'exercice précédent, montrer que si $p_x = p_y = ½$ (les variables étant dichotomisées à la médiane), l'espérance de f_{++} se simplifie et devient proportionnelle à $½ - \cos^{-1} r_{xy} / (2\pi)$ ou, également, $¼ + \sin^{-1} r_{xy} / (2\pi)$. Noter que, dans ce cas, la relation de correspondance entre r_{xy} (ou ρ_{xy}) et f_{++} est exacte.

3.76 [M1] Utilisant le contexte de §3.7.3.4 et les formules données ci-dessus, trouver les formules estimatives pour les rapports de sélection de type R.S. = $f_{++}/(f_{+-} + f_{++})$ et de type R.S. = $(f_{++} + f_{--})/n$.

3.77 [C1] Soit p_x, p_y et r_{xy} tels que définis à l'exercice 3.74. Si l'on sélectionne $100p_x = 100$ % des candidats, quel sera le taux de succès de cette démarche, ce taux étant R.S. = $f_{++}/(f_{+-} + f_{++})$? Si $r_{xy} = 0$, pour tout p_x, quel sera R.S. ?

3.78 [C2] Quelles conditions de sélection (p_x, p_y) sont le plus favorables au taux de succès, R.S. = $f_{++}/(f_{+-} + f_{++})$, ce pour des valeurs modérées de r_{xy} ? pour des valeurs fortes de r_{xy} ?

3.79 [C3] [M3] Élaborer une stratégie de sélection de candidats en deux étapes, utilisant deux tests successifs (A et B) et visant à garantir un rapport coût/bénéfice optimal. Le test A, appliqué à tous, sert à présélectionner des candidats pour le test B ; ainsi, le taux de sélection p_x doit être factorisé selon $p_x = p_A \times p_{B|A}$. On suppose aussi $r_{By} \geq r_{Ay}$, où r_{Ay} et r_{By} sont les coefficients de validité prédictive de chaque test. Le coût d'administration du test B, plus élaboré, est beaucoup plus grand que celui du test A, alors que l'apport d'un bon candidat (évalué sur cinq ans) est aussi plus grand que celui d'un candidat mal sélectionné.

3.80 [C2] *Validité conceptuelle* (ou de construit) et *validité factorielle* sont des appellations appliquées d'abord aux mesures et tests du domaine mental (cognitif, émotionnel). En contre-exemple, on ne parlerait pas de la *validité conceptuelle* d'une mesure d'effort musculaire. Dans le contexte des mesures du domaine mental, discuter de la nature de la *valeur vraie* en tant que construction de facettes (ou valeurs vraies) élémentaires (voir aussi l'exercice 3.33) par opposition à la *valeur vraie* posée, immédiatement disponible à la mesure.

3.81 [N1] Sachant que l'erreur type de l'estimateur de corrélation r_{xy} est d'environ $(1 - \rho^2)/\sqrt{n}$, vérifier que, pour que des corrélations ρ de 0,7, 0,5, 0,3 et 0,1 soient estimées avec une erreur type ne débordant pas 0,01, les tailles d'échantillon (n) requises sont respectivement 2601, 5625, 8281 et 9801.

3.82 [N3] Concevoir un test unidimensionnel constitué de k parties, chaque partie corrélant de u_i $(1 \leq i \leq k)$ avec le facteur unique. La matrice paramétrique de corrélations $\rho = \{\rho_{jj'}\}$ est obtenue selon $\rho_{ij} = u_i u_j$ $(i \neq j)$, $\rho_{ii} = 1$, et la matrice estimative $\mathbf{R}(n) = \{r_{ij}\}_n$ dérive de ρ selon $r_{ij} = \rho_{ij} + \varepsilon_{ij}$, l'erreur type étant indiquée à l'exercice précédent. Construire une matrice $\mathbf{R}(n)$, en utilisant une taille (n) réaliste, et mettre en œuvre l'une ou l'autre technique d'analyse factorielle disponible en progiciel afin d'étudier le nombre de facteurs identifiés, ou le rang estimé de la matrice $\mathbf{R}(n)$.

4 Analyse des questionnaires

4.1. DÉFINITIONS GÉNÉRALES ET BUTS

Par « questionnaire », on entend un procédé de mesure basé principalement sur la formulation de questions et l'enregistrement des réponses[1]. Les questionnaires sont utilisés dans différents contextes, tels les sondages d'opinion, les recensements démographiques, les examens scolaires, le testing psychologique. Nous nous intéresserons ici aux questionnaires en tant qu'*instruments de mesure*, c'est-à-dire à ceux dont l'application aboutit à donner un score, un résultat numérique à la personne évaluée. Ces questionnaires se retrouvent encore dans plusieurs contextes : les échelles d'attitudes, les examens scolaires, les tests psychologiques, certains tests d'aptitudes ou d'intérêts, etc.

Un questionnaire, tel que considéré ici, produit un score, disons le score X, qui est obtenu par l'addition de points associés à chaque groupe <Question/Réponse> ou à chaque item. Supposons que les points obtenus à l'item *j* par le sujet sont dénotés y_j ; pour établir le score X, nous aurons donc :

$$X_i = y_1 + y_2 + ... + y_m \qquad (1)$$

1. Sur la conception, la fabrication et l'administration d'un questionnaire, voir D. Allaire, « Questionnaires : mesure verbale du comportement » (chap. 9, p. 229-275) dans M. Robert (dir.), *Fondements et étapes de la recherche scientifique en psychologie*, Edisem, 1988.

en supposant que le questionnaire comporte *m* items ou questions. Or, il existe des questionnaires, ou tests papier-crayon, construits dans le but de mesurer deux ou plusieurs aspects de la personne évaluée : tests diagnostiques comme le MMPI, questionnaires d'intérêts vocationnels, examens scolaires bâtis sur le modèle des « facettes ». Il s'agit dans ces cas de **tests multidimensionnels**, c'est-à-dire comportant plusieurs dimensions à mesurer ; les auteurs préfèrent désigner ceux-ci sous le terme d'**inventaire**, plutôt que de questionnaire, pour indiquer l'aspect composite de l'évaluation souhaitée. Les méthodes d'analyse et de validation des inventaires[2] débordent celles utilisées pour les tests à dimension simple, et nous ne les verrons pas ici. Nous nous en tiendrons donc aux questionnaires et tests unidimensionnels, qui ont pour objet une seule caractéristique, et dont toutes les parties visent à évaluer la personne en fonction de cette caractéristique.

Les thèmes principaux abordés dans ce chapitre sont au nombre de trois. Nous parlerons d'abord du **scoring**, c'est-à-dire des principes d'attribution et de calcul du score dans les questionnaires. Nous passerons ensuite en revue les **indices statistiques** qui peuvent aider à l'analyse critique d'un questionnaire en fonction des résultats obtenus. Nous terminerons le chapitre en donnant des éléments de procédure pour la **validation interne et externe** d'un questionnaire, la procédure mettant bien sûr à profit les outils statistiques qui auront été présentés. Le traitement d'un exemple réel, quoique réduit, permettra de concrétiser les idées ainsi que d'illustrer les procédures pratiques de révision d'un questionnaire. En complément de chapitre, nous présenterons en survol la « théorie des réponses aux items », une autre approche systématique pour l'analyse et la construction de questionnaires.

4.2. LE SCORING

Les tests à plusieurs items, les questionnaires à plusieurs questions et problèmes doivent être « dépouillés », c'est-à-dire lus et vérifiés afin de déterminer une note, le *score* au test. Pour chaque question, on vérifie si la réponse est correcte, et on lui attribue une cote : zéro pour une réponse incorrecte, de un à quelques points si la réponse est bonne ; le score X est la somme des points accordés pour tous les items du test. Voici quelques méthodes courantes de scoring.

---

2. Ces méthodes incluent notamment l'*analyse factorielle* (*cf.* §3.8.2) et l'approche dite *multitraits - multiméthodes*, et elles appellent des interventions mathématiques et statistiques plus fouillées.

4.2.1. Points attribués aux réponses

Le scoring plus courant consiste à attribuer zéro point pour une réponse incorrecte, un point pour une réponse correcte.

> Ce qu'on entend par « réponse correcte » varie selon le type d'item, et d'ailleurs un même test peut comporter différents types d'items. Il y a par exemple des items où le répondant doit fournir (par écrit) la réponse ; d'autres où il lui faut cocher « Vrai » ou « Faux » ; d'autres où il faut choisir parmi deux ou plusieurs réponses suggérées (items dits à choix multiples) ; d'autres où on demande d'associer des éléments d'un groupe à des éléments d'un autre groupe ou entre eux (items dits à appariements ou à association) ; d'autres enfin où le répondant doit rédiger une phrase ou un court texte montrant sa connaissance ou sa compréhension relativement à la question posée (items dits à développement).

Dans certains cas, surtout ceux des items à développement, l'évaluateur attribuera un plus grand nombre de points ; ce nombre de points reflète l'importance relative de la question[3] dans l'ensemble du test, et l'évaluateur peut l'utiliser à discrétion afin d'attribuer une fraction des points possibles en fonction de la « capacité » démontrée dans la réponse. Nous reprendrons ce sujet plus bas (voir §4.2.4).

4.2.2. La correction contre le hasard

Un élève qui répond à un examen composé d'items « Vrai/Faux » peut, c'est bien connu, obtenir 50 pour cent des points en choisissant ses réponses au hasard. Les items dits à réponse fermée, ou à choix multiples, permettent en effet à quelqu'un ne connaissant pas la réponse correcte de la choisir néanmoins, en la tirant à l'aveuglette parmi les autres. Le score X, basé sur les points accumulés par une telle stratégie de réponse, *surestime* la capacité réelle du répondant, et certains praticiens croient justifié d'intervenir dans cette situation afin d'obtenir une mesure plus juste de la capacité évaluée.

Afin de contrecarrer les effets du choix au hasard ou de la réponse aveugle pour les items à choix multiples, l'intervention proposée est double : d'abord on demande aux répondants de **s'abstenir de répondre** lorsqu'ils ignorent la réponse correcte, puis on impose **une pénalité pour toute mauvaise réponse**, pénalité dont sont avertis les répondants. La pénalité

3. L'importance relative est déterminée selon les contenus mêmes visés par la question ou le problème posés, ou selon la proximité des contenus visés par rapport aux objectifs de l'évaluation, ou selon une estimation du temps ou de l'effort nécessaire pour produire la réponse.

habituelle consiste à soustraire des points ou des fractions de points **pour chaque mauvaise réponse** donnée. L'argument d'équité à la base de cette pratique revient à faire payer chaque item tenté au hasard et raté par un item potentiellement réussi par hasard : la formule spécifique à appliquer dépend de la situation.

La correction est basée sur un modèle probabiliste tel que le suivant. Le test comporte m items ; les m réponses enregistrées pour un sujet se répartissent comme suit : b réponses correctes, e réponses erronées obtenues au hasard, les b réponses correctes se divisant à leur tour en b_C réponses vraiment connues et b_H réponses gagnées par un hasard heureux. Le score incorporant la correction contre le hasard (X_C) est simplement :

$$X_C = X - X(b_H) , \qquad (2)$$

c'est-à-dire qu'on soustrait du score X les points présumément gagnés par hasard. Le problème revient à estimer b_H (le nombre de réponses correctes obtenues par hasard) et $X(b_H)$, leur total de points associés.

Posons une quantité π ($0 \leq \pi \leq 1$), dite taux de connaissance de la personne eu égard aux items du test ; par exemple, si $\pi = 0$, la personne ignore tout du test, et chaque point gagné l'est présumément par hasard. En espérance, il est clair que $b_C = m\pi$. Quant à b_H, s'il y a k réponses proposées par item, on l'estime (en espérance) par $b_H = m(1 - \pi)/k$, expression qui implique encore la valeur inconnue π. Or les e réponses erronées dépendent uniquement d'un hasard malchanceux, et l'on a $e = m(1 - \pi)(k - 1)/k$, cette dernière expression nous donnant π, qui permet d'obtenir b_H, et ainsi de suite. La méthode s'applique aussi lorsqu'il y a un nombre variable k_j de choix proposés d'un item à l'autre : voir à ce sujet les indications plus bas. Pour les items à pointage variable « y_j », la correction soustraira une valeur proportionnelle à $\bar{y}_B$, le pointage moyen *associé aux bonnes réponses enregistrées* ; d'après cette méthode, on montre en effet que pour quelqu'un répondant purement au hasard le score corrigé attendu est nul[4].

4. Le modèle général, dont sont dérivés les cas particuliers illustrés dans le texte, est une moyenne probabiliste, basée sur un estimateur de π dans chaque protocole de test. Les b réponses correctes se répartissent de façon indiscernable en deux groupes, de b_C et b_H chacun. Les points « y_j » attachés à ces bonnes réponses sont connus mais encore une fois indiscernables ; leur valeur moyenne est $\bar{y}_C$. On connaît de même la série de réponses erronées, et leur nombre k_j de choix associés. On peut montrer que X, le total de points gagnés, et e, le nombre de réponses erronées, ont pour espérances, selon π :

$$X = m\pi\bar{y}_C + m(1-\pi)\frac{1}{b}\sum^{(C)}\frac{y_{C_j}}{k_{C_j}} \; ; \; e = m(1-\pi)\frac{1}{e}\sum^{(E)}\frac{k_{E_j}-1}{k_{E_j}} \; ;$$

TABLEAU 1. Valeur de pénalité contre les réponses données au hasard, selon divers formats de tests à choix multiples (y_j désigne les points par question, k_j le nombre de choix proposés)†

Situation	Valeur $X(b_H)$ à soustraire de X
$y_j = 1,\ k_j = k$	$e/(k - 1)$
y_j variable, $k_j = k$	$\overline{y}_C\, e/(k - 1)$
$y_j = 1,\ k_j$ variable	$e^2 H_C / [(m - e)(e - H_E)]$
y_j variable, k_j variable	$e^2 H_{yc} / [(m - e)(e - H_E)]$

† Les m items sont répartis en b réponses correctes (C) et e réponses erronées (E). La quantité $\overline{y}_C$ est la moyenne des points associés aux réponses correctes, soit X/b. Les quantités H_C et H_E sont les sommes des réciproques des choix ($1/k_j$) associés aux réponses correctes (C) et erronées (E), respectivement. La quantité H_{yc} est la somme des quotients « y_j/k_j » associés aux réponses correctes.

Si les n items du test valent un point chacun et offrent tous k réponses au choix, la probabilité de choisir au hasard la réponse correcte est $1/k$. Le score X correspond ici au nombre de réponses correctes (b), et le score corrigé (X_C) est alors :

$$X_C = X - (m - X)/(k - 1)\ ; \qquad (3)$$

dans ce calcul, chacune des $e = (m - X)$ mauvaises réponses entraîne une pénalité égale à $-1/(k - 1)$: c'est la formule classique de correction contre le hasard. Le même principe s'applique aussi aux cas où varient le nombre k_j de choix proposés ou les points y_j attribués à chaque question. Le tableau 1 fournit les expressions applicables à ces divers cas.

La personne qui n'inscrit que des réponses correctes ne se fait donner aucune pénalité : toutes les formules s'annulent en effet lorsque $e = 0$. D'autre part, la personne qui présente une ou plusieurs mauvaises réponses a présumément désobéi à la directive « s'abstenir de répondre », et elle a « choisi » présumément ses réponses erronées au hasard. Or, si pour un item donné elle a choisi au hasard une mauvaise

---

les sommes sont effectuées soit seulement sur les réponses correctes (pour X), soit seulement sur les réponses erronées (pour e). D'autres modèles probabilistes sont concevables, en particulier des modèles supposant que la personne cherche à optimiser le hasard (en favorisant le choix au hasard pour les items à petits k_j) ou d'autres exploitant une « tendance au choix aveugle » selon la proportion d'omissions.

réponse, on peut légitimement croire qu'elle s'y est essayée ailleurs, obtenant parfois une « bonne réponse par hasard ».

Imaginons une personne passant un examen comportant 6 questions à 4 choix chacune : la consigne est de s'abstenir de répondre, au risque d'une pénalité. Supposons que l'individu répond à toutes les questions, et qu'il en obtient 4 bonnes et 2 erronées. Le fait qu'il échoue à deux questions montre qu'il a deux fois tenté le sort avec insuccès ; voilà des points qu'il ne gagne pas. Cela suggère aussi qu'il a pu tenter le sort d'autres fois, tombant par hasard sur la bonne réponse de zéro à plusieurs fois. Posant un point par bonne réponse, la personne obtient un score de $X = 4$ (sur 6), une pénalité de $2/(4 - 1)$, enfin un score corrigé de $X_C = 4 - 0,67 \approx 3,33$.

Dans un cas plus complexe, supposons un test constitué de 10 items, et les réponses données d'une personne, comme suit :

item	1	2	3	4	5	6	7	8	9	10
k	4	4	4	4	2	2	2	2	5	5
Pts (y)	2	1	1	1	2	1	2	3	3	2
Rép. :	**C**	**C**	**E**	**C**	**E**	**E**	**C**	**C**	**E**	**C**

(La ligne « *k* » indique le nombre de réponses proposées pour chaque item. La ligne « Pts (y) » donne la valeur attribuée à chaque bonne réponse. La ligne « Rép. » indique la réponse donnée, selon qu'elle est bonne ou correcte, **C**, ou qu'il s'agit d'une réponse erronée, **E**.) Le score X du sujet serait $X = 2 + 1 + 1 + 2 + 3 + 2 = 11$. La pénalité qui s'applique correspond ici à la dernière ligne du tableau 1. On a $m = 10$, $e = 4$, $H_E = 1/4 + 1/2 + 1/2 + 1/5 = 1,45$, et $H_{yc} = 2/4 + 1/4 + 1/4 + 2/2 + 3/2 + 2/5 = 3,9$. Les points gagnés par hasard seraient donc $X(b_H) = 4^2 \times 3,9/[(10 - 4)(4 - 1,45)] \approx 4,08$, ce qui donne un score corrigé de $X_C = 11 - 4,08 = 6,92$. *Quelqu'un qui aurait observé la directive de « s'abstenir de répondre », par exemple aux items 3, 5, 6 et 9, aurait obtenu le score 11, les pénalités n'étant données que si le répondant a manifestement tenté de répondre au hasard.*

Pour des tests comportant des items à nombre égal de réponses proposées (*i.e.* *k* constant), le score corrigé contre le hasard (X_C), tout en étant plus petit que le score brut X, est en corrélation parfaite avec lui. Le but de cette correction n'est donc pas de modifier le classement comme tel des personnes évaluées, mais bien de leur attribuer une valeur « absolue » (telle une note de 74%) qui reflète le plus justement leur capacité réelle.

La corrélation de +1 entre le score brut (X) et le score corrigé (X_C) vient de ce que le nombre d'items (m) dans un test est fixe. Chaque item présentant k réponses possibles, la pénalité totale est de $-(m - X)/(k - 1)$ et le score corrigé, $X_C = X - (m - X)/(k - 1)$. La corrélation cherchée, $r(X, X_C)$, après expansion et simplification, aboutit à +1.

Rappelons enfin qu'il serait illégitime, d'un point de vue mathématique aussi bien que moral, d'appliquer la correction contre le hasard, c'est-à-dire les pénalités de score, sans avoir préalablement donné la directive d'abstention ni expliqué globalement la technique de pénalisation. Avec ces précautions nécessaires, la stratégie de la correction contre le hasard ne peut qu'être recommandée, que ce soit pour le constructeur de test, l'évaluateur ou la personne évaluée[5].

4.2.3. Les échelles de Likert

On appelle « échelle de Likert » un dispositif de réponse, affiché au complet pour chaque question, par lequel le répondant indique sa position personnelle entre un pôle extrême et l'autre. Ainsi, pour la question : « Quelle est votre attitude vis-à-vis de la mixité dans les cours d'éducation physique, en gymnase ? », on pourrait présenter le schéma de réponse suivant :

très défavorable -3 -2 -1 0 1 2 3 très favorable

(Encercler le chiffre approprié)

D'autres dispositifs sont également possibles, en variant le nombre d'échelons, l'étiquetage des échelles et le sens de l'échelle. Voici quelques exemples :

pour 1 2 3 4 5 contre

opposé hostile indifférent sympathique d'accord

++ +- 0 -+ --

Ces échelles, utilisées d'abord pour les sondages d'opinion et les tests d'attitudes, peuvent être appliquées généralement. Elles le sont par exemple pour les tests de connaissances, où elles servent à indiquer le « degré de certitude » d'une réponse (« deviné », « moins mauvaise réponse », « semble partiellement vrai », « assez certain », « tout à fait certain »).

---

5. Le calcul de pénalité, basé sur l'une ou l'autre des formules du tableau 1, suppose que ceux qui ignorent la réponse correcte choisissent au hasard, également, parmi les k_j réponses proposées à l'item j. Cette *équiprobabilité* des réponses aveugles est souvent contrecarrée par la présence d'une *mauvaise réponse favorite*, par des réponses à contenu *partiellement correct*, etc. Le constructeur de tests devra s'en préoccuper durant l'*analyse d'items*, afin de redresser la situation vers une plus grande égalité de choix.

Le scoring des échelles de Likert découle immédiatement de leur format. S'il y a un score à établir, tel qu'une attitude globale vis-à-vis de la mixité à l'école ou un degré de certitude moyen par rapport à tous les items d'un test, il suffit d'additionner les cotes issues de chaque échelle de Likert ; pour les échelles exprimées sous forme d'étiquettes verbales ou symboliques, l'addition se fait après conversion des étiquettes en des nombres correspondants. Il suffit de prendre garde de ramener toutes les échelles dans le même sens, par exemple du « défavorable » au « favorable », et de n'incorporer dans un même total que ce qui présente un caractère commun.

4.2.4. La pondération et le score total

Au lieu de la simple sommation qui produit le score du test, comme à l'équation 1, il est possible d'établir le score total comme une somme pondérée des points mérités à chaque question, le poids (ou facteur de pondération) de chaque item reflétant son importance relative. Le score pondéré qui en résulte dépend donc à la fois du *poids* de l'item et des points que le sujet y a mérités ; on l'obtient comme suit :

$$X_{pond} = p_1y_1 + p_2y_2 + ... + p_my_m , \qquad (4)$$

où l'ensemble $\{p_1, p_2, ..., p_m\}$ représente les poids différents des items. Par exemple, le score brut (non pondéré) X correspondrait à un score pondéré utilisant l'ensemble de poids $\{1,1,...,1\}$, tous égaux.

Comment établir les poids des items ? Les poids p_j, qui reflètent le degré d'importance des items, peuvent relever de différents principes selon le type d'*importance relative* qu'on veut mettre en œuvre.

On peut déterminer le poids selon l'**importance absolue du contenu**, jugée par exemple en termes de difficulté, de « profondeur », de degré d'érudition, ou selon l'**importance contextuelle du contenu**, jugée d'après sa relation avec les objectifs de l'évaluation. Ainsi, même un item « facile » pourra recevoir une pondération élevée, si son contenu est identifié comme important dans le contexte (scolaire, clinique, etc.) de l'évaluation. Un autre principe consiste à attribuer un poids qui reflète la **durée de réponse** escomptée pour l'item, un item à réponse plus longue recevant bien entendu un poids plus grand.

Une autre approche de pondération se base sur l'**utilité statistique** de l'item. Il y a divers moyens de mesurer l'*utilité statistique* ; les poids attribués peuvent correspondre à la corrélation entre la réponse (y_j) à l'item et le score X, au coefficient de régression multiple de l'item par rapport aux $n - 1$ autres items, ou à d'autres attributs quantifiables de l'item (voir §4.4, La validation interne et externe d'un questionnaire). La pondération de ce type a pour effet auxiliaire d'accroître la cohérence interne du test (ce qui se refléterait par exemple dans une valeur plus élevée du coefficient α de Cronbach).

Le score pondéré X_{pond} n'a généralement plus la même échelle ni le même maximum que le score brut. Il est cependant aisé de ramener X_{pond} à la même échelle, simplement en le divisant par la somme des poids, soit $nX_{pond}/\sum p_i$.

Quel est l'effet de la pondération ? Il convient de distinguer ici deux catégories d'effets, d'une part l'effet réel sur le scoring et le classement des personnes évaluées, d'autre part l'effet psychologique durant l'évaluation. Parlons d'abord de l'**effet psychologique**. Il est entendu que, si pondération il y a, en particulier une pondération fondée sur la *durée de réponse* ou sur l'*importance absolue* du contenu, le répondant doit en être informé ; on peut placer par exemple une indication des points attribués ou de la durée prévue vis-à-vis du numéro de l'item. Le répondant, ainsi renseigné, pourra planifier son temps de testing et accorder de fait une attention plus grande aux items cotés plus importants. Quant à l'**effet statistique** de la pondération, il s'évalue principalement par la corrélation entre le score brut et le score pondéré, $r(X, X_{pond})$; une corrélation forte ($r \rightarrow +1$) indique que la pondération n'a pas d'effet sérieux sur le classement et n'est donc pas véritablement utile, alors qu'une corrélation positive moins forte, disons entre +0,60 et +0,85, suggère que la pondération a réussi à reclasser quelques personnes efficacement. Or, dans la plupart des cas, la corrélation $r(X,X_{pond})$ reste très près de +1, et l'on peut dire que la pondération est généralement superfétatoire sur un plan strictement statistique.

La corrélation $r(X, X_{pond})$ peut être estimée approximativement en utilisant les divers théorèmes de l'algèbre statistique, notamment ceux concernant la variance et la corrélation de sommes pondérées. En posant ensuite que (a) tous les poids sont positifs et (b) toutes les corrélations (ou presque) entre items sont positives, on montre que la corrélation $r(X, X_{pond})$ tend vers +1 ou qu'elle ne s'en écarte que sous des conditions invraisemblables[6].

4.2.5. Les transformations de score et les scores standards

Le scoring est avant tout un procédé de dépouillement et de quantification des réponses à un test. Le « score » obtenu, qu'on appelle aussi *score brut*, n'est pas toujours celui qu'on va rendre public, inscrire dans un rapport ou interpréter. Pour plusieurs sortes de tests, le score brut ne présente pas de signification évidente, ou on ne peut le rapporter de façon évidente à une

---

6. Cette corrélation est directement influencée par la première *valeur propre* de la matrice de corrélations entre items ; cette première valeur propre est à son tour fortement poussée vers un maximum, dans le cas d'une matrice à coefficients positifs (Claude Valiquette, communication personnelle). Voir aussi l'article synthèse de M.W. Wang et J.C. Stanley, « Differential weighting : a review of methods and empirical studies », *Review of Educational Research*, 1970, vol. 40, p. 663-705.

performance ou à une caractéristique du répondant ; pour ces tests, il peut être avantageux de transformer le score brut en un *score standard*, c'est-à-dire un score dont l'interprétation sera plus immédiate et plus facile pour tous.

La transformation des scores bruts en scores standards[7] est une opération essentiellement mathématique, basée sur la distribution statistique observée pour les scores bruts. Nous étudierons quelques types de scores standards plus loin, dans un chapitre touchant les normes d'un test et leur élaboration.

4.3. L'ANALYSE D'ITEMS ET SES INDICES

4.3.1. Les buts de l'analyse d'items

« L'analyse d'items », appliquée à un test ou à un questionnaire, est un ensemble de procédures et de techniques mises en œuvre dans un but pratique. L'analyse d'items ne vise pas, par exemple, à démontrer la valeur, la qualité, la fidélité d'un questionnaire. Elle sert plutôt à **juger** le questionnaire tel qu'il est, et particulièrement à juger l'agrégat d'items qui le constitue. L'analyse peut aider le concepteur lorsqu'il voudra **éditer** le questionnaire, c'est-à-dire modifier un item, en éliminer ou en rajouter un. L'analyse d'items pourra servir de base afin de **restructurer** le questionnaire, de le repenser globalement afin qu'il présente certaines caractéristiques souhaitées.

On entreprend l'analyse d'items lorsque, ayant déjà en main une version du questionnaire ou du test concerné, on l'a administrée à un échantillon raisonnablement nombreux[8] de répondants. Grâce aux résultats de cette administration, on compte obtenir de l'information sur la valeur globale du score et sur la contribution de chaque item, en vue de préparer une prochaine version « améliorée » du test.

---

7. Plusieurs auteurs emploient, à tort, l'expression de « scores pondérés » (ou « cotes pondérées »), au lieu de scores standards. Dans les tests d'intelligence, en particulier, ces « scores pondérés » ne reçoivent pas de pondération, mais sont simplement définis avec mêmes moyennes et mêmes variances, ce qui correspond à l'acception de scores standards.

8. La signification de l'expression « échantillon raisonnablement nombreux » varie évidemment selon le domaine d'application. Cependant, il faut garder à l'esprit que l'analyse d'items se situe dans les étapes de révision et d'amélioration d'un test, et qu'on n'y cherche pas des « conclusions » généralisables sur la valeur du test. Des échantillons de 50 à 100 répondants apparaissent suffisants dans ce contexte.

La « théorie des réponses aux items », issue des années 1970, constitue une approche systématique récente, et controversée, pour l'analyse et la construction de questionnaires ; nous en présenterons les grandes lignes à la section 4.5. Le matériel et les méthodes de la présente section sont le *vade mecum* traditionnel du constructeur de tests.

4.3.2. Préparation du tableau d'analyse

La première étape de l'analyse d'items consiste à enregistrer les résultats du testing dans un grand tableau, un tableau Sujets × Items, comportant plus de N lignes (Sujets) et *m* colonnes (Items), dans lequel les réponses des sujets pour chaque item du test seront transcrites. D'entrée de jeu, il importe de décider par quel moyen l'analyse se fera : sur papier par compilation à la main (si la taille du tableau n'est pas démesurée), sur papier mais en exploitant une calculette qui possède la corrélation (r) de Galton, ou sur un chiffrier électronique. Certains indices d'items (par exemple, l'indice de discrimination H ou la corrélation item-tout non corrigée $r_{x,j}$), un peu moins expressifs ou performants que d'autres, furent proposés dans la littérature afin de faciliter la compilation manuelle ; ces indices n'ont guère d'intérêt en regard de leurs concurrents dans un contexte d'analyse avec calculette ou support informatique. L'utilisateur, selon les moyens et le temps dont il dispose, devra faire un choix des indices et techniques qui conviennent à sa situation.

> Les techniques associées à l'analyse d'items sont nombreuses et relativement disparates. Certaines techniques demandent qu'on apprête le tableau Sujets × Items de façon particulière. En outre, toutes les opérations de l'analyse d'items peuvent être réalisées par programmation informatique, de façon plus ou moins difficile, avouons-le. Nous ne montrerons ici qu'un sous-ensemble cohérent des techniques et indices de l'analyse d'items.
>
> Il existe aussi des logiciels clés en main permettant d'effectuer la plupart des calculs ordinaires de l'analyse d'items : citons notamment SPSS, Bilog, Sphinx, qui sont disponibles sous différentes plateformes d'utilisation.

Pour construire ce tableau, on peut procéder comme suit. Les directives encadrées par des crochets, « [* ... *] », ne sont requises que pour le calcul des indices H, Hc et G et, autrement, sont facultatives. Néanmoins, l'inspection du tableau structuré d'après ces directives permet une interprétation visuelle souvent précieuse[9], voire le rejet immédiat d'un item ou la réorganisation du questionnaire.

1. Utiliser un chiffrier électronique tel que « Excel », « Lotus 1-2-3 » ou « Quattro Pro » ; une feuille de papier suffisamment grande fait aussi l'affaire. Identifier autant de colonnes qu'il y a d'items dans le test, plus une colonne à gauche où inscrire le nom (ou code identificateur) des sujets, plus une colonne à droite, où inscrire X, le score total (= la somme des items). La feuille électronique doit contenir autant de lignes qu'il y aura de sujets retenus : voir 3, ci-dessous, plus quelques lignes de compilations, au bas.

2. Pour chaque protocole (ou ensemble des réponses d'une personne), dépouiller les réponses à chaque item du test et calculer le score brut X (= la somme des items). [* Placer les protocoles en ordre décroissant des scores X, *i.e.* de la valeur X la plus forte à la valeur la moins forte. *]

3. [* *Cette étape sert uniquement à préparer le calcul des indices d'homogénéité H et Hc : omettre l'étape si d'autres techniques d'analyse sont utilisées.* Diviser la pile des protocoles en deux groupes distincts et de tailles Ns et Ni à peu près égales : un groupe supérieur (Ns) et un groupe inférieur (Ni). Par groupes distincts, on veut dire que chaque sujet du groupe supérieur doit avoir un score X plus fort que chaque sujet du groupe inférieur. Au besoin, on peut éliminer quelques copies (ou sujets) au centre, pour obtenir la répartition N(total) = Ns + N(éliminés) + Ni, où Ns ≈ Ni. L'égalité rigoureuse des groupes n'est pas requise. *]

4. [* En respectant l'ordre des valeurs décroissantes de X,*] transcrire chaque protocole dans une ligne du tableau Sujets × Items. À gauche, identifier la copie en inscrivant le nom ou le code du sujet ; puis, sous chaque numéro d'item, transcrire la « réponse » du sujet ; enfin, ajouter le score X, à droite. La colonne du score X peut aussi, dans un chiffrier électronique, contenir une formule de sommation appropriée. La « réponse » du sujet peut se réduire à « 1 » (réponse correcte) ou « 0 » (mauvaise réponse), ou être une variable ordinale courte (par

---

9. L'interprétation visuelle est encore facilitée si le tableau est classé à la fois en valeurs décroissantes de X_i (pour les lignes) *et* de P_j ou $\bar{y}$ (pour les colonnes). Dans ce cas, une structure strictement unidimensionnelle du test ou du questionnaire se manifesterait *visuellement* par une masse de réponses correctes (ou « 1 ») au nord-ouest du tableau, et incorrectes (« 0 ») au sud-est, avec peu ou pas d'empiètements entre les deux : il s'agirait là d'une structure dite guttmanienne du test. Pour un test censé être unidimensionnel, les empiètements (manifestés par une colonne-item de réponses où alternent les bonnes et les mauvaises) révèlent un item incohérent, non guttmanien.

exemple, « 1 », « 2 » ..., « 7 »), comme dans une échelle de Likert. Cependant, pour des items à choix multiples par exemple, dans le cas d'une réponse erronée, il est souvent utile de noter plus que le « 0 » de mauvaise réponse. Par exemple, dans un item à 4 réponses à choix (*e.g.* A,B,C,D), il sera intéressant de connaître la répartition des choix parmi les 3 mauvaises réponses suggérées. On notera alors la réponse fournie une seconde fois, *telle quelle*, dans une colonne supplémentaire. [* Tracer une ligne horizontale de séparation pour marquer la section de tableau du groupe supérieur par rapport à celle du groupe inférieur. *]

Une fois le tableau construit, certains calculs préliminaires sont déjà possibles, calculs qui permettront peut-être une première interprétation des données et qui faciliteront les calculs à venir. Ainsi, le pointage moyen ($\bar{y}$) d'un item permet d'établir le niveau de réussite pour cet item ; pour les items dichotomiques (à réponses 0 ou 1), cet indice, noté P, est désigné *indice de facilité* de l'item. Si le tableau est divisé en deux groupes de sujets, forts ou faibles selon les valeurs X, on peut, pour chaque item, déterminer le pointage moyen ($\bar{y}_s$) des sujets du groupe supérieur, celui ($\bar{y}_i$) dans le groupe inférieur ainsi que le global ($\bar{y}$). La *variance* des réponses, autre indice simple à calculer, nous renseigne sur le pouvoir discriminatif individuel de l'item. Ces indices ainsi que maints autres font partie de la trousse de l'analyse d'items. Nous en examinerons plusieurs.

4.3.3. Les indices de l'analyse d'items

Une fois construit le tableau Sujets × Items, on peut y appliquer le calcul de plusieurs indices. Les indices possibles sont nombreux et nous informent sur différentes propriétés des items dans l'ensemble d'items étudié. On retrouve des indices plus ou moins complexes, certains indices étant optimalisés pour des tableaux Sujets × Items comportant un grand nombre de sujets. Nous retiendrons les indices les plus importants et les plus simples[10]. Noter encore une fois que la réponse à l'item *j* est notée ici y_j et que le score X s'obtient par

$$X = y_1 + y_2 + \cdots + y_m .$$

10. Le lecteur intéressé est prié de consulter la littérature spécialisée sur ces techniques : J.P. Guilford, *Psychometric Methods*, McGraw-Hill, 1954, est toujours de mise, avec son chap. 5, « Test development » (p. 414-469) ; aussi le chap. 5, « Gathering, analyzing, and using data on test items » (p. 130-159) de S. Henrysson dans R.L. Thorndike (dir.), *Educational Measurement*, American Council on Education, 1971 ; et le chap. 12 « L'analyse d'items » (p. 303-326) dans D. Morissette, *Les examens de rendement scolaire*, Presses de l'Université Laval, 1993.

❖ $\overline{y}$ (tout item) (5)

P = (nbre de réponses correctes)/N (items dichotomiques)

Le **pointage moyen** ($\overline{y}$) ou l'**indice de facilité** (P) pour un item à réponses dichotomiques se calculent comme une simple moyenne arithmétique des N réponses données à l'item. Dans la littérature américaine, on retrouve l'indice P sous l'appellation paradoxale de « difficulty index ».

Ce niveau moyen de réponse exprime le degré de réussite moyen de l'item, sur une échelle relative. Pour l'interpréter comparativement d'un item à l'autre, on peut le diviser par la valeur de réponse maximale possible (*t*), ramenant ainsi tous les pointages moyens dans l'intervalle [0, 1], comme pour un item dichotomique.

Il existe au moins trois variantes de l'indice P, chacune ayant pour but de mesurer plus justement le taux de connaissance réel de l'item par les sujets : 1) indice basé sur les 27% meilleurs et 27% moins bons sujets (jugés d'après le score X) ; 2) indice corrigé contre l'effet du hasard, $PC = (kP - 1)/(k - 1)$, dans un item à *k* réponses suggérées ; 3) indice tenant compte d'une mauvaise réponse favorite, $P_f = P - (1 - P - E_f)/(k - 2)$, où E_f est la proportion de choix (sujets) accordés à la mauvaise réponse « favorite ».

L'indice $\overline{y}$ (ou P) varie de 0 ou valeur minimale (item très difficile) à 1 ou valeur maximale (item très facile ou à réponse connue).

❖ s_y^2 (tout item) (6)

$s_y^2 = P(1 - P) \times N/(N - 1)$ (items dichomotiques)

L'indice de **variance**, compagnon statistique habituel de la moyenne, est présenté au chapitre 2 (§2.1.6). Pour les items dichotomiques, à indice de facilité P, la formule donnée ci-dessus représente un raccourci de calcul. La littérature suggère aussi la formule $\sigma^2 = P(1 - P)$[11]. La variance exprime dans quelle mesure l'item contribue, individuellement, à discriminer (séparer, différencier) les sujets. Une variance élevée est donc désirable ; un item à variance nulle, réussi ou raté par tous, est totalement inutile pour discriminer les sujets.

---

11. La quantité P(1 – P) correspond en fait à la variance (paramétrique, σ^2) d'une loi binomiale, pour laquelle prob(X = 1) = P, prob(X = 0) = 1 – P. La formule appropriée pour *estimer* la variance d'une variable dichotomique à partir de N données, au lieu de $\overline{y}(1 - \overline{y})$, est celle suggérée, $\overline{y}(1 - \overline{y}) \times N/(N - 1)$.

La variance (s_y^2) varie de 0 (ne discrimine pas du tout, alors que les sujets produisent tous la même réponse) à un maximum dépendant du pointage maximal. Soit t, le maximum de points accordés à l'item, et 0 le minimum, la valeur maximale possible de s_y^2 est $\frac{1}{4}t^2 \times N/(N-1)$. Pour un item dichotomique, s_y^2 varie donc de 0 à $\frac{1}{4}N/(N-1)$.

❖ $$\chi^2 = \frac{(k-1)\sum_{j=1}^{k-1} E_j^2}{N-R} - (N-R) \qquad \text{(items « à choix multiples »)} \qquad (7)$$

La statistique χ^2 (dite Khi-deux) mesure ici le **favoritisme** parmi les mauvaises réponses suggérées : E_j désigne la fréquence du choix de la réponse (erronée) j, parmi les $k-1$ réponses erronées disponibles, N le nombre total de réponses considérées, R le nombre de réponses correctes $[(N-R) = E_1 + E_2 + ... + E_{k-1}]$. La statistique croît selon le degré de favoritisme[12].

Le χ^2 varie de 0 (le choix des sujets parmi les réponses erronées est tout à fait au hasard, égalitaire) jusqu'à un maximum possible égal à $(N-R)(k-2)$. Le quotient de la valeur calculée du χ^2 sur son maximum fournit une mesure de favoritisme.

❖ $$H = \bar{y}_s - \bar{y}_i \qquad (8a)$$

$$Hc = H/Hmax \qquad (8b)$$

Cet indice suppose que le tableau Sujets × Items a été divisé en deux groupes de sujets, forts ou faibles, selon leurs scores X.

L'indice H (« homogeneity index ») est l'**indice de discrimination** le plus simple, simple à comprendre autant qu'à calculer à la main : c'est la différence entre le niveau de réussite dans le groupe supérieur et celui dans le groupe inférieur. Cet indice révèle à quel point l'item sépare correctement les sujets supérieurs des inférieurs, ou jusqu'à quel point sa variation est pareille (ou concordante) à celle de l'ensemble des items. L'indice H, en principe, prend des valeurs dans l'intervalle $(-t, t)$, t étant le score maximal possible de l'item. Toutefois l'indice est borné en pratique selon une fonction de l'indice $\bar{y}$. Par exemple, pour un item dichotomique avec P = 0,9, H est borné dans l'intervalle [−0,2, +0,2].

12. On peut tester s'il y a un favoritisme significatif en comparant la statistique obtenue aux valeurs critiques du Khi-deux (χ^2), avec $k-2$ degrés de liberté ; le test est positif si la valeur calculée déborde (est plus élevée que) la valeur critique, au percentile 0,95 ou 0,99.

Une valeur H égale à 0 dénote une séparation nulle entre les groupes, ceux qui réussissent l'item se retrouvant aussi bien dans le groupe supérieur que dans le groupe inférieur. Le maximum de H, dans le cas d'un item dichotomique, dépend de P selon la formule Hmax = 2[min(2P, 1) - P]. Ainsi, pour P = 0,9, on a min(2 × 0,9, 1) = 1 et Hmax = 2[1 - 0,9] = 0,2. L'**indice corrigé de discrimination** Hc se calcule simplement par H/Hmax ; cet indice peut ainsi atteindre +1 pour tout $\overline{y}$ ou P. L'un et l'autre indice peuvent afficher une valeur négative (l'item a tendance à être réussi par les moins bons répondants), auquel cas l'item est dit *contre-discriminatif.*

❖ $G = 1 - 2\sum d/[R(N - R)]$ (items dichotomiques) (9)

Cet indice suppose que le tableau Sujets × Items a été constitué selon l'ordre décroissant des scores X.

L'**indice de cohérence** (à la Guttman) est un autre indice de discrimination, plus raffiné que l'indice H. Si l'item était parfaitement cohérent par rapport à l'ensemble du test, ses résultats forts (« 1 ») se retrouveraient tous en haut de sa colonne assignée (dans le tableau Sujets × Items), et les résultats faibles (« 0 ») en bas : l'indice mesure les distances qui séparent chaque score « 1 » de sa position optimale par rapport à la série des X.

Pour appliquer la formule à l'item *j*, considérons que R (=R_j) sujets l'ont réussi (obtenant « 1 »), parmi N sujets. Maintenant, pour chaque score « 1 » apparaissant dans la colonne, il faut compter le nombre de scores « 0 » qui apparaissent au-dessus de lui, jusqu'en haut ; ainsi, pour le premier « 1 » inscrit en haut de la colonne, d_1 indiquera le nombre de zéros au-dessus de lui, puis d_2 pour le second « 1 », etc., jusqu'à d_R, et $\sum d = d_1 + d_2 + \ldots + d_R$. La formule est alors complète. Remarquer que cette formule peut aussi s'écrire $1 - 2\sum d/(N\sigma)^2$.

L'indice de cohérence s'étend de −1 à +1 et son interprétation est semblable à l'indice de discrimination mentionné plus haut. Une valeur proche de +1 révèle un item dont l'information est cohérente par rapport à l'information globale contenue dans l'agrégat d'items.

❖ $r(y_j,X)$ (tout item) (10a)

$$r_{pb}(y_j,X) = \frac{\bar{x}_{P_j} - \bar{x}_{Q_j}}{s_x} \sqrt{\frac{P_j Q_j N}{N-1}} \quad \text{(items dichotomiques)} \qquad (10b)$$

La **corrélation item-tout**, calculée par la formule habituelle (voir §2.3.2), est un indice du pouvoir discriminatif global de l'item. La seconde formule, applicable aux items à scoring 0 ou 1 et appelée *corrélation point-bisériale*, donne le même résultat. Dans cette formule, P (ou P_j) est encore la proportion de sujets ayant réussi l'item (= R/N), Q = 1 - P, $\bar{x}_P$ est le score X moyen de ceux ayant réussi l'item, $\bar{x}_Q$ le score moyen de ceux qui y ont échoué, s_x l'écart type X de tous.

Cet indice s'interprète comme un coefficient de corrélation usuel, variant de +1 (item parfaitement discriminatif) à (presque) - 1 (item parfaitement contre-discriminatif, « à l'envers »), en passant par zéro. La participation de l'item *j* dans la formation du score X introduit un biais positif [voir corrélation item-tout corrigée, éq. 12a et 12 b, plus bas].

$$❖\ r_b(y_j,X) = \frac{\bar{x}_{P_j} - \bar{x}_{Q_j}}{s_x} \times \frac{P_j Q_j}{f_{P_j}} \sqrt{\frac{N}{N-1}} \quad \text{(items dichotomiques)} \qquad (11)$$

La **corrélation item-tout, en variante**, est analogue à celle présentée ci-dessus ; cette variante, applicable aux items dichotomiques, utilise la formule de *corrélation bisériale*, plus sophistiquée et (d'une certaine façon) plus puissante[13]. Les symboles sont les mêmes que pour la corrélation point-bisériale ; de plus, f_p représente l'ordonnée de la distribution normale à l'intégrale P_j.

---

13. Rappelons que la formule de corrélation (r), due à Galton, met en correspondance deux mesures continues (X, Y), tels le poids et la taille des personnes. La corrélation *point-bisériale* (r_{pb}) est une variante, ou adaptation, de r lorsque l'une des mesures, disons Y, est vraiment binaire (*e.g.* sexe, latéralité manuelle, langue maternelle). La variante dite corrélation *bisériale* s'adresse aux cas où l'une des mesures (Y) est une dichotomie, c'est-à-dire une quantité foncièrement continue (et de distribution présumément normale) mais « coupée » en deux catégories. La réponse « correcte » ou « erronée » à un item, quoique naturellement binaire, pourrait être vue comme une résultante dichotomique (une répartition en deux catégories) reflétant un taux de connaissance ou de compétence continûment distribué chez les répondants. Pour cet indice comme pour d'autres, l'utilisation de la loi normale est une fiction commode.

L'obtention de f_P requiert l'usage d'une table de l'intégrale normale. On peut aussi le calculer comme suit. Trouver $z(P)$, l'abscisse (ou écart réduit) z de la loi normale réduite correspondant à l'intégrale P, puis calculer $f_P = 0{,}39894\exp(-\tfrac{1}{2}z^2)$.

❖ $r(y_j,X)_c = r(y_j, X - y_j)$ (12a)

$$= \frac{r_{y_j,x}s_x - s_{y_j}}{\sqrt{s_x^2 + s_{y_j}^2 - 2r_{y_j,x}s_x s_{y_j}}} \qquad (12b)$$

La **corrélation item-tout corrigée** permet d'écarter du coefficient $r(y_j,X)$ l'influence (artificielle) de l'item analysé. En effet la valeur y_i attachée à l'item fait partie du score X du sujet, et cette participation *biaise* positivement l'estimation de la corrélation ; ce biais augmente avec l'écart type de l'item et est inversement proportionnel au nombre d'items. La première formule indique un calcul direct de corrélation entre l'item j et *la somme des autres items*, $X - y_j$. La seconde formule évite complètement le re-calcul de la corrélation et le calcul d'un nouveau score $X' = X - y_j$ pour chaque item.

La « correction » a peu d'importance lorsque le score X_i est basé sur un grand nombre d'items, par exemple 30 ou plus, car en ce cas les deux versions, brute et corrigée, restent à peu près égales.

Noter que cette correction du biais, pour une « corrélation item-tout », s'applique aussi bien à des items dichotomiques qu'à des items à pointage quelconque.

❖ $I_j = r(y_j,X)s_j s_X - s_j^2$ (13)

L'**indice d'influence** de l'item j, reflétant en fait la quantité de variance partagée qu'il ajoute au score X, permet de juger de la contribution de l'item à l'efficacité discriminative du score X. L'indice I_j est construit sous la forme d'une covariance.

Pour être optimal, l'item devra donc présenter à la fois une bonne corrélation item-tout (brute ou corrigée) positive *et* une variance élevée. Si, par exemple, la corrélation item-tout est positive et forte mais que la variance est très faible, l'item ne contribue pas vraiment à l'effort discriminatif de l'échelle.

❖ $r(y_u, y_v)$ (14a)

$$= \frac{ad - bc}{\sqrt{(a+b)(c+d)(a+c)(b+d)}} = \varphi \quad \text{(items dichotomiques) (14b)}$$

La **corrélation item-item**, dans le cas de deux items dichotomiques U et V, se calcule à partir d'un tableau 2 × 2 qu'il faut construire. On y retrouve les fréquences a=#(U+,V+), b=#(U+,V–), c=#(U–,V+), d=#(U–,V–) ; la désignation #(U+,V+) symbolise le nombre de sujets donnant la réponse correcte (+) à la fois en U et en V, etc. Le coefficient (14b) (φ, prononcé « phi ») est l'équivalent algébrique du coefficient de Galton (14a). Ce coefficient ne peut atteindre la valeur +1 que si les réponses en U et V sont divisées en proportions égales, *i.e.* si $b = c$ (ou $P_U = P_V$).

Même s'il s'agit d'un test ou questionnaire unidimensionnel, il peut arriver que des items aient entre eux des corrélations plus fortes, et moins fortes avec d'autres items, reflétant ainsi différentes *facettes* de l'attribut ou de la caractéristique évalués. Par contre, l'apparition de groupements d'items marginaux – à corrélations mutuelles positives et à corrélations négatives avec des items hors groupe – indique une violation probable de l'unidimensionnalité du test.

❖ $$r_t = \cos\left(\frac{\pi}{1 + \sqrt{ad/bc}}\right) \quad \text{(items dichotomiques)} \quad (15)$$

La **corrélation item-item, en variante**, se calcule, comme la corrélation φ précédente, à partir des fréquences a, b, c, d d'un tableau 2 × 2 pour les items U et V. Cette *corrélation tétrachorique* (r_t) est une approximation de la corrélation qu'il y a entre deux variables continues et normales U et V, dichotomisées toutes les deux et projetées dans un tableau 2 × 2[14]. Dans cette formule, le « cosinus » doit être obtenu en *radians*.

---

14. Les formules disponibles pour estimer la corrélation entre U et V à partir du tableau 2 × 2 sont toutes des approximations, de précision variable. Une autre approximation bien connue, exacte lorsque les deux variables sont dichotomisées à leurs médianes, s'obtient par : $r_t = \cos[\pi(b + c)/ N]$, le cosinus étant obtenu en radians.

❖ $$\alpha = \frac{m}{m-1}\left(1 - \frac{\sum^{m} s_j^2}{s_x^2}\right) \qquad (16)$$

Le **coefficient α (alpha) de Cronbach** (ou coefficient de **consistance interne**) est un indice global pour tous les *m* items du tableau, exprimant à quel degré (de 0 à 1) les items forment un ensemble cohérent, jusqu'à quel point ils mesurent tous une même caractéristique. Il se calcule à partir des variances d'items (s_j^2) et de la variance des scores X (ou variance observée), s_x^2 [15].

Grosso modo, ce coefficient reflète l'intercorrélation moyenne ($\bar{r}_{jj'}$) entre les items, et il correspond à peu près à une application de la formule d'allongement (*cf.* éq. 3.15a) avec $q = m$, soit $\alpha \approx m\bar{r}_{jj'} / [1+(m-1)\bar{r}_{jj'}]$. Une valeur trop faible ($\alpha < 0{,}5$ à $0{,}7$) signale de l'inconsistance entre les items, informe que le test est trop court, suggère la présence d'une dimensionnalité complexe dans le test. Une valeur trop forte ($\alpha > 0{,}9$) indique par ailleurs beaucoup de redondance dans le test : il y a peut-être pléthore d'items, ou bien les items choisis ne mesurent qu'un aspect, trop limitatif, de l'attribut évalué.

Les conditions de dérivation du coefficient α, dans le modèle de la théorie des tests, entraînent l'inégalité $r_{xx} \geq \alpha$, donnée en éq. 3.13 : voir l'exercice 3.31. L'expérience montre toutefois que cette inégalité est optimiste et que, la plupart du temps, la fidélité empiriquement observée (par la méthode du test-retest ou celle des versions équivalentes) atteint rarement la valeur indiquée par α.

❖ $$\alpha_{(j)} = \frac{m[1-Q_j]}{m-1-Q_j}\ , \quad \text{où } Q_j = \frac{\sum_{i\neq j}^{m} s_i^2}{s_{x-y_j}^2} \qquad (17)$$

Le **contre-coefficient α pour l'item *j***, dénoté ici $\alpha_{(j)}$, s'obtient en écartant l'item *j* du tableau et en calculant le coefficient α sur les $m-1$ items restants. Cette procédure assez lourde est parfois mise en œuvre pour sélectionner l'item ou les items dont l'élimination

15. La formule donnée est identique à la formule (12) du chapitre 3 (voir §3.4.3). Pour des items dichotomiques, on la retrouve aussi sous l'étiquette KR20 (« Kuder-Richardson, formule 20 »).

profiterait le plus à la simplicité dimensionnelle de l'ensemble. [La variance des X doit ici être recalculée pour chaque item, basée sur la série des valeurs $X - y_j$, tel qu'indiqué plus haut.]

L'item parmi les *m* pour lequel le *contre-alpha*, ou $\alpha_{(j)}$, est le plus élevé serait le premier à considérer pour élimination, et ainsi de suite pour les autres items.

4.4. LA VALIDATION INTERNE ET EXTERNE DU QUESTIONNAIRE

4.4.1. Buts immédiats de la validation

Par « validation du questionnaire », on entend ici toute amélioration, tout changement dans le test, sur la base des données recueillies et des indices calculés ; ni l'opération ni l'expression de validation ne renvoient spécifiquement au concept de *validité*.

L'interprétation des indices et la « validation » du questionnaire ont pour buts premiers : de juger de la pertinence de chaque item, de chaque question, tels qu'apparaissant dans le test ; au besoin, de reformuler l'item, de l'écarter complètement ; de préparer le test comme un ensemble d'items cohérent et bien rédigé. Tout en étant valable en soi, cette « validation » prépare le test pour une étude plus sérieuse, d'un niveau plus global, afin d'établir les grandes qualités du test, telles que sa *fidélité* et sa *validité* sous une ou plusieurs formes. Un test mieux préparé aura plus de chances de s'en tirer avec honneur lors d'une étude métrologique. Par ailleurs, l'importance accordée à cette phase d'élaboration d'un questionnaire, la phase d'analyse d'items, ne doit pas réduire le temps ni les efforts requis pour les phases au moins aussi importantes que sont la conception du questionnaire et sa validation proprement dite.

4.4.2. Une procédure de validation interne

La *validation interne* consiste à interpréter les indices calculés pour chaque item et à prendre une décision à son propos. D'entrée de jeu, il est impérieux de faire une mise au point au sujet du contexte et des modalités de l'évaluation visée par un test, un examen donné. Les recommandations que nous allons faire pour l'analyse d'items ont pour but d'améliorer le test (l'examen, le questionnaire) en tant qu'instrument destiné à mesurer et à classer les répondants sur une *échelle relative* ; les items qui contribuent à cette fin seront généralement plus favorisés. Le résultat ultime de cette approche est un test *unidimensionnel* (*i.e.* mesurant une seule caractéristique, une seule qualité ou une seule compétence des répondants), discriminatif, consistant et fidèle.

> D'un autre côté, nonobstant les qualités énumérées ci-devant, le test peut refléter dans ses items des éléments solidaires du contexte d'évaluation où l'on est placé : questions d'examen relatives aux divers objectifs spécifiques d'une matière enseignée, critères d'appréciation de quelques aspects d'un geste exécuté (technique, sportif) ou d'un texte écrit par le répondant, etc. Pour ces cas, la sélection ou le rejet d'un item (ou d'un critère) dépendent davantage de son degré de correspondance aux objectifs d'évaluation que de ses qualités métrologiques ; nous nous situons alors dans le domaine de l'évaluation (ou interprétation) critériée, un domaine bien spécifique, quelque peu en marge du cadre du présent ouvrage. Ce bémol étant mis, l'analyse d'items peut néanmoins fournir un éclairage complémentaire sur le format des items, par exemple, ou sur leur qualité ou leur clarté de présentation.

Niveau de réponse des items. Un item ou très facile ou très difficile ne contribue pas à discriminer les sujets entre eux. En fait, l'indice le plus approprié ici est la variance d'item (s^2) : on doit favoriser en principe les items dont la variance est élevée.

❖ Pour un item dichotomique, la variance est une fonction de la facilité, $s^2 \approx P(1 - P)$. On peut donc écarter les items pour lesquels $P \to 0$ ou $P \to 1$.

❖ On prouve facilement que la variance d'un item dichotomique, $s^2 = P(1 - P) \times N/(N - 1)$, est maximale lorsque $P = \frac{1}{2}$; en général, la variance d'item sera plus forte quand le pointage moyen de l'item est de niveau moyen, *i.e.* $\overline{y} \to \frac{1}{2}t$. Ainsi, un item discrimine davantage lorsqu'il a un niveau de réponse moyen.

❖ Dans un examen scolaire, voire dans un test, il peut être stratégique d'utiliser quelques items pour lesquels $P = 0$ ou $P = 1$; en particulier, quelques items plus faciles ($P \to 1$) serviront à encourager les répondants. De même, il peut être approprié d'utiliser des items correspondant à des niveaux de facilité gradués, *e.g.* quelques items à $P = 0{,}2$, d'autres à 0,4, etc., afin que chaque sujet puisse être situé au niveau de capacité qui lui convient[16].

---

16. Quelques auteurs classiques en psychométrie recommandent de répartir les indices de facilité selon une échelle *linéarisée*, c'est-à-dire en intervalles standardisés égaux Δz, en utilisant $\Phi(z) = P$ où Φ est l'intégrale normale. Ainsi, posant 5 paliers de difficulté et $\Delta z = 0{,}6$, nous aurions $z_1 = -1{,}2$, $z_2 = -0{,}6$, $z_3 = 0$, $z_4 = 0{,}6$ et $z_5 = 1{,}2$, correspondant aux indices de facilité $\Phi(z_1) \approx 0{,}12$, puis 0,27, 0,50, 0,73 et 0,88 respectivement.

❖ Dans un item à choix multiples, l'indice de facilité est surestimé grâce à la contribution des bonnes réponses aveugles. Si tous les répondants ignorant la réponse procèdent au hasard, l'indice correct serait $P_c = [(k - 1)P - 1]/(k - 2)$. S'il y a une mauvaise réponse favorite (avec l'indice χ^2 significatif) ou si $P < 1/k$ (selon k réponses proposées)[17], mieux vaut reformuler l'item. Tel qu'il est présenté, cet item apparaît trop « subtil », la bonne réponse étant masquée par sa propre formulation ou par une formulation trop attrayante ou trop voisine d'une mauvaise réponse.

❖ Un item de facilité moyenne ($P \rightarrow \frac{1}{2}$) engendre une discrimination maximale des répondants. Est-ce à dire qu'il faudrait que tous les items aient une facilité moyenne afin de favoriser la discrimination maximale au test ? La réponse est complexe. D'abord, quand le test est très cohérent, avec un coefficient α proche de 1 ou de très fortes intercorrélations d'items, mieux vaut étaler les niveaux de réponse tout le long de l'échelle. Par contre, quand les items sont faiblement ou pas corrélés, c'est un ensemble d'items à niveau de réponse moyen qui se révélera le plus avantageux. Finalement, si le but du test est de discriminer le sous-groupe des $100P$ % répondants, on recommande de choisir des items ayant un indice de facilité proche de P[18].

Discrimination des items. Un bon item devrait classer les sujets de façon cohérente par rapport à l'ensemble des items : c'est ce que nous apprennent les indices H ou Hc et, surtout, l'indice G. De même, ceux qui réussissent l'item devraient obtenir un meilleur score au test, d'après les indices de corrélation item-tout. Ces indices de corrélation ainsi que l'indice G, plus laborieux à calculer, sont généralement à préférer aux indices H, parce qu'ils ne reposent pas sur une division arbitraire, parfois compliquée, des sujets en deux groupes.

❖ L'indice H est très influencé par le niveau de réponse, particulièrement dans le cas d'un item dichotomique. On peut l'utiliser pour comparaison à condition que les items comparés soient de niveaux de réponse semblables.

---

17. Ce résultat indique que la bonne réponse a été choisie moins souvent que le hasard ne l'aurait permis, révélant ainsi la présence d'une ou de plusieurs options de réponse plus attrayantes.
18. Le lecteur trouvera des informations plus détaillées dans S. Henrysson, « Gathering, Analyzing and Using Data on Test Items » (p. 130-159) dans R.L. Thorndike (dir.), *Educational Measurement*, American Council on Education, 1971. A. Anastasi (*Introduction à la psychométrie*, Guérin Universitaire, 1994) discute aussi cette question.

- Un item à cohérence (ou corrélation item-tout) nulle ou presque nulle ne contribue pas à localiser les sujets, ne contient pas de *valeur vraie*, est inutile. Il est mal formulé ou ambigu, ou encore il mesure une caractéristique étrangère à la majorité des items dans le test.

- Un item à cohérence (ou corrélation item-tout) négative, ou item *contre-discriminant*, pose certainement problème. Il faut vérifier si cet item aurait été coté *à l'envers*, c'est-à-dire si, par exemple, on aurait donné « 0 » pour la bonne réponse, « 1 » pour une mauvaise. Cet item mesure une autre caractéristique que la plupart des items, voire une caractéristique contrevariante, opposée aux autres items. L'item tel qu'il est nuit directement à la discrimination des sujets, en *réduisant* la part de valeur vraie.

- Un item à influence (I_j) négative et forte doit certainement être rejeté ou reformulé, puisqu'il réduit d'autant l'efficacité de classement de l'ensemble d'items auquel il participe. En fait, l'indice d'influence I_j est synthétique et, comme tel, résume la contribution de l'item à l'échelle de mesure. Mis à part la variation des indices de facilité qu'on peut souhaiter implanter et d'autres considérations sur la structure, la composition ou la pondération du questionnaire, l'indice d'influence pourrait suffire à décider du sort de l'item.

Les bases d'une décision de rejet d'un item sont nombreuses : indice de facilité trop extrême, item contre-discriminant ou à contribution nulle, indice d'influence fortement négatif, corrélation de groupe assez bonne avec un ou quelques autres items « marginaux », etc. Le contre-coefficient $\alpha_{(j)}$ ou son équivalent, le « gain de consistance » standardisé $m(\alpha_{(j)} - \alpha)/(1 - \alpha)$, peuvent servir de confirmation globale d'un tel rejet. À notre avis toutefois, la décision de rejeter ne devrait pas reposer uniquement sur des données statistiques, mais être chaque fois mise en balance avec la décision initiale d'incorporer l'item, c'est-à-dire en considérant la contribution spécifique attendue de l'item sur le plan du contenu évalué. Parfois, une reformulation vaudra mieux que l'élimination pure et simple.

Groupes d'items. L'analyse d'items n'est souvent qu'une étape dans une démarche de recherche, étape dans laquelle le chercheur met au point son instrument de mesure, un test, afin de refléter le mieux possible la réalité étudiée. Cette perspective est distincte de celle de l'enseignant, de l'enquêteur d'opinions ou du testeur d'attitudes, qui tous ont d'avance une idée claire de ce qu'ils veulent mesurer. Parfois le chercheur, en particulier le chercheur en sciences humaines, veut dans un premier temps découvrir comment la réalité se structure, quelles sont les dimensions du phénomène étudié, ce qui se ressemble et se distingue dans les jugements ou dans les connaissances des répondants. Dans cette perspective, le chercheur mettra au point un premier test, plus rapidement bâti, pour prendre le pouls de la réalité. L'analyse d'items sera alors plus fouillée, minutieuse, afin de découvrir les *dimensions* cachées s'il y a lieu, éliminer les questions ou items superflus, ajouter des items pour des aspects qui sont apparus importants et préparer enfin une prochaine version du test.

❖ L'examen des relations multiples pouvant exister entre les items d'un test se fait par le calcul de corrélations item-item. S'il s'agit d'items dichotomiques, on peut employer le coefficient de corrélation tétrachorique (r_t) ou le coefficient « phi » (φ) ; pour des items à scoring continu, le coefficient r ; pour un item dichotomique correlé à un item à scoring continu, la corrélation bisériale (r_b) ou point-bisériale (r_{pb}).

❖ La méthode par excellence pour étudier le tableau des corrélations entre les items est l'*analyse factorielle* (§3.8), une méthode statistique assez complexe permettant d'explorer la *dimensionnalité* du test, à travers des transformations du tableau de corrélations (voir par contre l'exercice 3.82).

❖ L'examen détaillé du tableau de corrélations permet un premier classement des items en groupes, ou catégories, en plaçant dans un groupe les items ayant de fortes corrélations mutuelles. L'examen « à l'œil » des groupes peut nous indiquer si nous avons affaire à des facettes d'une même caractéristique (ou *dimension*), ou bien à des caractéristiques différentes. Une corrélation nulle, ou négative, d'un item avec d'autres que nous croyions ressortir au même groupe théorique nous amènera à reclasser ou à reformuler l'item problématique.

Consistance interne. Une propriété globale d'un test ou d'un questionnaire est sa consistance interne évaluée par le coefficient α. Variant de 0 à 1, cet indice exprime le degré de cohérence des items dans le test, son degré d'*unidimensionnalité*. Un questionnaire peut afficher un indice α faible parce que ses items sont peu sensibles et transmettent peu de *valeur vraie* (et qu'ils sont peu nombreux), ou encore parce que les items forment plus d'une dimension, relèvent de plus d'une caractéristique et qu'ils devraient être judicieusement séparés.

❖ L'utilisation du coefficient α en analyse d'items est plus pragmatique que son utilisation pour apprécier la *fidélité* du test. Il s'agit d'un outil diagnostique, servant à guider le concepteur du test dans ses décisions. Par exemple, on l'appliquera une première fois sur la version initiale du test, puis une seconde fois à partir des mêmes réponses mais après avoir écarté quelques items problématiques. Le progrès du coefficient α permettra au concepteur de juger s'il faut ou non continuer l'analyse.

❖ Dans le cas d'un coefficient α un peu faible *et* de la présence de groupes d'items en forte corrélation mutuelle, on doit soupçonner l'existence de plus d'une *dimension* dans le test. Reste au concepteur à décider s'il lui faut explorer cette avenue et délimiter la ou les dimensions supplémentaires, ou encore s'il écartera simplement les groupes d'items concernés.

❖ Il est possible d'obtenir aussi un coefficient α très élevé, proche de 1. Un test peut-il être *trop consistant* ? Ce cas, assez fréquent, peut donner lieu à deux types de remise en question. D'abord le test, comportant peut-être un grand nombre d'items, conserverait de bonnes propriétés de consistance si on en élaguait quelques-uns (les items à supprimer seraient repérés, par exemple, par des corrélations item-item de +1). En second lieu, l'ensemble d'items composant le test doit peut-être sa grande consistance à une *opérationnalisation* trop restrictive de l'attribut mesuré. Cela passe encore pour un test de rendement en mathématique, portant par exemple sur l'addition de deux entiers à deux chiffres. Mais pour l'estime de soi, l'intelligence tactique en sport collectif, l'intérêt pour les métiers manuels, un α de Cronbach de 0,95 ou plus manifesterait surtout un appauvrissement des aspects de l'attribut évalué et une perte probable de *validité conceptuelle* (§3.7.2). Se méfier donc d'un α trop élevé !

4.4.3. Éléments de procédure pour la validation externe

La « validation externe » d'un test ou d'un questionnaire, rappelons-le, n'est pas synonyme de sa *validation* proprement dite : il s'agit seulement d'appliquer l'une ou l'autre des techniques de l'analyse d'items, en recourant cette fois à un ou plusieurs *critères externes*. Ainsi, en « validation interne » on mesure la capacité discriminative d'un item selon qu'il sépare ceux qui obtiennent un score X élevé et ceux qui obtiennent un X faible ; en « validation externe » on prendra plutôt la corrélation (ou les indices équivalents) entre l'item et une autre mesure de réussite ou de capacité, indépendante du test. Par exemple, un bon item d'*intérêts professionnels* pour un emploi donné devrait se trouver majoritairement choisi par ceux qui occupent cet emploi ; un item d'aptitude scolaire devrait corréler avec la note correspondante au bulletin, et ainsi de suite. Des techniques statistiques plus poussées, telles que la régression multiple (ou régression logistique) et l'analyse discriminante[19], peuvent être mises à contribution. Cette approche de « validation externe » est, quels que soient les moyens employés, une extension en ce qui regarde les items des méthodes de validation avec critère (§3.7.2.2).

---

19. Voir par exemple R.J. Harris, *op. cit.*, ou D.F. Morrison, *op. cit.*

4.5. LA THÉORIE DES RÉPONSES AUX ITEMS (TRI) : APERÇU

4.5.1. Fondements historiques et pratiques

L'analyse d'items et la construction de questionnaires sont restées des pratiques artisanales à bien des égards. Bien que la collection d'outils et de formules disponibles soit abondante, il n'y a pas de méthode rationnellement fondée pour sélectionner, réunir et juger un groupe d'items. En outre, certains aspects clés de l'approche traditionnelle font problème. Par exemple, soit un item à indice de facilité $P = 0{,}4$, indiquant que 60 % des personnes testées l'ont « raté ». Cette valeur de P dépend évidemment du groupe étudié, puisque dans un groupe de personnes à capacités plus grandes l'item mériterait un P plus fort ; c'est dire que l'indice d'item P dépend aussi du niveau de capacité des personnes mesurées. En outre, pour une personne donnée, la valeur $P = 0{,}4$ signifie-t-elle la même chose, la même probabilité de succès que pour une autre personne ? La réflexion nous fait constater que les indices de facilité et de discrimination de l'approche traditionnelle sont tributaires du groupe évalué et de l'ensemble d'items exploité : *ces indices ne sont pas proprement caractéristiques des items eux-mêmes*. Un répondant incompétent échouera à un item assez « facile », et un item « difficile » pourra être réussi par une personne brillante : cette interaction « item × personne » est explicitement prise en compte par le modèle général de la théorie des réponses aux items (TRI).

4.5.2. Le modèle et ses paramètres

La TRI exploite un modèle de réponse comportant un à plusieurs paramètres et qui est caractéristique de chaque item : on appelle ce modèle « cci », pour « courbe caractéristique d'item ». Les auteurs[20], après avoir considéré le modèle d'ogive *normale*, se sont repliés sur le modèle d'ogive *logistique*, de forme presque équivalente mais mathématiquement plus commode. Le modèle complet à trois paramètres apparaît comme suit :

$$P_j(\theta_r) = c_j + (1 - c_j)\frac{1}{1 + e^{-a_j[\theta_r - b_j]}} . \qquad (18)$$

Les différents paramètres sont les suivants :

20. Un pionnier de ce domaine est F.M. Lord, *Applications of Item Response Theory to Practical Testing Problems*, Laurence Erlbaum Associates, 1980. Voir aussi F.B. Baker, *The Basics of Item Response Theory*, Heinemann, 1985 et R.K. Hambleton, « Principles and selected applications of item response theory » (p. 147-200) dans R.L. Linn (dir.), *Educational Measurement*, American Council on Education, Macmillan.

$P_j(\theta_r)$: probabilité de réponse (correcte) à l'item j par le répondant r dont la capacité est θ_r ;

a_j : indice de résolution (ou discrimination) de l'item ($a > 0$) ;

b_j : indice de difficulté de l'item ;

c_j : indice de gratuité de l'item ($0 \leq c \leq 1$).

Noter que les indices a et b partagent l'échelle de mesure (ou *métrique*) de la capacité θ, tandis que c est une probabilité ; les noms attribués aux coefficients sont surtout utilitaires.

Aucune convention n'établit la métrique de la capacité θ. Plusieurs auteurs, cependant, proposent que la capacité θ se distribue *normalement*, d'une personne à l'autre ; dans une population donnée, cette distribution normale de la variable θ est assortie d'une espérance $\mu(\theta)$ et d'une variance $\sigma^2(\theta)$.

Les trois paramètres du modèle ci-dessus permettent d'élaborer divers modèles particuliers. En plus du modèle complet à trois paramètres décrit par l'éq. 18, la littérature s'est attardée à deux autres modèles :

- le modèle à deux paramètres ($c_j \equiv 0$) ; dans ce modèle, le répondant à capacité nulle a une probabilité nulle de fournir la bonne réponse ;
- le modèle de Rasch, ou modèle à un paramètre ($c_j \equiv 0$ et $a_j \equiv 1$), conservant seulement l'indice de difficulté b_j.

Le contexte d'application ou les contraintes reliées à l'estimation des paramètres guident le choix du modèle.

La figure à la page suivante illustre le modèle à trois paramètres : il s'agirait d'un item de questionnaire fictif, à quatre choix de réponses. L'item est assez difficile ($b = +1,0$), discriminant bien les répondants habiles ($\theta_r > 0$) puisque $a = 2,5$; la possibilité de répondre au hasard donne cependant aux moins habiles une probabilité de ¼ (*i.e.* $c = 0,25$) de bien répondre.

FIGURE 1. Modèle logistique à trois paramètres

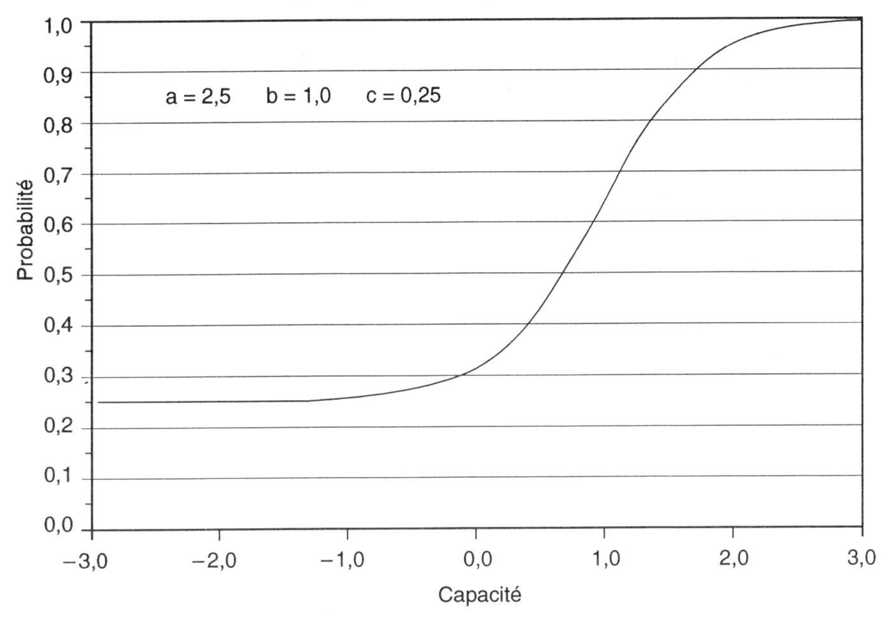

Le paramètre *c*. Comme on voit, le paramètre *c*, dit gratuité de l'item, donne la probabilité de bonne réponse lorsque le répondant a une capacité nulle. Cette probabilité est (habituellement) non nulle dans les questions à choix multiples ; c'est aussi le cas, hélas !, de questions dites à développement, où le répondant a le loisir d'emplir une page ou deux de phrases bien sonnantes. Dans plusieurs autres cas, tels la réponse en phrases courtes ou certains exercices mathématiques, la probabilité c_j qu'un répondant réussisse autrement qu'en connaissance de cause est nulle, d'où l'obtention du modèle à deux paramètres, avec $c_j \equiv 0$.

Le paramètre *b*. L'effet du paramètre *b* est de déplacer l'ensemble de la courbe de *b* unités sur l'axe de la capacité θ. Dans l'exemple illustré, avec $b = +1$, l'item exige une capacité de réponse (une connaissance, une habileté) de +1 pour obtenir le même degré de réussite qu'exigerait un autre item avec $b = 0$; il s'agit donc d'un item de difficulté moyenne. Un item relativement facile aurait une courbe tassée vers la gauche, avec $b < 0$.

Le paramètre *a*. Le paramètre *a* se manifeste surtout dans la *pente* centrale de la courbe d'item. Une valeur de *a* proche de zéro donnerait une courbe mollement étalée, à faible pente, tandis que des valeurs plus fortes accentueraient la pente de plus en plus : à la limite, la courbe sera coupée en deux par une « pente » verticale, séparant les échecs (chez ceux pour qui $\theta_r \leq b_j$) des réussites (chez ceux pour qui $\theta_r > b_j$). On souhaite généralement qu'un item soit *discriminant*, qu'il aide à séparer les répondants selon leurs capacités respectives. Cette qualité d'item correspond à toute valeur positive du paramètre a ; la discrimination la plus puissante, lorsque a est fort, n'est pas en même temps la plus fine, et des valeurs modérées de a permettront de discriminer entre eux les répondants à capacités intermédiaires.

Noter que, lorsque $\theta_r = b_j$, on a $P(\theta_r) = \frac{1}{2}(1 + c_j)$. En général, la probabilité médiane $P = \frac{1}{2}$ correspond à la capacité $\hat{\theta} = b_j + a^{-1}\log_e(1 - 2c_j)$.

Prenons un test de 20 items, administré à 500 répondants. Dans le modèle général de la TRI, chaque item a sa courbe caractéristique à trois paramètres, et chaque répondant a sa capacité θ, en supposant que les 20 items soient unidimensionnels, c'est-à-dire qu'ils mesurent un seul et même caractère (représenté par θ_r). Nous avons donc $(20 \times 3) + 500 = 560$ paramètres à estimer, à partir d'une matrice $20 \times 500 = 10\,000$ réponses. Le problème n'est pas banal. Différentes simplifications sont possibles. Par exemple, on peut réduire le modèle à deux ou à un seul paramètre ; certains proposent aussi de substituer aux n (= 500) paramètres individuels θ_r une *distribution statistique*, en fait la loi *normale*, définie seulement par sa moyenne et son écart type.

> Ce procédé, en stipulant par exemple une moyenne de zéro et un écart type d'unité, permet de fournir directement les θ_r sous la forme des *rankits*[21] de la loi normale ; cette approximation rend possible une première estimation des paramètres d'items.

La littérature à ce jour n'abonde pas en discussions sur les avatars de l'estimation en TRI. À ce degré de complexité, il semble probable que les valeurs estimées dépendent lourdement du modèle et de la méthode employés.

Un avantage présumé de la TRI, en tout cas un argument de valorisation souvent entendu, est que la « solution » d'un modèle TRI (c'est-à-dire les fonctions caractéristiques d'items, avec leurs paramètres) ne dépend pas spécifiquement du groupe de répondants ni de l'échantillon d'items. Par exemple, l'indice de difficulté b_j ne dépendrait pas de la force moyenne du groupe, comme c'est le cas pour l'indice de facilité P_j (= nbre bonnes réponses / nbre répondants) en théorie des tests. Il est vrai en principe que les paramètres $\{a, b, c\}$ ont une relation fonctionnelle plus lointaine et mieux articulée avec les paramètres de capacité individuelle $\{\theta_1, \theta_2, \cdots\}$. Cependant, la manière avec laquelle ces derniers paramètres sont « stipulés » ainsi que leur métrique « inventée » ne rassurent guère sur la réalité objective de la solution TRI.

---

21. Les *rankits* sont les espérances (ou moyennes pour un grand nombre d'échantillons) des statistiques d'ordre d'un échantillon de n valeurs de la loi normale standard : voir par exemple R.R. Sokal et F.J. Rohlf, *Biometry*, Freeman, 1981.

4.5.3. Parentés entre la TRI et la théorie des tests

La théorie des réponses aux items a été élaborée hors du territoire de la théorie des tests et elle partage encore peu de concepts avec celle-ci. La TRI apparaît d'emblée comme une technique d'analyse d'items, plus fouillée, plus délibérée que le va-tout qui accompagne les manuels exposant la théorie des tests. Fondée elle-même sur maintes suppositions, la TRI est génératrice d'hypothèses, et son meilleur mérite consiste sans doute à avoir intéressé de nouveau les bonnes têtes au domaine de l'évaluation par questionnaire, domaine amplement délaissé par ailleurs.

Il reste qu'il existe certaines parentés conceptuelles entre les deux domaines. L'une de celles-là tient à la valeur vraie, soit :

$$V(\theta_r) = \sum P_j(\theta_r)\,, \qquad (19)$$

c'est-à-dire que la *valeur vraie* associée à une capacité θ_r correspond à la somme des probabilités de (bonne) réponse pour cette capacité et pour les items considérés. Admettant une estimation valide des paramètres, cette relation fournit un estimateur individuel, non régressif, de valeur vraie, un atout donc pour la TRI. Globalement parlant, on conçoit que la distribution des capacités θ_r est covariante avec la distribution des scores X (= $\sum$ items) et avec celle des valeurs vraies V. On a vu plus haut que l'indice de facilité classique (P_j) et le paramètre b_j ont une interprétation commune, projetée l'une sur l'échelle du score (ou de sa probabilité), l'autre sur l'échelle de capacité[22]. Enfin, le paramètre a_j fait écho aux nombreux indices de discrimination en théorie des tests, notamment la corrélation item-tout bisériale (r_b), avec laquelle il entretient sûrement une bonne covariance.

4.5.4. Applications de la théorie des réponses aux items

La méthode des questionnaires évaluatifs n'est pas près d'être délaissée ; c'est pourquoi tout nouvel outil permettant d'attaquer les problèmes de leur traitement mathématique (construction de test, standardisation des métriques, validation, etc.) est le bienvenu. À ce titre, la TRI ajoute nombre de concepts prometteurs dans un secteur, l'analyse d'items, laissé en jachère par l'approche classique de la théorie des tests. En exprimant plus complètement

22. Un item n'est pas également difficile pour tous les répondants ; dans un modèle de TRI, la probabilité de réponse dépend de la différence (θ_r – b_j), qui reflète l'interaction Items × Répondants, tandis que l'indice classique P_j ressortit uniquement au taux *moyen* de réponses correctes à l'item.

l'information contenue dans la matrice Items × Répondants[23], la TRI permet de mieux cerner les questions de dimensionnalité du test, de mieux satisfaire les besoins d'individualisation du test (en vue du testing adaptatif, notamment), d'égaliser à volonté la facilité ou la discrimination (l'*information*) du test.

Le prosélytisme n'est pas absent des exposés sur la TRI, exposés qui proposent souvent un *modèle théorique* de la matrice Items × Répondants plutôt qu'une méthode pour en saisir et en exprimer le contenu. De plus, nonobstant l'unidimensionnalité du matériel analysé, l'estimation des paramètres d'un modèle TRI reste une procédure multidimensionnelle, hautement complexe et qu'il faut traiter sans naïveté. Avec la TRI et ses concepts, les praticiens et les élaborateurs de tests ont en main des moyens nouveaux pour explorer un peu mieux et un peu plus loin la structure d'items d'un questionnaire.

23. L'analyse nécessaire pour construire les courbes caractéristiques d'items est en effet plus exhaustive que les techniques traditionnelles d'analyse d'items. Elle suppose en conséquence que le nombre de répondants utilisés est plus élevé, afin notamment d'assurer une base d'estimation et une précision plus grandes pour les paramètres d'items et de fournir un modèle empirique plus complet de la distribution des capacités (θ_r) des répondants.

Exercices

(**C**onceptuel – **N**umérique – **M**athématique | 1 – 2 – 3)

Section 4.2

4.1 [M3] Dans une question à appariements comportant k items à associer à k réponses, toutes les réponses devant être utilisées, démontrer que la probabilité d'obtenir r appariements corrects *au hasard* $(0 \leq r \leq k)$ est donnée par :

$$p(r) = \frac{1}{r!}\left[1 - 1 + \frac{1}{2!} - \frac{1}{3!} + \ldots \pm \frac{1}{(k-r)!}\right].$$

[*Suggestion* : Il s'agit du classique *problème des rencontres*, qu'on peut résoudre par la méthode dite d'*inclusion-exclusion*[24]. Noter que $p(0) \rightarrow e^{-1} \approx 0{,}36788$ pour $k > 3$.]

4.2 [N2] Dans des questions à appariements et utilisant la formule donnée à l'exercice précédent, un enseignant décide d'attribuer k points pour une question à k appariements. Cependant, au lieu de donner un point par appariement correct, il préfère donner X_r points en pondérant par l'inverse de la probabilité d'avoir r appariements corrects au hasard. Montrer que le tableau suivant, pour $2 \leq k \leq 5$, reflète cette stratégie de pointage.

$k \backslash r$	1	2	3	4	5
2	–	2			
3	1	–	3		
4	½	⅔	–	4	
5	$\frac{1}{9}$	¼	½	–	5

24. Voir W. Feller, *An introduction to Probability Theory and its Applications* (vol. 1), Wiley, 1957.

4.3 [M2] Démontrer algébriquement les espérances de X (total des points mérités) et de *e* (nombre de réponses erronées) telles que données en note infrapaginale 4, en fonction des paramètres *m* (nombre d'items), $k_j(C)$ et $k_j(E)$, les nombres de choix offerts pour les réponses correctes (C) et erronées (E), $y_j(C)$ les points attachés aux réponses correctes et π, la capacité du sujet (en termes de probabilité de choisir la réponse correcte).

4.4 [N1] Dans l'exemple détaillé à la page 138, en posant $k_j = 4$ choix par question et $y_j = 3$ points par bonne réponse, vérifier que X_C, le score corrigé contre le hasard, est 14.

4.5 [M1] Démontrer la corrélation parfaite ($\rho = 1$) entre le score brut (X) et le score corrigé contre le hasard (X_C, éq. 3) lorsque les nombres k_j de choix de réponses sont égaux.

4.6 [C2] Concevoir, pour un test d'aptitude ou d'habileté, une méthode de pondération basée sur la réciproque du temps de réponse[25]. Quels seraient le principe et les avantages psychométriques présumés d'une telle pondération ?

4.7 [C1] Une méthode de pondération des items d'un test consiste à donner à chaque item un poids reflétant son utilité statistique interne, par exemple sa covariance avec les autres items. Soit le score X_{pond} qui résulte d'une telle pondération : comment sa fidélité en est-elle affectée ? et sa validité conceptuelle ?

4.8 [M3] [N3] Dans tout test unidimensionnel, chaque item est en corrélation positive (ou nulle) avec chaque autre item ou avec le score X (ou il peut être inversé pour le devenir). Mathématiquement ou par expérimentation Monte Carlo, étudier la distribution de $r(X,X_{pond})$ pour différentes fonctions de pondération X_{pond}. Dans chaque cas, comparer la fidélité $r(X_{pond},X'_{pond})$ avec la fidélité de référence $r(X,X')$. [*Suggestion* : Considérer notamment le vecteur de pondération correspondant à la première composante principale, *cf.* R.J. Harris, *op. cit.*]

---

25. Voir W.D. Furneaux, « Intellectual abilities and problem-solving behaviour » dans H.J. Eysenck (dir.), *Handbook of Abnormal Psychology*, Basic Books, 1973, p. 167-192), qui élabore un modèle intégré de la mesure d'aptitude, incorporant la stratégie de réponse, et en donne des illustrations. Voir aussi A.R. Jensen, « Reaction time and psychometric *g* », dans H.J. Eysenck (dir.), *A Model for Intelligence*, Springer-Verlag, 1982, p. 93-132 ; F. Vigneau et C. Lavergne, « Responses speed on aptitude tests as an index of intellectual performance : a developmental perspective », *Personality and Individual Differences*, 1997, vol. 23, p. 283-390.

Section 4.3

4.9 [M1] Démontrer que la formule de l'indice de facilité corrigé contre le hasard (P_C) et celle de l'indice corrigé pour une mauvaise réponse favorite (P_f) estiment correctement le taux de connaissances sous un modèle de choix aveugles équiprobables.

4.10 [M2] Dans un item à t points, montrer que la variance (σ^2) maximale est $\frac{1}{4}t^2$, de sorte que $4\sigma^2/t^2$ (ou $4s^2/t^2$) constitue un indice de variance comparable d'un item à l'autre.

4.11 [M1] Montrer que la formule éq. 7 est algébriquement la même que la formule classique du Khi-deux, $\sum(E_j - T_j)^2/T_j$, où $T_j = (N-R)/(k-1)$. [*Suggestion* : Développer et simplifier la présente formule.]

4.12 [M1] Pour l'indice de cohérence à l'éq. 9, montrer que $\sum d \leq R(N-R)$ et qu'en conséquence $-1 \leq G \leq 1$.

4.13 [N3] Par une étude Monte Carlo (ou autrement), vérifier la conjecture selon laquelle, sous l'hypothèse d'un item à réponses aléatoires dans un test de m items, l'espérance E(G) est *grosso modo* égale à $1/m$.

4.14 [M2] L'indice de cohérence à l'éq. 9, conçu pour un item dichotomique, peut être généralisé pour un item comportant k niveaux de réponse, par exemple $y = 0, 1, ..., k-1$. Trouver la formule appropriée pour cet indice G généralisé. [*Suggestion* : Soit n_0, n_1, etc., les nombres de réponses de chaque niveau, où $N = n_0 + n_1 + ... + n_{k-1}$, et soit $d_i = \text{nbre}(y < y_i)$, le nombre de réponses y de valeur *inférieure*, mais placées *au-dessus* de la réponse y_i dans le tableau ordonné.

Alors, on peut montrer que $\max(\sum d) = \sum_{j=0}^{k-1} n_j[N - (n_0 + ... + n_j)]$,

d'où l'indice généralisé sera $G = 1 - 2\sum d/\max(\sum d)$].

4.15 [M2] Soit un test constitué de m items et dans lequel l'item 1 est en corrélation nulle avec les autres items. Démontrer algébriquement que, dans ces conditions, la corrélation item-tout $\rho(y_1,X)$ égale σ_1/σ_X ou :

$$\rho(y_1,X) = 1 / \sqrt{[m + (m-1)(m-2)\overline{\rho}]}$$

si l'on pose toutes les variances σ_j^2 égales et que $\overline{\rho}$ est la corrélation moyenne entre les items 2 à m. Sous l'hypothèse d'un ensemble d'items totalement indépendants, on obtient la formule connue de biais, $\rho(y_1,X) \geq 1 / \sqrt{m}$.

4.16 [M2] Démontrer que les formules éq. 10b, 12b et 14b sont algébriquement équivalentes au coefficient de corrélation de Galton.

4.17 [M2] L'influence totale, simple et partagée, d'un item est donnée par $I_j + s_j^2$, de sorte que $\sum_j (I_j + s_j^2) = s_X^2$. Démontrer cette égalité algébrique. [*Suggestion* : Développer la covariance au numérateur de la corrélation $r(y_j,X)$.]

4.18 [M2] Montrer que la valeur maximale du coefficient φ (ou de la corrélation entre deux variables dichotomiques) est donnée par :

$$\varphi_{max} = \sqrt{\frac{P_j}{P_i} \times \frac{Q_i}{Q_j}}, \text{ si } P_i \geq P_j$$

et que la valeur 1 n'est accessible que si $P_i = P_j$.

4.19 [M1] Montrer que l'expression $N\varphi^2$, calculée à partir du coefficient de corrélation φ entre les items U et V, correspond à une variable statistique Khi-deux ayant 1 degré de liberté, et qu'elle indique s'il y a une corrélation significative entre U et V aux seuils de 5 % ou 1 % lorsque $N\varphi^2$ déborde les valeurs critiques 3,841 ou 6,635.

4.20 [M2] Montrer que la formule (17) du contre-coefficient $\alpha_{(j)}$ est du même ordre, *i.e.* basée sur le même nombre (projeté) d'items, que le coefficient α et, partant, que la différence $\alpha - \alpha_{(j)}$ peut être interprétée comme une mesure de l'avantage relatif qu'il y a à conserver l'item.

4.21 [M2] La variation relative du coefficient $\alpha_{(j)}$ dépend essentiellement des covariances que l'item *j* entretient avec les autres items. Montrer que, dans un cas prototypique où les covariances de l'item *j* seraient nulles et les variances des $m - 1$ items restants seraient égales, $\alpha_{(j)}$ vaudrait approximativement $m\alpha/(m - 1)$. [*Suggestion* : Admettant la relation approximative $\alpha \approx m\bar{r}_{jj'} / [1 + (m - 1)\bar{r}_{jj'}]$, où $\bar{r}_{jj'}$ est la moyenne des intercorrélations entre les *m* items, cette corrélation moyenne, après mise à l'écart de l'item *j*, devient égale à $m\bar{r}_{jj'}/(m - 2) = A$, et on a $\alpha_{(j)} \approx mA/[1 + (m - 1)A] = m^2\alpha/[m(m - 2) + 2\alpha(m - 1)] \approx m\alpha/(m - 1)$.]

4.22 [M2] Démontrer que, si les *m* items d'un test sont *parallèles* (ayant notamment les mêmes valeurs vraies et les mêmes variances d'erreur), la moyenne des corrélations entre items égale $[m \times \text{moy}(\rho_{yi,X})^2 - 1]/(m - 1)$.

Section 4.4

4.23 [M2] Supposons un test dans lequel les m items ont tous un indice de facilité égal (à P) et sont parfaitement corrélés les uns aux autres : dans ce cas, l'histogramme des scores X présentera seulement deux colonnes, l'une à $X = 0$ d'une hauteur proportionnelle à $N_0 \approx NQ$ (où $Q = 1 - P$), l'autre à $X = m$ à la hauteur $N_m \approx NP$. Montrer que, dans ces circonstances, l'indice de discrimination δ (de Ferguson), défini à l'exercice 3.56, est donné par $1 - [m(1 - 2PQ) - 1]/(m - 1)$, et qu'il tend asymptotiquement vers ½ lorsque $P = Q = ½$.

4.24 [M1] Une *échelle de Guttman* est un test unidimensionnel parfaitement hiérarchisé, c'est-à-dire un test dans lequel la réussite d'un item « facile » implique la réussite de tous les items aussi faciles ou plus faciles, et réciproquement pour l'échec d'un item. Élaborer une mesure globale de la cohérence dimensionnelle d'un test (à distinguer de l'indice d'item G, en éq. 9). [*Suggestion* : Structurer d'abord le tableau Sujets × Items par colonnes décroissantes sur P et par lignes décroissantes sur X, puis dénombrer les accrocs à la forme idéale de Guttman.]

4.25 [M2] Pour un test constitué d'items à scoring 0/1, chaque score (y_j) constitue une variable binomiale, et le score X ($= y_1 + y_2 + ... + y_m$) est lui-même une variable aléatoire correspondant à une *mixture de binomiales corrélées*. Supposant cependant que les items sont mutuellement indépendants (*i.e.* $\varphi(y_i,y_j) = 0$), montrer que $\mu(X) = m\bar{P}$ et $\text{var}(X) = m[\bar{P}\bar{Q} - \sigma^2(P_j)]$, où les P_j sont les indices de facilité des m items, $\bar{P}$ est leur moyenne, $\bar{Q} = 1 - \bar{P}$ et $\sigma^2(P_j)$ est leur variance.

4.26 [M3] [N2] Supposant un test dont les m items, à scoring 0/1, ont des indices de facilité gradués tels que $P_j = j/(m + 1)$, $1 \leq j \leq m$; admettons que $\mu(X) = ½m$. Trouver des expressions exactes ou approximatives pour var(X) et δ en fonction de m (le nombre d'items) et N (le nombre de répondants), selon que 1) les items sont mutuellement indépendants ; 2) les items constituent une échelle de Guttman. [*Suggestion* : Noter que, pour la série P_j donnée, $\sigma^2(P_j) = (m - 1)/[12(m + 1)]$. Aussi, dans la condition guttmanienne, $r(y_i,y_j) = \varphi_{ij} = \varphi_{max}$ et, pour la covariance entre deux items, $\sigma(y_i,y_j) = Q_iP_j$ si $P_i \geq P_j$.]

4.27 [M2] Démontrer que la formule du contre-coefficient α (éq. 4.17) estime la fidélité attendue si l'item j était remplacé par un item conforme aux $m-1$ items restants. [*Suggestion* : Établir l'estimateur pour l'ensemble des $m-1$ items restants, puis appliquer la formule d'allongement pour en extrapoler la valeur à m items.]

4.28 [N3] Sous différentes conditions de nombre d'items et de covariances et au moyen d'une étude Monte Carlo, étudier la distribution et l'utilité pour la sélection d'items de deux indices composés : l'indice d'influence d'item I_j (éq. 4.13) et le contre-coefficient α standardisé, $m(\alpha_{(j)} - \alpha)/(1 - \alpha)$ (*cf.* éq. 4.17).

5 Aspects particuliers de la mesure

5.1. LES MESURES ET LES PROCÉDURES DE MESURE

Mis à part l'objet même de la mesure, qu'il s'agisse d'un test psychologique, d'une évaluation des capacités physiques, d'un examen scolaire ou de toute autre mesure, on peut distinguer des catégories d'*opérations de mesure* et des procédures de mesure distinctes. Les développements présentés en théorie des tests, aux chapitres 3 et 4, nous ont familiarisés avec le test papier-crayon constitué de nombreux items, la plupart de ceux-ci étant des questions à répondre ou de courts problèmes à résoudre. Le but du présent chapitre est d'examiner rapidement d'autres formes de mesure et d'autres aspects globaux de l'évaluation, tels qu'on les applique dans différents domaines disciplinaires.

5.2. LES DIFFÉRENTES CATÉGORIES DE MESURE D'UNE PERSONNE

La théorie des tests concerne les scores « X » obtenus en appliquant à des personnes une procédure de mesure quelconque. Or, il y a lieu de croire que différentes procédures, et différentes catégories de phénomènes évalués, donnent lieu à des propriétés de mesure différentes elles aussi. Par exemple, *mesurer* la taille (en cm) d'une personne et *tester* son anxiété en situation de confrontation sociale sont des opérations dissemblables, tant des points de vue de l'objet, de la méthode que du contexte : on peut espérer que les deux mesures qui en ressortent auront des qualités relativement distinctes.

5.2.1. Éléments d'une nomenclature de la mesure des caractéristiques chez l'homme

Pour aider à la réflexion, voici une nomenclature des catégories de mesure chez l'homme :

- Des mesures *cadavériques*, qu'on peut obtenir sur le corps d'une personne, sans sa participation. Il s'agit des qualités physiques passives comme le poids, la taille, le pourcentage de masse grasse, la morphologie, etc.

- Des mesures des *capacités physiques*, qui demandent la collaboration des personnes. Nous avons ici les qualités physiques actives comme la force (de divers membres corporels), la flexibilité. La mesure est directe (elle est interprétée « physiquement ») et elle exige une participation minimale de la personne évaluée.

- Des mesures des *capacités physiologiques* (incluant la mesure des processus endocriniens, hormonaux et métaboliques), qui requièrent des techniques de prélèvement ou de traitement élaborées. Certaines de ces mesures sont théoriquement chargées : leur interprétation dépend d'une conception théorique établie (ou controversée) de récente date, telles les mesures de seuil anaérobie d'effort (ou seuil lactique) ou celles d'anxiété par la *réaction psycho-galvanique*.

- Des mesures de *performance* (en résistance ou en endurance), obtenues directement ou indirectement. Dans les domaines sportifs et parasportifs, la performance en *résistance* correspond à une grande intensité et, le plus souvent, à une courte durée, tel le sprint de 100 m, tandis que la performance en *endurance*, d'intensité moyenne, se prolonge en durée, par exemple le marathon. Certaines formes des tests d'aptitude se font « en résistance » puisque, analogiquement, le répondant doit effectuer le plus grand nombre d'opérations (ou donner le plus grand nombre de réponses) dans un temps assez court. Ces mesures demandent une participation importante de la personne évaluée ; celle-ci va s'exécuter de façon plus ou moins intense selon l'importance qu'elle attribuera (subjectivement) à la situation de mesure. Dans le domaine de la condition physique, la mesure même d'endurance (organique) peut se faire directement (par exemple par le travail produit après un temps fixé) ou indirectement, par des mesures physiologiques (par exemple par la quantité d'oxygène sanguin véhiculé ou par la fréquence cardiaque atteinte lors d'un travail d'intensité fixée).

- Des mesures d'*habileté perceptivo-motrice*, qui portent sur un ou plusieurs des cinq sens, la motricité fine ou la motricité grossière.

Dans certains cas, la procédure perceptivo-motrice fait intervenir, non seulement la collaboration, mais aussi l'intelligence du sujet, ou sa culture (*e.g.* en demandant de « discriminer », « nommer », « identifier » l'objet à percevoir).

❖ Des mesures de *connaissance active ou factuelle*, soit par l'observation des actions de la personne (*e.g.* la personne exécute correctement ou non les composantes d'un geste sportif, la personne effectue les trois étapes d'une soudure à l'étain), soit par l'interrogation (*e.g.* la personne récite – ou reconnaît – les règlements, les ingrédients).

❖ Des mesures d'*habileté conceptuelle*, ou tests d'aptitude mentale, portant sur la mémoire, le jugement, le raisonnement, etc., soit une ou l'autre des « composantes » de l'intelligence. Ces mesures se font traditionnellement soit par questions-réponses, soit par la solution de petits problèmes (construction ou reconstruction, identification, etc.).

❖ Des mesures d'*attitudes*, d'*intérêts*, de *jugements émotifs*, d'habitudes, d'opinions. La procédure habituelle, par question-réponse, est parfois remplacée par un *test actuel* de l'élément visé (par exemple la personne est placée devant une série de choix réels et l'on note sa préférence à chacun).

❖ Des notes d'*observation* ou mesures descriptives, ne constituant pas une *échelle de mesure* (à degrés d'intensité progressifs). Il s'agit d'une transcription symbolique d'un phénomène observé (chez une personne), donc une sorte de mesure, dite nominale, dont les propriétés méritent d'être considérées. Pensons par exemple à la manière d'exécution d'un plongeon, aux relations sociales entre élèves dans une cour de récréation.

Cette liste vise surtout à illustrer la diversité d'opérations et de contenus qu'on peut retrouver dans le concept de *mesure* ; certains des paragraphes suivants en feront apparaître d'autres de façon plus spécifique.

5.2.2. Panoplie de critères d'examen

Les mesures, tout comme leurs objets et leurs opérationnalisations, présentent une grande diversité. Pour appréhender cette diversité et pouvoir mieux cerner les caractéristiques opératoires d'une mesure donnée, des critères sont utiles. Nous en proposons quelques-uns :

❖ *Réalité (concrétude)* : le phénomène à mesurer a une réalité patente, incontestable, matérielle et simple.

- *Univocité* : ce qui est à mesurer, la mesure elle-même ne comportent aucune ambiguïté, aucune signification confuse ou multiple, sont univoques.
- *Stabilité d'état* : le phénomène à mesurer est stable, temporellement consistant (son intensité est globalement la même en toutes conditions ou dans des conditions externes comparables).
- *Stabilité de mesure* : l'opération de mesure est stable, temporellement consistante, insensible à une variation des conditions (elle est sans biais, et l'erreur instrumentale représente une fraction minime de la variance observée).
- *Référence d'échelle* : les unités de mesure sont réelles (plutôt qu'abstraites, relatives, arbitraires).
- *Fonction de mesure a-théorique* : l'obtention de la mesure ou son calcul ne dépendent pas d'une théorie (son interprétation peut en dépendre).
- *Robustesse subjective* : la mesure n'est pas influencée par des aléas subjectifs, une variation d'humeur, etc.

La validité, la fidélité d'une mesure dépendent en grande partie du respect ou de la violation de critères tels que les précédents. Un exercice instructif consiste à croiser quelques-uns de ces critères avec quelques-unes des catégories de mesure ; l'exercice pourra aussi servir à inspirer le concepteur de tests pour introduire dans sa définition d'objet et dans ses procédures des éléments qui en garantissent la valeur.

5.3. LES CONDITIONS OPTIMALES DE MESURE

Sauf pour les mesures d'objets inanimés ou les mesures dites cadavériques, les conditions dans lesquelles on place le sujet évalué influencent généralement sa mesure. Le moment du jour, ou le jour de semaine, la saison ; le délai depuis le dernier repas ou l'importance de ce repas ; l'état médical passager (maladie, convalescence, médicament débilitant) ; l'état émotionnel (deuil, période de pré-examen pour un étudiant, veille de congé) ; la charge antérieure de travail, la disponibilité physique ou morale : autant d'éléments qui peuvent favoriser ou indisposer la personne au moment de la mesure.

Comme la mesure sert avant tout à *comparer* les personnes les unes avec les autres, il importe que les conditions de mesure soient le plus exactement comparables possible : il faudrait donc faire en sorte que la mesure de chaque sujet soit prise dans des *conditions uniformes*. Or, il est d'ordinaire très difficile d'identifier l'état individuel et de spécifier des conditions uniformes pour tous et chacun : la façon classique de s'en tirer consiste à prescrire des *conditions optimales* de mesure. Ces conditions sont décidées à la pièce, pour chaque personne mesurée, et uniformisées le plus possible dans la procédure déclarée du test. L'écart à cette règle a des conséquences sérieuses puisqu'il entraîne presque à coup sûr une erreur systématique dans la mesure.

> Par *conditions optimales*, on entend souvent les conditions les plus favorables pour le sujet évalué, ou celles garantissant sa meilleure participation : le sujet est reposé, consentant, bien disposé, le moment lui convient, etc. Cette prescription n'interdit pas absolument d'évaluer un sujet malgré lui ; toutefois, dans ce cas, l'interprétation pourra être délicate, surtout si on doit la rapporter à des *normes* basées sur des sujets qui, eux, ont été évalués dans des conditions optimales.

5.4. LA MESURE EN TANT QU'INDICE REPRÉSENTATIF D'UN ENSEMBLE

La mesure X_{RC}, ou valeur d'échelle associée à la personne « Robert Chicoine », exprime la valeur du phénomène mesurée chez cette personne et le *représente* : elle doit donc en être représentative. Or, dans certains cas, il arrive que l'on mesure la personne de manière répétée, soit deux, trois ou plusieurs fois. Dans l'appréciation des capacités physiques, une telle coutume existe, et elle est facilement justifiable. Pour mesurer la force du bras, on demandera par exemple au sujet de tirer sur un câble tendu avec le plus d'énergie possible, à trois reprises, en ménageant une pause entre les essais. Disposant ainsi de plusieurs mesures, soit de l'ensemble $\{X_1, X_2, ..., X_n\}$, quel indice d'ensemble faut-il retenir pour le sujet évalué ?

5.4.1. Critères de représentativité

Dans le domaine des capacités et de la condition physique, on retient souvent X_{max}, la donnée la plus forte de l'ensemble de n mesures. On peut penser aussi à la moyenne, à la médiane, etc. Pour éclairer et guider le choix d'un bon indice, il faut se rappeler le but même de l'opération de mesure, qui consiste à marquer la valeur caractéristique d'une personne parmi les valeurs comparables d'autres personnes. La mesure doit donc être à la fois *représentative* et *précise* ; en termes statistiques, cette double exigence équivaut à une mesure *sans biais* et de *moindre variance*. Soit V_i, la valeur caractéristique d'une personne : un bon indice f construit à partir de l'ensemble $\{X_{i,1}, X_{i,2}, ..., X_{i,n}\}$ en sera un pour lequel l'erreur quadratique moyenne (EQM_f) :

$$\mathrm{EQM}_f = \mathrm{Eo}\ [f\{\ X_{i,o}\ \} - V_i]^2 \tag{1}$$

sera faible, de même que ses constituants, le biais (B) et la variance (σ^2) :

$$B_f = E_o f\{\ X_{i,o}\ \} - V_i\ ; \tag{2}$$

$$\sigma_f^2 = E_o\ [f\{\ X_{i,o}\ \} - B_f]^2\ ; \tag{3}$$

dans ces expressions, « E_o » désigne l'espérance mathématique ou moyenne à travers toutes les occasions de mesure *o* possibles de l'individu. L'idée même de prendre plus d'une mesure, dans certaines procédures de test, témoigne à la fois d'une prudence de l'évaluateur et d'une fluctuation probable des mesures individuelles, fluctuation contre laquelle on souhaite se prémunir. Ces diverses considérations pourront guider notre choix.

5.4.2. Choix du score maximal

Pourquoi retenir le score maximal ? Cette pratique, qu'on retrouve par exemple dans la mesure des capacités physiques, tire sa justification d'un raisonnement naïf : à *n* reprises, on demande au sujet d'exercer une force maximale dans une situation donnée, la force maximale dont il est capable étant alors la plus grande des *n* mesures enregistrées. Sans contester la validité du principe invoqué, il importe d'en signaler les difficultés. D'abord, chez un organisme animal, la signification d'*effort maximal* dépend évidemment du contexte de l'activité et de l'urgence par laquelle l'organisme y agit ; un effort maximal véritable serait probablement autodestructeur. Ensuite, dans un contexte d'effort pseudo-maximal, la personne évaluée produit, d'une fois à l'autre, différentes *interprétations* occasionnelles du mouvement demandé. La réalité à évaluer (*e.g.* la quantité V_i dans éq. 1) est floue, et chaque essai, chaque mesure évolue dans son voisinage ; un indice central, comme la médiane ou la moyenne, semble plus approprié. La rétention de X_{max}, la mesure la plus grande, n'est pas représentative de la réalité à estimer, elle la surestime avec un *biais positif*. Enfin, comme le montre le tableau 1, la variance de la mesure maximale reste forte, ce qui, avec la contribution du biais, en fait une mesure particulièrement imprécise de la caractéristique voulue.

> Le lecteur conçoit que, dans le cas de la donnée $X_{max} = X_{(n)}$, le biais B augmente selon n, c'est-à-dire que la mesure maximale s'écarte de plus en plus de la caractéristique visée quand le nombre de données considérées augmente. C'est cet effet, couplé à une variance relativement élevée, qui explique la forte augmentation de l'EQM standardisée en fonction de n.

TABLEAU 1. Mesures de précision (simples et standardisées) de différents indices d'un ensemble statistique à distribution normale, selon la taille (*n*) de l'ensemble†

n	2	3	5	7	19	n
$\sigma^2(\bar{x})$	0,500	0,333	0,200	0,143	0,053	$1/n$
$\sigma^2(X_{max})$	0,682	0,560	0,448	0,392	0,280	
$B(X_{max})$	0,564	0,846	1,163	1,352	1,845	$\to \infty$
$EQM(X_{max}) / \sigma^2(\bar{x})$	2	3,827	9,000	15,542	69,960	$\to \infty$
$\sigma^2(Md)$	1	0,449	0,287	0,210	0,081	$\to \frac{1}{2}\pi/n$
$\sigma^2(Md) / \sigma^2(\bar{x})$	1	1,346	1,434	1,473	1,535	$\to \frac{1}{2}\pi$
$\sigma^2(\bar{x}_t)$	–	0,449	0,227	0,155	0,054	$\to 1/n$
$\sigma^2(\bar{x}_t) / \sigma^2(\bar{x})$	–	1,346	1,135	1,085	1,024	$\to 1$

† La moyenne $\bar{x}$, la médiane Md et la moyenne tronquée $\bar{x}_t$ ont un *biais* nul ; pour ces indices, EQM = σ^2. Quant au maximum X_{max}, son biais B est indiqué séparément et l'EQM se calcule comme $\sigma^2 + B^2$. Les variances standardisées sont obtenues en divisant les variances par la variance des moyennes correspondante (donc en multipliant par n).

La variance des moyennes est simplement égale à $1/n$.

Le calcul de variance pour les autres indices (maximum, médiane, moyenne tronquée) nécessite l'usage des variances (et covariances, pour la moyenne tronquée) des statistiques d'ordre normales. On retrouve celles-ci (pour $n \leq 20$) dans D. B. Owen, *Statistical Tables*, Addison-Wesley, 1968. Les variances du maximum ($= X_{(n)}$) et de la médiane ($= X_{(\frac{1}{2}n)}$) sont directement disponibles. Quant à la moyenne tronquée, notée $\bar{x}_t$ et égale à $(n\bar{x} - x_{(1)} - x_{(n)})/(n-2)$, on obtient sa variance en calculant :

$$\sigma^2(\bar{x}_t) = \frac{n - 4 + 2[\sigma_1^2 + \sigma_{1,n}]}{(n-2)^2},$$

où σ_1^2 et $\sigma_{1,n}$ sont disponibles dans Owen.

5.4.3. Choix de la moyenne

La moyenne arithmétique est le choix banal, l'indice classique le plus souvent considéré. La moyenne est sans biais et a une *variance minimale* lorsque les données sont distribuées normalement. Pourtant, un bon nombre de concepteurs de tests boudent la moyenne, et leur point de vue se ramène à la proposition suivante. Si l'incertitude de chaque mesure nous oblige à en obtenir deux ou plusieurs, mieux vaut se protéger de chaque mesure et employer un indice qui n'est pas influencé par des mesures exagérément fortes ou faibles, un indice robuste.

Il existe de fait une théorie de l'estimation robuste en statistique, qui vise à déterminer entre autres l'influence que peuvent exercer une ou plusieurs données aberrantes sur un indice particulier. Aux deux pôles de *robustesse* apparaissent la moyenne (arithmétique), comme l'indice central le plus fragile, et la médiane, comme l'indice central le plus résistant.

5.4.4. Choix de la médiane

La médiane (Md), c'est-à-dire la valeur de position centrale dans l'ensemble ordonné des valeurs disponibles, est un indice représentatif, très robuste, et sa variance est légèrement plus forte que pour la moyenne dans le cas de données à distribution normale (voir tableau 1)[1]. Pour $n = 3$ données, par exemple, l'intervalle d'incertitude de la médiane est de 16 % plus fort que celui de la moyenne ; à la limite, pour n très fort, le surcroît d'intervalle sera de 25,3 %, un coût raisonnable pour une protection maximale contre l'influence de mesures déviantes.

5.4.5. Choix de la moyenne tronquée

Un autre indice robuste qu'on peut calculer à partir d'un ensemble de $n \geq 3$ données est la *moyenne tronquée* ($\overline{x}_t$), soit une moyenne calculée après qu'on a retranché la donnée la plus forte et la donnée la plus faible de l'ensemble. Le tableau 1 montre que cet indice, de biais nul, a une variance proche de la moyenne arithmétique, étant protégé par ailleurs contre la présence d'*une* donnée aberrante ou trop forte, ou trop faible.

1. La loi normale est l'une des lois de l'erreur proposées par Laplace, la seconde étant la double exponentielle ; la différence essentielle est l'élément de densité, donné par « $\exp(-\frac{1}{2}x^2)$ » dans le premier cas et par $\exp(-|x|)$ dans le second. Or, si la moyenne est l'indice le plus précis pour une loi normale, c'est la médiane qui l'est davantage pour la loi double exponentielle. Des études empiriques sur la distribution de l'erreur (en astronomie) suggèrent que la réalité serait mitoyenne.

5.5. OPÉRATIONNALISATIONS DE LA CARACTÉRISTIQUE

Il est généralement vrai que, pour mesurer un phénomène ciblé, il est possible de proposer plus d'un procédé, plus d'une opérationnalisation. Ainsi en est-il des capacités physiques d'une personne, qu'on peut mesurer directement, ou bien par un questionnaire autodescriptif, ou par l'efficience dans une tâche basée sur ces capacités. Le choix du procédé retenu doit tenir compte des critères donnés en §5.1 et de tout autre critère de *bonne mesure* (comme la distribution bien étalée, la fidélité, la commodité). C'est un exercice fructueux, tant sur le plan théorique que sur le plan pratique, d'explorer et même d'imaginer des façons de faire différentes pour mesurer la caractéristique voulue ; il est souvent possible, en effet, de faire mieux que ce qu'on fait d'habitude.

Ainsi, le *test d'anxiété* traditionnel, d'inspiration psychologique, a la forme d'un questionnaire : il consiste à présenter au sujet une série de situations décrites dans lesquelles il peut se trouver et à lui faire choisir la réaction qu'il imagine la sienne dans chaque situation. Une autre approche serait que le sujet indique son niveau d'anxiété lorsqu'on le place *in effecto* dans quelques situations de nature à susciter l'anxiété (par exemple répondre à un test d'habileté dans un temps limité, exécuter une manœuvre complexe pour éviter un choc électrique, etc.). Autre exemple : on peut juger la performance d'un coureur en mesurant la distance qu'il parcourt en 10 minutes, ou bien en comptant le temps pris pour courir 2 km. De même, le médecin, le moniteur en conditionnement physique peuvent mesurer le travail cardiaque en comptant les battements du cœur en 15 *s* ou bien en mesurant le délai temporel occupé par 10 battements. Dans tous les cas, bien que le phénomène circonscrit soit le même, il se révèle plus avantageux d'utiliser une méthode plutôt que l'autre.

Prenons la mesure du travail cardiaque chez un athlète : à l'état de repos, la fréquence pourrait être de 60 battements/minute (bpm) et monter à 120 bpm durant un effort modéré et soutenu. En tâtant le pouls durant (environ) 15 *s*, la mesure en repos variera, disons, de 13 à 16 bpm, avec une fréquence cible de 15 battements/15 *s* ; la fréquence/minute variant ainsi de 52 à 64 bpm, l'erreur maximale est de 13,3 %. À l'effort, les battements mesurés en 15 *s* varieront de 28 à 31, pour une erreur maximale de 6,7 %.

Qu'advient-il à l'erreur si l'on mesure plutôt en durée, c'est-à-dire en chronométrant l'intervalle occupé par N battements ? Prenons N = 15 battements, qui correspondent en moyenne à 15 *s* au repos. Mesurant en 1/100 de seconde, la durée cible serait de 1500 cs, mais les durées chronométrées pourraient, disons, varier de 1495 à 1505 cs. L'intervalle correspondant en fréquence/minute est de 59,8 à 60,2 bpm, pour une erreur maximale de 0,3 % ; à l'effort, l'erreur montera à environ 0,7 %. Si le cœur battait régulièrement (ce qui apparaît davantage à l'effort qu'au repos), il suffirait de chronométrer deux périodes, soit l'intervalle amorcé par un premier battement et terminé par le troisième, pour avoir l'avantage sur la méthode de l'intervalle fixe. [Le lecteur aura compris que l'avantage de la seconde méthode, par l'intervalle temporel flottant, provient de ce que l'échelle de temps se subdivise autant qu'on peut, au contraire du battement cardiaque ; une mesure d'intervalle au milliseconde serait encore plus avantageuse.]

5.6. LES SCORES OBTENUS PAR CALCUL

La plupart du temps, le score X attribué à la personne évaluée est soit sa mesure directe, soit la transformation de cette mesure pour l'amener dans une distribution standard, conforme aux *normes d'interprétation* du test. Il arrive parfois que la transformation effectuée soit plus complexe et résulte d'un calcul basé sur une ou plusieurs mesures, de sources semblables ou différentes. Les *tests d'intelligence*, par exemple, produisent un QI à partir de nombreux sous-tests, les uns à partir de réponses verbales, les autres à partir de manipulations ou de problèmes à résoudre. Le *pourcentage de graisse*, ou pourcentage de masse grasse d'une personne, se prend le plus souvent en mesurant l'épaisseur de 3 à 6 plis de peau sur le corps. Le *Physitest canadien* évalue la capacité aérobie d'un sujet par une épreuve sous-maximale, faisant intervenir l'âge et la fréquence cardiaque. L'*effort musculaire* d'un geste donné peut être estimé par le « pourcentage d'utilisation musculaire »[2] : cet indice est le quotient de l'amplitude d'activité électromyographique (EMG) associée au geste sur l'amplitude EMG maximale que peut développer le sujet dans le même faisceau musculaire. De semblables mesures ne sont pas *simples* ; le calcul y fait intervenir une conception théorique, qui dicte ou guide les transformations utilisées. La validité du résultat X dépend bien sûr de la valeur de la conception théorique et de sa mise en application ; la fidélité, qui en bénéficie parfois (comme par le nombre des sous-tests d'intelligence ou la multitude des plis adipeux dans le calcul du pourcentage de graisse), peut aussi en souffrir sérieusement.

Le *Physitest canadien* pour la capacité aérobie est décrit dans une brochure TECPA préparée par Kino-Québec[3]. Il s'agit d'un test sous-maximal progressif : le sujet doit monter et descendre deux marches d'un escalier à un rythme imposé, le rythme s'accélérant après 3 minutes. La prise de fréquence cardiaque (FC) permet de décider si

2. Voir à cet effet M.C. Normand, C.L. Richards et M. Filion, « Muscle utilization in gait determined by a physiological calibration of EMG », *Locomotion III*, 1986, p. 263-264.

3. *Tests d'évaluation de la condition physique de l'adulte. Fascicule B-3 (Capacité aérobie)*. Comité Kino-Québec sur le dossier Évaluation, Gouvernement du Québec, 1981.

le sujet peut entreprendre le palier d'effort suivant. Sinon, le score X, qui reflète la capacité aérobie, est calculé selon le numéro de palier atteint, la fréquence cardiaque atteinte, l'âge et le poids du sujet. Dans ce calcul, l'âge sert notamment à déterminer la fréquence cardiaque maximale que le sujet pourrait théoriquement atteindre, soit $FC_{max} \approx 220 - \text{Âge}$. Le palier atteint correspond à un « travail » réalisé par le sujet (compte tenu du poids déplacé) : on extrapole le « travail » qu'aurait pu effectuer le sujet s'il s'était rendu à sa FC maximale. Comme on voit, ce calcul suppose que la FC_{max} pour le sujet évalué obéit à la formule « 220 - Âge », qu'il y a une relation linéaire entre FC et travail, notamment vers leurs limites supérieures, et que la FC_{max} d'un sujet coïncide avec son travail maximal. Enfin, la FC est ordinairement mesurée selon le nombre de pulsations comptées en 15 secondes (parfois par le sujet lui-même). Encore étonnant que ce test soit considéré comme globalement valide !

La *détermination d'un seuil*, à partir de données multiples, donne un autre exemple d'un score souffrant parfois de l'ingérence d'une conception théorique. La théorie propose un modèle (de la relation entre la variable dépendante et la variable indépendante), et le seuil est calculé selon la structure du modèle. Cette approche est soit *valide*, si le modèle est vrai, soit simplement adéquate si elle est statistiquement efficace : or, la vérité du modèle laisse souvent à désirer, et les critères d'efficacité statistique sont rarement pris en compte. C'est le cas du « seuil lactique » (ou niveau critique d'acide lactique dans le sang), mesuré habituellement par interpolation linéaire (plutôt que parabolique)[4], et du seuil anaérobie par divers indicateurs, mesuré selon le point d'intersection de deux droites (plutôt que par la position d'une courbe parabolique atteignant un angle d'élévation prédéterminé).

5.7. LA QUALITÉ DES DONNÉES D'OBSERVATION

Les données issues de l'observation directe du comportement[5] ne sont pas d'ordinaire englobées dans les ouvrages sur la « mesure » : en fait, ce ne sont

---

4. Une présentation du cas et une étude comparative des deux méthodes de détermination du seuil se retrouvent dans L. Laurencelle, A. Quirion et S. Nadeau, « Lactate threshold determination : A Monte Carlo comparison of two interpolation methods », *Archives internationales de physiologie, de biochimie et de biophysique*, 1994, vol. 102, p. 43-49.
5. Pour une introduction générale à la méthode, voir J.P. Beaugrand, « Observation directe du comportement » dans M. Robert (dir.), *Fondements et étapes de la recherche scientifique en psychologie* (chap. 10, p. 277-310), EDISEM, 1988. Un traitement plus spécifique du problème de la qualité des données d'observation se retrouve dans L. Laurencelle, « Observer le réel : quelques questions d'intérêt méthodologique » dans C. Paré, M. Lirette et M. Piéron (dir.), *Méthodologie de la recherche en enseignement de l'activité physique et sportive*, Université du Québec à Trois-Rivières, 1986.

pas des *mesures* à proprement parler, mais des *codes* symboliques tenant lieu de gestes, séquences, aspects du réel observé. Néanmoins, les chercheurs du domaine de l'observation, notamment en éthologie humaine et animale, ont soulevé la question de la qualité des données obtenues par une codification du réel : quelles sont leurs propriétés, comment peut-on en apprécier la valeur[6] ?

Il existe maintes procédures de codification, chacune entraînant à son tour des propriétés et des méthodes d'appréciation tant soit peu distinctes. Le « processus de réalité » observé, *i.e.* la scène comportementale, peut être découpé en segments successifs et disjoints, sans ou avec considération des durées. Il peut aussi être segmentable, par observation de segments successifs de durées flottantes ou être « déplié » en deux ou plusieurs plans d'observation, chacun avec sa trame et sa méthode de codification. L'on aperçoit ici tout un pan de la complexité du sujet.

5.7.1. Fidélité inter-juges et information

La méthode principale d'appréciation de la qualité des données est la « fidélité inter-juges » (ou « inter-observateurs »), mesurée primitivement par la proportion d'accords entre deux codeurs opérant sur le même processus réel. Laurencelle (*cf.* note infrap. 5) propose aussi une « fidélité de vérité », mesurée par la proportion d'accords entre un codeur et la « vraie séquence comportementale », définie par ailleurs d'une manière rigoureuse.

> Définissant la *fidélité inter-observateurs* ou *de consensus* (f_C) comme la proportion d'accords constatés d'un observateur à l'autre et la *fidélité de vérité* (f_V) comme la proportion d'accords entre un observateur et la séquence de codes décrétés vrais (« CV »), soit :
>
> $$f_C = \text{nbre Accords}(O_1, O_2) \,/\, \text{nbre Cas considérés} \quad (4)$$
>
> et :
>
> $$f_V = \text{nbre Accords}(O, CV) \,/\, \text{nbre Cas considérés}, \quad (5)$$

6. Les questions traitées ici renvoient à une forme particulière d'observation, soit l'observation *extensive*, qui est systématique, mécanique (ou mécanisable) et souvent confinée à une ou quelques dimensions de la réalité étudiée : c'est par le traitement statistique des données recueillies et l'étude des régularités compilées qu'on veut construire ou faire apparaître un modèle du phénomène. L'observation *intensive*, plus globale, anecdotique, réflexive, procède par induction directe d'un modèle ; on ne s'y préoccupe pas de « données » ni de leurs qualités possibles.

Laurencelle[7] montre que, dans des conditions générales, il y a entre les deux coefficients la relation approximative :

$$f_V \approx \sqrt{f_C} \qquad (6)$$

qui n'est pas sans rappeler la relation correspondante en théorie des tests :

$$r_{XV} = \sqrt{r_{XX}} \qquad (7)$$

déjà considérée au chapitre 3 (éq. (3.7)). Au delà de son intérêt théorique, l'équation approximative (6) nous met à même d'estimer, à partir d'une simple mesure de la fidélité inter-observateurs, la proportion moyenne de codes vrais que chaque observateur peut fournir.

Le présent concept de fidélité n'entretient, avouons-le, qu'une parenté lointaine avec le quotient de variance vraie que propose la théorie des tests[8], ce dernier reflétant la précision ou la finesse d'une mesure dans une métrique donnée. Le pont théorique pourrait être le concept de *capacité discriminante* (introduit en §3.6.6), qui peut s'appliquer d'une façon ou d'une autre aux mesures catégorielles.

Un système de mesure comprenant k catégories peut discriminer *virtuellement* k types d'états ou d'événements réels. Par ailleurs, on ne peut invoquer d'aucune façon la loi normale pour caractériser la distribution statistique des mesures catégorielles dans la population, et ces mesures sont, comme toute autre, entachées d'une erreur aléatoire. La loi de distribution applicable ici est une loi multinomiale ; quant à l'erreur, elle peut se représenter dans un tableau $k \times k$, dit *matrice de confusion*, les lignes désignant les catégories vraies et les colonnes les catégories attribuées, pour un processus observationnel donné. À notre connaissance, nulle approche systématique n'a encore été tentée sur ces questions.

Une mesure provisoire de la *capacité discriminante*, analogue à (3.24), peut néanmoins être proposée grâce à la mesure d'information H, attribuable à Shannon : cette mesure reflète la quantité d'information transmise par chaque élément, ici chaque code, pour permettre de discriminer les états du monde vrai. Ainsi, pour un processus observationnel utilisant un système à k catégories, si les k catégories

7. « Une interprétation du pourcentage d'accords dans la fidélité inter-juges », *Lettres statistiques*, 1987, vol. 7, chap. 4, 12 pages.
8. L'ouvrage de J. Charrier, « Sur la méthodologie et la métrologie de l'observation systématique », mémoire de maîtrise (M.A.), Université du Québec à Trois-Rivières, 1988, se penche sur les points de recouvrement et de divergence entre la théorie des tests et la méthodologie de l'observation directe ; l'auteure y passe en revue la plupart des concepts, dans une perspective de comparaison critique.

sont également exploitées l'information est maximale et égale à log k. Si l'apparition des catégories dans le processus de réalité correspond aux proportions $p_1, p_2, ..., p_k$ ($\sum p_i = 1$), alors :

$$H = -\sum p_i \log p_i \,, \qquad (8)$$

où $0 \leq H \leq \log k$. Cette information H n'est cependant pas transmise parfaitement dans le processus observationnel, en raison des erreurs d'attribution des observateurs. Soit le tableau $k \times k$ mentionné plus haut (on peut aussi prendre en approximation le tableau $k \times k$ des codes attribués par les observateurs O_1 et O_2). La statistique G[9], une parente du test Khi-deux d'indépendance, mesure la corrélation entre lignes et colonnes d'un tableau. Soit les fréquences n_{ij} dans le tableau ($1 \leq i,j \leq k$), les totaux de lignes $n_{i.}$, les totaux de colonnes $n_{.j}$ et le grand total $n_{..}$, alors[10] :

$$G = 2\,[\,\sum\sum n_{ij} \log n_{ij} - \sum n_{i.} \log n_{i.} - \sum n_{.j} \log n_{.j} + n_{..} \log n_{..}\,]\,. \qquad (9)$$

La mesure proposée de capacité discriminante (Dr), pour les données d'observation, peut s'obtenir par :

$$Dr = \text{antilog}\,\{\,G/2n_{..}\,\}\,, \qquad (10)$$

cette quantité observant l'inégalité $0 \leq Dr \leq \text{antilog}\, H$. La statistique G est d'ailleurs reliée à la quantité d'*information transmise* $\hat{T}$, par l'équation $G = 2n_{..} \log_e 2\,\hat{T}$.

5.7.2. Validité des données d'évaluation

Des auteurs ont tenté de définir un concept de validité pour les données d'observation. Quant à nous, comme il s'agit de *mesures directes* du phénomène étudié, elles nous semblent valides *per se*, la question de la validité des données ne se posant pas vraiment.

La codification par un observateur J transforme un *processus de réalité* (PR) en un *processus d'observation* $(PO)_J$, soit une séquence $\{O_{t1}, O_{t2}, ...\}_J$ de codes attribués par l'observateur J placé devant PR. On désigne par « fidélité inter-juges », ou *fidélité de consensus*, la conformité entre PO_A et PO_B tels que produits par les observateurs A et B ; la fidélité de vérité du juge A sera la mesure de conformité entre PO_A et PR.

9. Voir P. Black et L. Laurencelle, « Le test G pour les tableaux de fréquences et sa décomposition orthogonale », *Lettres statistiques*, 1987, vol. 8, p. 97-114, ou R.R. Sokal et F.J. Rohlf, *Biometry*, Freeman, 1981.
10. À condition d'utiliser les logarithmes naturels (à base $e = 2{,}71828...$), la statistique G se distribue comme χ^2 avec $(k-1)^2$ degrés de liberté.

Selon nous, il y a lieu de parler de validité, au moins en ce qui concerne les traitements statistiques réalisés sur les PO. Soit un traitement T ; est-ce que T(PO) nous informe sur T(PR), voire est-ce que T(PR) existe ? La question, qui paraît banale, se fonde sur l'abus que font les chercheurs en observation du simple *dénombrement* des unités d'observation et de l'interprétation d'*histogrammes*, appelés parfois *éthogrammes*. Selon nous, le PR est un tout organisé et téléologique (*i.e.* progressant selon une suite de buts), qui se déroule et est observé dans la durée. La compilation des PO doit donc tendre à reconstituer les règles d'organisation, les *conduites*, les chaînes comportementales, en exploitant intelligemment les régularités statistiques qu'ils contiennent. Ce domaine, celui de « l'analyse séquentielle » en éthologie, en est encore à ses débuts.

5.8. L'UTILISATION DES TESTS IMPORTÉS

Les utilisateurs de tests se retrouvent parfois dans le cas d'utiliser un test construit à l'étranger ; le test peut être de langue originale différente et avoir été traduit. Supposons qu'un tel test ait, dans son contexte propre, des qualités démontrées de fidélité, de validité, de distribution et de justesse normative : qu'arrive-t-il à ces qualités dans le contexte de son utilisation actuelle[11] ?

En premier lieu, si le test original était de langue étrangère, il y a lieu de scruter attentivement son *adaptation* dans la langue-culture courante ; dans bien des cas réels, on observe des absurdités.

Par exemple, une question de *connaissance*, dans un test d'intelligence américain, pourrait être : « Which President did abolish slavery in the Union ? », et apparaître en traduction comme : « Quel président américain a aboli l'esclavage dans l'Union ? ». Question de connaissances courantes aux États-Unis, elle devient relativement sophistiquée en francophonie, sans mentionner l'expression « Union » qui au Québec désigne d'abord un syndicat d'ouvriers. Des erreurs de traduction grossière apparaissent souvent, notamment lorsque la traduction se fait dictionnaire en main, c'est-à-dire littéralement. De même, un problème qui consisterait à mettre en ordre six images de la séquence de préparation du manioc, une céréale africaine, serait presque impossible à résoudre en Amérique. De façon générale, les valeurs, symboles, coutumes et habitudes d'une langue-culture ne coïncident que rarement avec ceux d'une autre.

---

11. Le lecteur trouvera une démarche méthodique dans R.J. Vallerand, « Vers une méthodologie de validation transculturelle de questionnaires psychologiques : implications pour la recherche en langue française », *Psychologie canadienne*, 1989, vol. 30, p. 662-680.

La validité dépendra elle aussi de l'équivalence culturelle des contextes ou de la qualité de l'adaptation réalisée ; toutefois, en règle générale, il n'y a guère lieu de s'en inquiéter pour la plupart des tests. C'est le cas aussi pour la fidélité d'un test importé.

La difficulté la plus sérieuse engendrée par l'importation d'un test, quelle qu'en soit la langue originale, ressortit aux caractéristiques de distribution, soit l'*adéquation actuelle du groupe normatif*, celui utilisé dans le contexte original, et la *justesse* des normes (voir aussi §6.12.2). La constitution du groupe normatif, comme on verra au chapitre suivant, est une affaire importante et délicate, et il est très probable que le groupe normatif original ne conviendra pas à la population à laquelle renvoie le contexte de l'utilisation actuelle du test. Même si c'était à peu près le cas, il y a gros à parier que les normes elles-mêmes ne seront pas justes, se révélant systématiquement décalées d'un contexte à l'autre ; elles se décalent assez vite déjà avec le temps dans une même région linguistique et culturelle. La solution la meilleure consiste bien entendu en une adaptation et en une re-standardisation du test. À défaut de cela, l'étude ponctuelle de quelques groupes choisis permettra de vérifier les standards normatifs et de rajuster s'il y a lieu les règles de scoring du test. Si le manuel du test dit seulement que ce dernier « a été adapté pour notre pays », il vaut probablement mieux ne pas l'utiliser du tout !

Exercices

(**C**onceptuel - **N**umérique - **M**athématique | 1 - 2 - 3)

Section 5.2

5.1 [C2] Pour chacune des catégories de mesure énumérées en §5.2.1, déterminer deux instruments, procédés de mesure ou tests, en précisant leur mode d'application. Cela fait, appliquer les critères d'examen énumérés en §5.2.2, en donnant pour chaque critère l'indication : « Ne s'applique pas », « Satisfait pleinement le critère », « Laisse un doute quant à la satisfaction du critère ». Au besoin, ajouter de nouveaux critères spécifiques.

Section 5.4

5.2 [M2] À côté du modèle de la distribution normale, un autre modèle de distribution souvent exploité est le modèle *uniforme*, correspondant par exemple aux centiles, aux systèmes à pointage et à l'erreur de lecture. Une variable du modèle uniforme $U(a,b)$ varie de a à b selon une densité de probabilité $f(X) = 1/(b - a)$. Démontrer que l'espérance (ou moyenne) et la variance d'une variable uniforme standard, pour laquelle $a = 0$ et $b = 1$, sont $\mu = ½$ et $\sigma^2 = 1/12$.

5.3 [M3] Les statistiques d'ordre $X_{(i:n)}$ d'une variable uniforme $U(0,1)$ ont pour espérance : $i/(n + 1)$, pour variance : $i(n - i + 1)/[(n + 1)^2(n + 2)]$ et pour covariance : $i(n - j + 1)/[(n + 1)^2(n + 2)]$, $i < j$[12]. Démontrer que 1) la moyenne, la médiane et la moyenne tronquée d'une variable uniforme sont sans biais et que le biais de X_{max} est $n/(n + 1) - ½$; 2) que la variance et l'EQM de $\bar{X}$ sont également $1/(12n)$; 3) que la variance et l'EQM de Md sont $1/[4(n + 2)]$ ou $n/[4(n + 1)(n + 2)]$ selon que n est impair ou pair ; 4) que la variance de X_{max} est $n/[(n + 1)^2(n + 2)]$, son EQM $(n^3 + n + 2)/[4(n + 1)^2(n + 2)]$; 5) que la variance et l'EQM de la moyenne tronquée X_t sont également $(n^2 + 5n - 12)/[12(n + 2)(n + 1)(n - 2)]$.

12.. H.A. David, *Order Statistics*, Wiley, 1981.

[*Suggestion* : La médiane paire s'obtient selon $\frac{1}{2}(X_{(r)} + X_{(r+1)})$, où $r = \frac{1}{2}n$, et sa variance contient aussi la covariance de ces deux statistiques d'ordre. Quant à $\bar{X}_t$, sa variance peut s'écrire $\text{var}[n\bar{X} - X_{(1)} - X_{(2)}]/(n - 2)^2$, expression qu'il s'agit de développer, substituer puis réduire.]

5.4 [N1] Utilisant les résultats de l'exercice précédent, préparer un tableau de la précision des estimateurs d'une variable uniforme, tel que le tableau 1 pour une variable normale. Comparer et juger les cas où chaque type de variable est avantagé par rapport à l'autre. [*Suggestion* : Standardiser les variances et EQM en les divisant par la variance paramétrique $\sigma^2 = 1/12$.]

5.5 [M2] Utilisant les données de l'exercice 5.3, montrer que, pour une variable uniforme standard, le point milieu, $M = \frac{1}{2}(X_{(1)} + X_{(n)})$, a une variance égale à $1/[2(n + 1)(n + 2)]$, ce qui en fait l'estimateur de valeur centrale le plus précis.

Section 5.5

5.6 [C2] *Mesure de proximité « réalité/idéal »* versus *mesure directe de satisfaction*. L'un des procédés employés pour mesurer « objectivement » la satisfaction d'un client, d'un élève, d'un patient à l'égard d'un produit ou d'une intervention consiste à faire la différence entre un score $X_{\text{idéal}}$, reflétant la grandeur idéalement souhaitée, et un score $X_{\text{réel}}$ reflétant la grandeur constatée, vécue. L'autre procédé, direct, consiste à obtenir du répondant une cote de satisfaction, en exploitant par exemple une échelle de Likert (§4.2.3). Comparer ces deux procédés d'un point de vue métrologique, en utilisant au besoin les résultats de l'exercice 3.17.

Section 5.7

5.7 [C2] L. Guttman (« The test-retest reliability of qualitative data », *Psychometrika*, 1946, vol. 11, p. 81-95) propose une mesure de fidélité pour les données catégorielles[13], basée sur la probabilité modale de réponse d'un sujet à un item, $P_s = \max(P_1, P_2, ..., P_k)$. La *fidélité de l'item* (ρ) dépend alors de la moyenne (α) de ces probabilités modales à travers les sujets, soit :

$$\rho = \frac{k}{k-1}\left(\alpha - \frac{1}{k}\right),$$

k dénotant le nombre de catégories de réponse. Noter que ces probabilités modales ne correspondent pas forcément à la même catégorie de réponse d'un sujet à l'autre. Dénotant par π_i ($1 \le i \le k$) la proportion de sujets choisissant la catégorie i, démontrer l'inégalité $\alpha \ge \max(\pi_i)$ ou $\rho \ge k/(k-1)[\max(\pi_i) - 1/k]$, c'est-à-dire que l'indice de fidélité ρ est inférieurement limité par la proportion modale de réponse.

5.8 [M3] ***(Suite)*** Chaque sujet est mesuré deux fois pour le même item, et γ est la proportion de sujets donnant deux fois la même réponse. Démontrer 1) l'inégalité $\alpha \le \sqrt{\gamma}$; 2) l'inégalité $\alpha \le \frac{1}{k}\{1 + \sqrt{[(k-1)(k\gamma - 1)]}\}$. [*Suggestion* : Pour la première inégalité, utiliser $\gamma \ge E_s P_s^2 \ge (E_s P_s)^2 = \alpha^2$. La preuve de la seconde inégalité est laissée au lecteur.]

5.9 [M2] L'indice de fidélité le plus répandu pour les données d'observation (ou données catégorielles), la proportion d'accords (f_C) entre deux observateurs, est la proportion de cas catégorisés identiquement par les observateurs 1 et 2 à travers les k catégories, soit $f_C = p_{11} + p_{22} + ... + p_{kk}$. J. Cohen (« A coefficient of agreement for nominal scales », *Educational and Psychological Measurement*, 1960, vol. 20, p. 37-46) propose un indice « plus sophistiqué », dans lequel la part du hasard serait enlevée : c'est le coefficient κ (« kappa ») :

13. La fidélité est définie ici comme la probabilité pour une personne de choisir chaque fois une catégorie de réponse identique pour un item donné. Cette définition, d'un mérite évident, est fondée conceptuellement sur la répétition de mesure, *i.e.* sur la ré-obtention d'une réponse d'un sujet dans une condition d'observation identique : peut-être cette teinte conceptuelle explique-t-elle la défaveur, l'oubli dans lequel la littérature a tenu cette approche. Dans l'article cité, Guttman s'ingénie à prouver l'*estimabilité* de ρ à partir d'une seule mesure des sujets.

$$\kappa = \frac{f_C - f_h}{1 - f_h} \quad ;$$

dans cet indice, la quantité f_h représente la proportion d'accords attribuables au hasard et elle s'évalue par la somme $p_{1.}p_{.1} + p_{2.}p_{.2} + ... + p_{k.}p_{.k}$ (ici $p_{i.}$ dénote la proportion d'items catégorisés i par l'observateur 1, et $p_{.i}$ de même par l'observateur 2, tandis que p_{ij} dénote la proportion d'items classés i par l'observateur 1 et simultanément classés j par l'observateur 2). Montrer que, à l'instar du coefficient de corrélation r_{XY}, le coefficient κ rejoint le maximum 1 seulement si les répartitions de catégories ($p_{i.}$ et $p_{.i}$) sont les mêmes d'un observateur à l'autre.

5.10 [M2] Prouver l'approximation en éq. 6 pour un système d'observations à choix aléatoires équiprobables. [*Suggestion* : Soit π_1 et π_2, les capacités des observateurs 1 et 2 à attribuer pour chaque item la catégorie vraie et $\pi_1\pi_2 = (kf_C - 1)/(k - 1)$. Alors, posant $f_V = ½(\pi_1 + \pi_2)$, l'examen de toutes les solutions pour $\pi_1 \neq \pi_2$ montre que la solution exacte pour $\pi_1 = \pi_2$, soit $f_V = \sqrt{[(kf_C - 1)/(k - 1)]}$, et même la solution approximative en éq. 6 conviennent généralement pour $f_C \geq 0{,}50$ et $k \geq 10$.]

5.11 [N2] À partir de quelques exemples numériques, étudier les mérites relatifs de deux indices de discrimination, l'indice δ de Ferguson (défini à l'exercice 3.56) et un autre, soit (antilog H)/k, basé sur la mesure d'information H en éq. 8. Évaluer la corrélation entre ces indices.

5.12 [M2] Par analogie avec la définition donnée en §3.6.6, on peut définir la capacité discriminante d'un système de mesure comportant k catégories comme étant le nombre virtuel équivalent de catégories à pouvoir classificatoire maximal, k^*. Soit les catégories 1, 2, ..., k, leurs fréquences d'occurrence n_1, n_2, etc., et $n = n_1 + n_2 +$ etc. (ces fréquences pouvant être des probabilités) ; montrer que, si l'attribution d'un objet dans une catégorie se fait sans erreur, l'indice peut être calculé par $k^* = n^2 / \sum n_j^2$.

5.13 [M2] Dans un tableau de fréquences $\{ f_{i,j} \}$ d'ordre $k \times k$, où $\sum f_{i,j} = n$, montrer que max $\chi^2 = n(k - 1)$.

5.14 [N2] Une autre façon d'estimer k^*, le nombre de catégories efficaces, à partir d'une matrice de confusion $k \times k$, consiste à évaluer $k^* = \chi^2 \times k / [n(k - 1)]$. Étudier la plausibilité et la sensibilité comparatives de cet indice et de l'indice Dr présenté en éq. 10.

5.15 [C2] [M3] Concevoir une mesure de capacité discriminante pour système catégoriel qui soit une transposition juste du concept élaboré pour les mesures simples et symbolisé par l'équation 3.24.

5.16 [C2] Discuter de l'application des concepts de *validité conceptuelle* et de *validité prédictive* (§3.7.2) au domaine et aux données de l'observation directe, en tentant de les rendre opérationnels, voire de les évaluer.

6 Les normes et leur élaboration

La mesure et l'évaluation sont deux opérations distinctes, la seconde en continuité de la première. Il ne saurait y avoir évaluation sans mesure. Cependant, la mesure est généralement insuffisante et n'a pas d'utilité propre : elle est l'information qui nous permet de porter un jugement sur la personne évaluée. Le jugement évaluatif identifie ou attribue la valeur appropriée d'une mesure en tenant compte du contexte de l'évaluation ; sans ce jugement, la mesure n'est rien d'autre qu'un nombre, résultant de l'application mécanique d'un test ou d'un autre procédé de mesure.

L'évaluation complète d'une personne, telle qu'elle se pratique à l'école (pour les capacités scolaires d'un élève), en clinique psychologique (pour les capacités intellectuelles ou la dynamique émotionnelle d'un patient) ou ailleurs, réclame d'habitude plus d'une mesure et elle constitue en fait un art complexe, qu'on doit apprendre sous supervision et au prix d'une longue expérience. Cette évaluation complète doit tenir compte : 1) du motif immédiat de l'évaluation, c'est-à-dire de ce qui est attendu de l'évaluateur ; 2) des antécédents généraux et particuliers de la personne évaluée ; 3) du contexte actuel de l'évaluation ; 4) des objectifs de l'évaluation ; 5) du degré d'expertise des personnes auxquelles le rapport évaluatif est destiné ; 6) du contexte dans lequel se retrouvera la personne évaluée, après que le rapport évaluatif sera déposé, et des moyens dont le milieu d'appui disposera pour réaliser les recommandations éventuelles du rapport. Chaque champ d'intervention a ses coutumes évaluatives et ses experts ; nous ne nous attarderons pas davantage à ce niveau général. Il importe néanmoins d'insister sur la différence de nature qu'il y a entre « mesurer quelqu'un » et « évaluer quelqu'un », le premier geste étant surtout technique tandis que le second, qui doit englober le premier et comporte ainsi les mêmes exigences techniques, fait appel à un jugement, à une intervention responsable ayant une conséquence sur la vie de la personne évaluée.

Une fois qu'on dispose de la mesure d'une personne, il faut donner une valeur à cette mesure, la *juger* pour ainsi dire, ce qu'on peut faire selon différentes approches. On peut juger de façon absolue, par exemple si le score obtenu atteint un seuil préétabli (comme le 60 % des examens scolaires traditionnels), ou juger selon le rang obtenu parmi l'ensemble des personnes évaluées. L'*interprétation normative* est l'une de ces approches, la plus importante dans le testing des qualités physiques et psychologiques des personnes. Cette approche repose sur une base plus technique que celle des autres approches et elle requiert une préparation plus grande.

Dans ce chapitre, nous passerons en revue les principaux concepts et les techniques de base relatifs à l'interprétation normative des tests, en recourant à un exemple détaillé afin d'illustrer les calculs. De plus, nous tenterons de donner au lecteur l'aperçu de techniques plus avancées, notamment en rapport avec les types de normalisation, la sélection multivariée et le repérage diagnostique.

6.1. LES CONCEPTS DE L'ÉVALUATION NORMATIVE

6.1.1. Mesure *vs* normes ; la standardisation

Quand dans une école, une clinique, une séance de testing pour la sélection d'un personnel ou d'une équipe sportive on évalue une personne, on obtient d'abord une *mesure* de cette personne. Cette mesure est pour nous l'information à partir de laquelle nous voulons prendre une décision sur la personne. Toutefois, comme on l'a vu plus haut, cette information, la mesure, ne nous permet pas à elle seule de *juger* de la valeur, du mérite, de la gravité du problème de la personne. Il faut plus qu'une mesure pour évaluer quelqu'un.

Pour évaluer quelqu'un, en plus de la mesure qui est l'information particulière sur cette personne, il faut un point de repère, un mécanisme de comparaison par lequel nous pourrons « peser », juger, apprécier la valeur de la personne. Le critère de comparaison peut être intrinsèque, comme dans certains cas de l'évaluation pédagogique : on jugera les réponses de l'étudiant selon les réponses attendues et les objectifs de l'enseignement. Dans d'autres cas, il suffira de comparer entre elles les personnes évaluées, afin de retenir par exemple les trois meilleures ou d'écarter la moins bonne ; il s'agirait là d'un critère extrinsèque relatif. Dans l'évaluation normative, on va juger de la valeur de la personne évaluée *en la comparant aux autres membres de la population correspondante.*

L'évaluation normative consiste donc essentiellement à juger de la valeur de l'individu selon la place qu'occupe sa mesure dans l'ensemble des mesures d'autres individus comparables. Dans ce contexte, une personne sera réputée « meilleure » (par exemple « plus intelligente », « plus anxieuse », « ayant une plus grande puissance aérobie ») si une fraction seulement de la population obtient de meilleurs scores, et vice-versa. Les tests à interprétation normative sont ceux qui permettent d'identifier d'une façon ou l'autre la place de l'individu mesuré dans une population de référence.

C'est la **standardisation** qui, pour un test donné, fournit les informations permettant l'interprétation normative. La standardisation consiste à identifier une **population de référence** par rapport à laquelle les personnes évaluées seront comparées, puis à construire dans cette population un échantillon ou **groupe normatif**. Les mesures (ou données) du groupe normatif constituent les **normes** du test ; ces normes peuvent être apprêtées de différentes façons, et dans différents buts, pour en faciliter l'utilisation. Noter que l'expression « normalisation d'un test » est impropre ; la *normalisation* désigne plutôt l'opération par laquelle les données normatives sont transformées mathématiquement pour présenter une distribution *normale*. Nous y reviendrons plus loin.

6.1.2. La population de référence

Par population de référence, on entend l'ensemble des personnes par rapport auxquelles on jugera éventuellement chaque individu mesuré. Ainsi, supposons que l'on s'intéresse à la taille des personnes : il serait absurde de juger la taille d'un enfant de 8 ans, pour déterminer par exemple si sa croissance est « normale », en la comparant à la taille des adultes de sa race, voire à l'ensemble des individus de sa race. Pour identifier la population de référence, on doit donc déterminer des critères d'appartenance et de comparabilité qui conviennent pour un test donné ou pour une interprétation donnée.

Prenons un exemple, que nous garderons tout au long du chapitre. Nous voulons savoir quelle est la capacité physique, l'*endurance organique*, de Robert Chicoine. Pour ce faire, nous utilisons le test de Cooper (12 minutes)[1] : le sujet est placé sur un circuit de course jalonné en mètres,

1. K.H. Cooper, « A mean of assessing maximal oxygen intake », *Journal of the American Medical Association*, 1968, vol. 203, p. 201-204 ; aussi dans TECPA (Tests d'évaluation de la condition physique de l'adulte), Fascicule B-4 : Test de course de 12 minutes de Cooper, Kino-Québec, Gouvernement du Québec, 1981.

et il a pour seule directive de faire la plus grande distance possible en 12 minutes. La distance courue par Robert est 2 322 mètres, soit :

$$X_{RC} = 2\ 322 \text{ m},$$

la distance étant mesurée au mètre près.

> Qu'est-ce que nous apprend cette mesure, soit 2 322 mètres parcourus en 12 minutes, à propos de Robert Chicoine ? Nos connaissances générales nous permettent de formuler trois inférences utiles à partir de ce seul résultat. D'abord Robert est en vie ; ensuite, il a (très probablement) compris les directives (puisqu'il a parcouru 2,3 km) ; enfin, il a plus de capacité que, disons, un enfant de 4 ans. Cette dernière inférence découle de ce qu'on pourrait appeler des *normes implicites*, qui sont souvent mises à contribution en examen clinique, et qui permettent le diagnostic grossier de pathologies importantes.

Ce qu'on veut savoir vraiment, ici, c'est jusqu'à quel point la capacité de Robert, son endurance, est bonne par rapport à ce qu'on pourrait attendre de lui. Pour ce faire, on va le comparer aux personnes de sa catégorie. Or, qui est Robert Chicoine ? C'est un étudiant universitaire (mâle) de 22 ans, un Québécois de souche. À qui comparerons-nous cette personne ?

Dans l'exemple du test de Cooper (12 min) comme dans d'autres, l'identification de la population de référence peut être délicate. Ainsi, nous pourrions vouloir situer Robert Chicoine : – par rapport à tous les adultes québécois, ou tous les adultes nord-américains ; – par rapport aux adultes mâles ; – par rapport aux étudiants universitaires mâles ; – par rapport aux mâles de 20 à 24 ans ; – par rapport aux membres de la Ligue de hockey universitaire du Québec (LHUQ), etc. Dans chaque cas, il y aurait de bonnes raisons d'opter pour la population désignée. Robert Chicoine peut être évalué dans un contexte de recrutement dans la LHUQ, et on voudrait savoir s'il tient la comparaison avec ses futurs coéquipiers.

En pratique, deux considérations viennent réduire l'ampleur du problème pour l'identification de la population de référence. La première considération concerne le coût de chaque standardisation. D'un côté, l'utilisateur du test ne peut que se contenter des normes disponibles, c'est-à-dire des populations que le concepteur du test a lui-même identifiées et recensées. De l'autre côté, le concepteur de tests, même s'il le souhaitait, ne peut mesurer toutes les populations et sous-populations potentiellement intéressantes ; il n'en a ni les moyens ni le temps. Une population de référence qui est définie très précisément (pour l'exemple ci-dessus, les membres de la LHUQ ou les étudiants universitaires) ne pourra servir que dans des contextes d'évaluation particuliers. Le concepteur tendra plutôt à identifier sa population largement, afin de satisfaire en même temps et approximativement un grand nombre de contextes d'évaluation. La deuxième considération tient à la nature même du jugement évaluatif : quelle portée veut-on donner au jugement, à la comparaison qu'on va faire à propos de l'individu évalué ?

> On veut recruter Robert Chicoine dans une équipe de la LHUQ ; donc, dirions-nous, comparons-le aux équipiers (qui sont aussi étudiants universitaires, mâles) de 22 ans. Dans une telle comparaison, la valeur relative de Robert Chicoine dans l'équipe serait déterminée, mais il nous serait difficile de nous prononcer sur le niveau véritable d'endurance organique de Robert : ce niveau pourrait être moyen ou faible par rapport aux normes de la LHUQ, tout en étant très élevé par rapport à celui des Québécois adultes, par exemple.

> La trop grande spécificité de la population de référence peut être illustrée par un cas célèbre au Québec : celui des tests de rendement en mathématique et en français à la Commission scolaire XY. Le service informatique de la commission scolaire étant bien préparé pour cela, il était possible de faire passer les tests (au primaire), de les dépouiller, de les enregistrer dans l'ordinateur, d'obtenir des normes et d'appliquer ces normes aux élèves mêmes qui en avaient fourni les données. De cette manière, par la définition même des normes, une fraction déterminée (connue d'avance) d'élèves se voyait classée dans une catégorie « incompétents », quelle que fût la valeur absolue de leurs scores aux tests de rendement. En fait, les « normes » obtenues chez ces élèves auraient dû n'être utilisées que pour d'autres élèves, préférablement une ou deux années après l'obtention des données normatives.

Dans la plupart des cas, il est souhaitable de respecter une distance critique, un *rapport d'appartenance global* (plutôt qu'immédiat) entre la personne évaluée et la population de référence. Afin que le jugement évaluatif qu'on donne ait une portée assez générale, on préférera donc exploiter une population normative moins spécifique, définie par des critères plus larges.

> Certains contextes d'évaluation exigent qu'on utilise des populations spécifiques : normes pédiatriques de développement physique, échelles de diagnostic psychiatrique (où chaque type de malade psychiatrique doit être répertorié), test d'aptitude en architecture, etc. Bien qu'à un niveau plus spécifique, le concept de *rapport global d'appartenance* reste valable et devrait être appliqué.

6.1.3. Le groupe normatif

Dans la plupart des cas il est impossible de mesurer toute la population de référence. On en mesurera plutôt un échantillon, qui tient lieu de la population correspondante et qui est appelé *groupe normatif.* Chaque membre du groupe normatif sera mesuré ; l'ensemble des mesures ainsi obtenues constitue les *données normatives* du test.

Sélection du groupe normatif. La population de référence ayant été définie par certains critères, ce sont les mêmes critères qui servent à décider de l'admissibilité d'une personne dans le groupe normatif. Parmi les personnes admissibles, le procédé idéal est de tirer les noms au hasard, mais toute autre méthode non biaisante peut être employée.

Se méfier en particulier de l'échantillonnage accidentel, où l'on accepte les premiers venus, les amis, les parents, de même que de l'échantillonnage en grappes (*e.g.* toute une classe d'élèves à la fois, tous les patients d'un hôpital). L'échantillonnage en grappes, presque inévitable dans plusieurs cas, est truffé de problèmes de toutes sortes (étendue et variance réduites ; covariances positives ; non-représentativité) qui peuvent mettre en péril la validité des données obtenues.

Taille du groupe normatif. Le groupe normatif est en fait un **échantillon représentatif** (de la population de référence) ; de plus, il doit être de **taille suffisante** pour reconstituer approximativement la *distribution* des mesures dans la population. La condition de *représentativité* stipule que chaque élément de la population identifiée doit avoir une chance égale d'apparaître dans le groupe ; de plus, chaque minorité significative, identifiée dans la population, doit apparaître à sa juste proportion dans l'échantillon. En outre, pour la plupart des types de normes à produire, il faut ajouter à la condition de représentativité une condition de *taille suffisante* ; cette condition peut signifier qu'on multiplie par 10, parfois par 20 ou 50, la taille convenue pour répondre au seul critère de représentativité.

Dans un sondage ou une enquête d'opinion, on a recours à un *échantillon représentatif* pour déterminer l'opinion, la préférence, le choix global des gens : nous nous contentons alors d'une mesure de tendance centrale (« proportion des gens en faveur du Gouvernement », « nombre moyen de cigarettes fumées, par jour », etc.), pour laquelle un certain nombre de mesures est suffisant.

Selon un théorème d'algèbre statistique, la variance d'une moyenne est inversement proportionnelle au nombre de données moyennées, soit :

$$\text{var}(\bar{x}) = \text{var}(x)/n\,, \tag{1}$$

résultat qui rejoint aussi le sens commun. On retrouve une application de ce théorème dans les enquêtes d'opinion, pour lesquelles on rapporte souvent la précision des résultats. On dira par exemple que 32 % des gens interrogés sont en faveur du projet de loi mentionné, selon une erreur de ± 5 %, 1 fois sur 20. Ce calcul provient de la variance d'une proportion (la proportion étant elle-même une moyenne), soit $\text{var}(p) = P(1 - P)/n$, où P est la proportion réelle dans la population. Or, on sait que $P(1 - P) \leq 0{,}25$ et $\sigma_p^2 = \text{var}(p) \leq 1/(4n)$; selon la distribution normale, la vraie valeur P se situe dans $\{p - 2\sigma_p, p + 2\sigma_p\}$ à peu près 19 fois sur 20, d'où P se situera dans $\{p - 1/\sqrt{n}, p + 1/\sqrt{n}\}$

à peu près 19 fois sur 20^2. Pour obtenir une précision de ± 1 %, *i.e.* ± 0,01, il faudrait donc $n = 1/0{,}01^2 = 10\,000$ données.

Ainsi, dans une sous-population homogène, on obtient une précision relative de 80 % avec seulement 25 mesures indépendantes, de 90 % avec 100 mesures indépendantes[3, 4].

Pour établir des normes, par contre, il ne suffit pas de déterminer la tendance centrale, mais bien toutes les zones de mesure dans la population afin de pouvoir situer chaque personne évaluée à sa place précise dans la distribution globale. L'exigence de taille est encore plus forte pour les normes diagnostiques, où l'on s'intéresse particulièrement aux données extrêmes, peut-être « anormales », de la population.

La précision applicable à l'évaluation normative concerne un individu, spécifiquement la place qu'occupe la personne évaluée dans l'ensemble des données normatives ; nous ne nous intéressons plus au niveau moyen de la population, et la formule (1) sur la variance d'une moyenne ne s'applique pas ici.

Soit n, la taille du groupe normatif, et $x_1, x_2, ..., x_n$ l'ensemble des données normatives. Le but est ici de situer un score obtenu, disons X, dans cet ensemble, et la précision qui nous concerne est celle des données successives de l'ensemble normatif $x_{(1)}$, $x_{(2)}$, etc., jusqu'à

2. Étant donné le caractère hautement approximatif de cette estimation, il n'est pas requis d'utiliser un langage plus précis dans la formulation de ces calculs [par exemple, la probabilité qu'une variable normale occupe l'intervalle central $\{-2\sigma, +2\sigma\}$ est 0,9545, plutôt que 19/20 ou 0,95]. Voir l'exercice 6.4.
3. La mesure de précision relative est donnée comme le pourcentage de réduction de l'erreur type de la moyenne (ou de la proportion), soit $100[\sigma - \sigma(\overline{x})] \div \sigma = 100\,(1 - 1/\sqrt{n})$.
4. Pour obtenir la précision indiquée, il importe que les données considérées soient *échantillonnalement indépendantes* : seul l'échantillonnage au hasard garantit une telle collecte de données indépendantes. Dans le cas d'un échantillonnage *en grappes* par exemple, les éléments d'échantillons font partie d'un groupe ou de quelques groupes (*e.g.* classes d'élèves, patients d'un hôpital, étudiants d'une même discipline). Cette situation correspond ordinairement à de la corrélation positive entre leurs données : ainsi, les éléments d'une même grappe auront une variance moindre que les éléments comparés d'une grappe à l'autre. La formule générale de la variance d'une moyenne est :

$$var\,(\overline{x}) = \frac{\sigma^2}{n}\left[1 + (n - 1)\rho\right],$$

où ρ représente l'intercorrélation moyenne entre les données x_i ; à la limite, si $\rho \to 1$, $\mathrm{var}(\overline{x}) \to \sigma^2$, c'est-à-dire qu'alors la moyenne de n données ne serait pas plus précise que chacune des données intercorrélées. La formule ci-dessus identifie très bien l'effet pernicieux, et souvent peu perceptible, de l'échantillonnage en grappes.

$x_{(n)}$, données appelées les statistiques d'ordre. Supposons que $x_{(j)} < X \leq x_{(j+1)}$, c'est-à-dire que X dépasse la j^e donnée ; on sait alors que la personne de mesure X fait partie des $100(n - j)/n$ % personnes les plus fortes dans la population normative, *sous réserve de la précision de la statistique d'ordre* $x_{(j)}$.

La variance d'une statistique d'ordre $x_{(j:n)}$ ou $x_{(j)}$, difficile à évaluer en général, peut être approchée par :

$$\mathrm{var}[x_{(j)}] = \frac{\sigma^2}{n} \times \frac{P_j(1 - P_j)}{\left[f(x_{(j)})\right]^2}, \tag{2}$$

où $P_j = j/(n + 1)$ et $f(x)$ est la densité de probabilité (ou ordonnée) de la loi de distribution de x à la valeur $x_{(j)}$; nous supposerons ici que f est la loi normale, soit $f(x) = \exp(-x^2/2)/\surd(2\pi)$. La précision la plus grande se situe alors à la *médiane* de la distribution, *i.e.* vis-à-vis de la moyenne ; la variance de $x = \mu$ est approximativement $1{,}57\sigma^2/n$, soit 1,57 fois celle de la moyenne. Pour une donnée située à +1 écart type de la moyenne, soit $x = \mu + \sigma$, la variance est 2,28 fois celle de la moyenne, et elle est 7,64 fois celle de la moyenne pour $x = \mu + 2\sigma$. Dans ce dernier cas, par exemple, il faudrait 764 données pour gagner une précision relative de 90 %, alors qu'il suffit de 100 données dans le cas de la moyenne arithmétique. L'étendue des normes et, en fait, la nécessité de discriminer des personnes situées aux extrémités (supérieure ou inférieure) d'une population dicteront le nombre minimal suffisant de sujets à recruter dans le groupe normatif.

6.1.4. Les données normatives

Une fois les critères convenus pour identifier la population de référence et les décisions prises sur la taille et la modalité de sélection du groupe normatif, on mesure chaque membre du groupe, obtenant ainsi les *données normatives*.

Le tableau 1 présente des données normatives fictives, pour le test de Cooper (12 min). Les étudiants universitaires masculins, de 25 ans et moins, constituent la population de référence. Un groupe de 283 étudiants masculins a été sélectionné à partir des listes publiées dans chaque campus universitaire. Les mesures ont été prises l'été, à l'extérieur, sur des pistes de 400 mètres. La figure 1 présente un histogramme des données, bâti à partir d'intervalles de 100 mètres.

Les colonnes d'en-tête au tableau de *distribution de fréquences* sont : la classe (groupe de mesures à inclure dans une cellule de l'histogramme) ; la fréquence (f, nombre de mesures comptées dans la classe) ; le point milieu (M) de la classe (évalué entre les bornes réelles, *e.g.* entre 1600 - ½ et 1699 + ½) ; la fréquence cumulative (fc) interpolée au point milieu de la classe ; le pourcentage cumulatif (%cum) correspondant.

TABLEAU 1. Distances (en mètres) de 283 étudiants universitaires masculins au test de 12 minutes de Cooper (données fictives)

2429	2485	2301	3044	2442	2440	2064	2375	2343	1826
2252	3105	1946	2679	2964	2218	2064	1983	1655	2389
2807	2455	2031	2139	1941	2345	2488	2612	2900	2452
2077	2464	2336	1891	2192	2484	1967	2429	4253	2445
2220	2025	2322	2401	3108	2098	2579	1741	2799	2261
2169	1959	2164	1991	2051	2059	2867	2496	2232	2626
2002	2315	1765	1784	2199	1681	2260	2235	2248	1965
2565	2051	2328	2087	2010	2490	1892	2464	1780	2340
2489	2190	2059	2039	2418	2488	2446	2218	2401	2354
2310	2623	1986	2282	2731	2349	2341	2362	1814	2467
2081	2094	2799	2428	2265	2013	3013	2462	2569	2010
1897	2478	1969	1997	2288	2103	2299	2737	2032	2058
1970	2186	2230	1984	2857	2295	2198	1875	2108	2124
2057	2397	2349	2357	2400	2646	2935	2469	2122	2062
2658	2581	2323	2114	2111	1937	2374	2454	1893	2106
2193	2504	2369	2295	2269	2217	1972	2294	2588	1831
2158	2431	1827	2064	1949	2317	2221	1997	2278	1820
1849	2347	2751	2169	2582	2490	2538	2062	2137	2047
2440	2969	2160	2285	2333	2167	2229	1880	2164	2210
2040	2050	2260	1868	2097	2431	1945	2521	2398	2066
2254	2673	2272	2803	1752	2098	2308	1962	1904	2507
1786	2359	2274	1838	2757	1960	2160	2418	2329	2025
2443	2177	1824	2333	1997	1768	2597	2321	2020	2312
2153	2323	2292	2714	2291	2034	2149	2038	2186	2225
2007	2160	2859	1843	2474	2041	2335	1896	2218	2384
2007	2187	2766	2670	2147	2287	1874	2311	2548	1795
1955	2179	2094	2036	2299	2312	2845	1895	2203	1979
2196	1998	2386	2328	2583	2372	2192	2075	2611	2344
2122	2057	1797							

Notre sujet, Robert Chicoine, obtenait un score de X = 2 322 m au test de Cooper. Pour apprécier ce score, on peut donc le comparer aux scores de la population correspondante, en fait aux données du tableau 1. Comparativement à ces données, comment Robert s'en est-il tiré ?

6.2. LES TYPES DE NORMES ET LEUR CONSTRUCTION

Le principe de l'évaluation normative, c'est de juger une personne en comparant sa mesure aux mesures d'individus comparables dans la population. Cette comparaison, telle quelle, n'est toutefois pas commode lorsqu'on est en présence de centaines, voire de milliers de mesures issues du groupe normatif. Pour faciliter la comparaison et permettre le jugement évaluatif, on va transformer les données normatives en *normes* proprement dites. Les normes devront avoir une forme plus simple, être directement interprétables, être compactes. On peut distinguer quatre grandes catégories de normes, selon la forme qu'elles présentent : I- Moyennes ou seuils, II- Échelles linéaires, III- Échelles centiles, IV- Échelles normalisées. Les autres formes, comme les normes de développement, les normes diagnostiques, les échelles prénormalisées, sont des applications ou des variantes avancées d'une des catégories mentionnées : nous examinerons les plus importantes plus loin, aux sections 6.7 à 6.11.

FIGURE 1. Histogramme des 283 distances (en mètres) au test de Cooper (12 min)

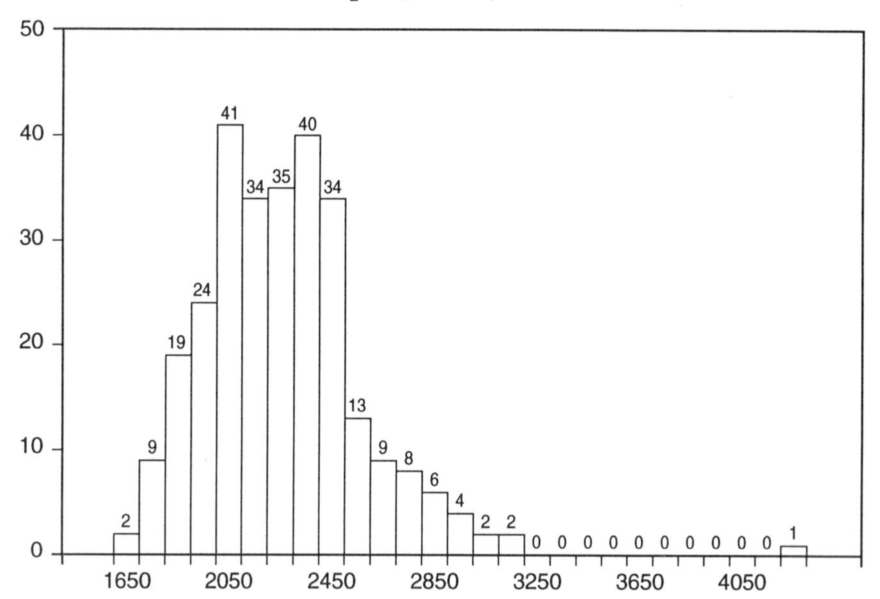

Nous étudierons à présent les quatre catégories de normes de base, en appuyant nos propos sur les données (fictives) de notre exemple, le test de Cooper (12 min). En plus de concrétiser les concepts, cet exemple donnera l'occasion de réflexions pratiques sur le traitement statistique de données réelles.

Le tableau 1, constitué de 283 nombres représentant les distances courues par autant de sujets durant les 12 minutes du test de Cooper, n'est pas facile à lire synthétiquement. La figure 1, de même que la distribution de fréquences correspondante, au tableau 2, nous aide à percevoir et à faire ressortir les caractères saillants de cet ensemble de données.

TABLEAU 2. **Distribution des fréquences simples (f) et cumulatives (fc) des distances (en mètres) pour 283 étudiants masculins au test de 12 minutes de Cooper (données fictives)**

Classe	f	M	fc	%cum
1600-1699	2	1650	1,0	0,35
1700-1799	9	1750	6,5	2,29
1800-1899	19	1850	20,5	7,24
1900-1999	24	1950	42,0	14,84
2000-2099	41	2050	74,5	26,33
2100-2199	34	2150	112,0	39,58
2200-2299	35	2250	146,5	51,77
2300-2399	40	2350	184,0	65,02
2400-2499	34	2450	221,0	78,09
2500-2599	13	2550	244,5	86,40
2600-2699	9	2650	255,5	90,28
2700-2799	8	2750	264,0	93,29
2800-2899	6	2850	271,0	95,76
2900-2999	4	2950	276,0	97,53
3000-3099	2	3050	279,0	98,59
3100-3199	2	3150	281,0	99,29
3200-3299	0	3250	282,0	99,65
4200-4299	1	4250	282,5	99,82

La donnée minimale, ou distance la plus courte, est $X_{(1)} = 1655$; la plus grande est $X_{(n)} = 4253$, une distance remarquable. L'histogramme montre cependant que ce maximum est quelque peu excessif ; en effet, le maximum suivant ($X_{(n-1)}$) tombe à 3108, ce qui fait ressortir le caractère exceptionnel, quasi surhumain, du maximum 4253. Il pourrait s'agir ici d'une mesure aberrante, résultant par exemple d'une erreur de transcription : « 2453 » serait devenu « 4253 ». Vraisemblablement, c'est la mesure d'un individu exceptionnel, qui s'est trouvé accidentellement mêlé au groupe normatif : il est apparent que cet individu ne cadre pas dans le groupe ni dans la population de référence. Aussi faudra-t-il être prudent, voire prendre des précautions mathématiques particulières, pour éviter que les normes ne soient indûment affectées par ce résultat.

En général, la figure 1 montre une distribution de type courant : elle est unimodale (présentant un renflement vers le centre), et les fréquences décroissent pour des valeurs plus faibles et plus fortes de la variable X. On note une légère asymétrie positive (la décroissance de part et d'autre du *mode* n'est pas équivalente, de sorte que la distribution présente une aile plus avancée vers la droite, vers les valeurs plus fortes, d'où la qualification d'asymétrie positive).

On retrouve cette forme de distribution assez régulièrement, dans le cas de variables positives (la distance, le temps, la quantité), le modèle de référence étant la loi « lognormale » (plutôt que la loi normale). Une variable X est dite *lognormale* si une autre variable, disons Y, obtenue par :

$$Y = \log_e(X - X_o),$$

se distribue selon la loi normale avec moyenne μ_Y et variance σ_Y^2. Les paramètres X_o, μ_Y et σ_Y^2 de la loi normale sous-jacente sont reliés aux paramètres μ_X, σ_X^2 et X_o de la loi lognormale, ce qui permet leur estimation[5].

L'identification de la forme de la distribution et surtout sa confirmation par un critère statistique rigoureux permettent d'élaborer des normes basées sur le modèle mathématique de distribution, plutôt que seulement sur les données. Nous reviendrons plus loin (§6.8) aux détails de cette approche. [La formation des colonnes « fc » et « %cum » au tableau 2 ainsi que le calcul des centiles à partir des données groupées sont expliqués à la section 2.2 de cet ouvrage.]

6.3. CATÉGORIE I : MOYENNES ET SEUILS

La norme la plus simple est constituée d'un nombre unique, qui caractérise la population de référence : c'est le plus souvent la moyenne (*i.e.* moyenne

5. Pour des informations complémentaires sur ce sujet, voir N.L. Johnson et S. Kotz, *Distributions in Statistics, Continuous univariate distributions*, (vol. 1), Houghton-Mifflin, 1972.

arithmétique) ou bien un centile particulier. De savoir qu'un score se situe en dessous ou au-dessus de la moyenne nous permet une catégorisation grossière de l'individu, un premier pas vers son évaluation. Par ailleurs, dans le cas de tests de développement, telles les échelles d'âge mental, on utilise souvent pour norme le centile 75, C_{75}, afin de classer l'individu : quelqu'un à évaluer sera classé d'âge mental « 8 ans » si son score atteint le centile 75 de la population de 8 ans sans toutefois atteindre celui de 9 ans, *i.e.* si $C_{75}(8) \leq X < C_{75}(9)$. Notons que, même lorsque la moyenne est proposée comme norme d'un test, elle est utilisée, c'est-à-dire interprétée, comme une médiane : « être au-dessus de la moyenne » signifie couramment « faire partie de la moitié supérieure de la population ». Cette signification implicite n'est pas toujours valide ; elle est démentie dans les nombreux cas où la distribution des scores dans la population est asymétrique[6]. C'est donc dire que, sauf dans le cas d'une distribution symétrique avérée, la médiane (Md) devrait être préférée à la moyenne ($\bar{x}$) comme norme centrale.

Pour notre exemple, l'examen préalable des $n = 283$ données a fait apparaître une donnée extrême qu'on peut difficilement intégrer à l'ensemble ; il s'agit du score maximal $X_{(n)} = 4253$. Les indices statistiques linéaires (basés sur des sommations), tels la moyenne et l'écart type, sont fortement affectés, c'est-à-dire contaminés, par les données aberrantes. C'est pourquoi nous allons présenter différents calculs et différentes sortes d'indices statistiques dans le but d'illustrer le problème, de faire voir le danger d'un recours irréfléchi à des recettes toutes faites et d'indiquer quelques moyens possibles de s'en tirer.

TOUTES LES DONNÉES BRUTES. Les 283 données brutes ont une moyenne ($\bar{x}$) de 2260,97 et un écart type (s_x) de 308,00[7]. La médiane (Md) est 2235,00 et $C_{75} = 2431{,}00$. L'écart médian (EM ; voir section 2.1.8), une statistique de dispersion comme l'écart type mais basée sur une procédure de calcul robuste, est égal à 287,63. La présence de la donnée aberrante $X_{(n)} = 4253$ accroît un peu la moyenne et enfle sérieusement l'écart type.

DONNÉES BRUTES, MOINS LA DONNÉE $X_{(N)}$ ABERRANTE. Ayant jugé la donnée $X_{(n)} = 4253$ comme aberrante et décidant de l'écarter, on peut reprendre les calculs. On obtient maintenant, avec $n = 282$ données,

6. Dans une distribution asymétrique, les trois indices de position que sont mode (Mo), médiane (Md) et moyenne arithmétique ($\bar{x}$) observent l'inégalité « Mo < Md < $\bar{x}$ » pour l'asymétrie positive, et l'inégalité opposée, « Mo > Md > $\bar{x}$ », pour l'asymétrie négative. Les trois s'égalisent seulement dans une distribution symétrique, comme c'est le cas de la distribution normale.
7. Pour référence, les indices d'asymétrie et de voussure (ou aplatissement) sont $g_1 = 1{,}314$ et $g_2 = 5{,}487$ respectivement.

$\overline{x}$ = 2253,90 et s_x = 284,65[8]. Quant aux indices centiles, on a Md = 2233,50, C_{75} = 2429,50 et EM = 288,37.

DONNÉES GROUPÉES (COMPLÈTES). Pour effectuer les calculs, on peut utiliser aussi les données de la distribution de fréquences, au tableau 2, soit les *données groupées*. Moyenne et écart type sont obtenus comme d'habitude, hormis que toutes les données classées dans un intervalle sont représentées par le point milieu (M) de cet intervalle. Ainsi, pour trouver la moyenne, on calcule d'abord $\sum x = \sum fM = 2 \times 1650 + 9 \times 1750 + ... + 1 \times 4250$, et ainsi de suite. Les résultats sont $\overline{x}$ = 2257,07 et s_x = 312,43[9, 10]. Quant aux centiles, on obtient Md = 2235,51 et C_{75} = 2426,35. L'indice classique de dispersion (σ^* ; voir §2.1.8, REMARQUE) basé sur les centiles, soit $\sigma^* = 0{,}7413\ (C_{75} - C_{25})$, donne ici 287,54.

DONNÉES GROUPÉES, MOINS LA DONNÉE $X_{(N)}$ ABERRANTE. Écartant la donnée aberrante 4253, les calculs donnent cette fois $\overline{x}$ = 2250,00 et s_x = 289,44[11]. Nous obtenons aussi Md = 2234,06, C_{75} = 2424,32 et σ^* = 286,61.

Bien sûr, ces calculs ne sont pas tous nécessaires. Le lecteur aura remarqué que les indices centiles (Md sur données brutes ou groupées, EM, σ^*, C_{75}) sont peu ou pas affectés par la donnée aberrante $X_{(n)}$ = 4253. Par ailleurs, l'élimination de $X_{(n)}$ a pour effet de rapprocher les indices linéaires ($\overline{x}$, s_x) de leurs contreparties centiles.

Que faut-il retenir de tout cela ? En premier lieu, il importe d'examiner attentivement les données reçues pour en éliminer les erreurs grossières ou y repérer, comme ici, le résultat d'un individu hors pair. Deuxièmement, il appert que les indices centiles, en particulier la médiane (Md) et l'écart médian (EM), sont des estimateurs robustes de la position (ou tendance centrale) des données et de leur dispersion ; même appliqués à un ensemble de mesures contenant une donnée aberrante (voire plusieurs

8. Notons les indices g_1 = 0,524 et g_2 = 0,157, basés sur n = 282 données. Le lecteur remarquera que l'effet d'une donnée aberrante sur un indice statistique varie avec le *degré* de l'indice statistique. Ainsi, la moyenne est de degré 1 (*i.e.* basée sur les x_i), l'écart type de degré 2 (sur les x_i^2), g_1 et g_2 de degrés 3 et 4 respectivement. La variance de ces indices ($\overline{x}$, s_x, g_1, g_2) suit la même progression.

9. L'écart type calculé sur des données groupées, utilisant un intervalle de classe de longueur L, est positivement biaisé ; pour enlever ce biais, on applique parfois la correction de Sheppard, $\sqrt{[s_x^2 - L^2/12]}$, *i.e.* $\sqrt{[312{,}43^2 - 100^2/12]} \approx 311{,}09$. Dans le cas présent, la donnée aberrante a un effet substantiellement plus grand que celui de l'intervalle de classe.

10. Notons aussi g_1 = 1,284 et g_2 = 5,223 [des corrections de Sheppard s'appliquent aussi à ces indices].

11. Notons cette fois g_1 = 0,530 et g_2 = 0,227. L'écart type incorporant la correction de Sheppard (voir note 9) est égal à 288,00.

données), ces indices reflètent adéquatement les caractéristiques d'ensemble de la distribution. Enfin, dans le cas présent, la mise à l'écart de la donnée aberrante, $X_{(n)} = 4253$, permet d'obtenir une moyenne ($\overline{x} = 2253{,}90$) et un écart type ($s_x = 284{,}65$) valables, basés sur les 282 données brutes restantes ; ce sont les indices que nous utiliserons au besoin, par la suite.

Robert Chicoine, avec son score X de 2322, donne une performance supérieure à la moyenne normative (= 2253,90), ce qui le classe au moins au niveau d'aptitude des étudiants universitaires québécois (de 25 ans ou moins)[12].

6.4. CATÉGORIE II : ÉCHELLES LINÉAIRES

Un seuil, une moyenne ne sont généralement pas suffisants pour qu'on se prononce sur la personne mesurée, pour qu'on l'évalue ; ces indices ne permettent pas de déterminer, même approximativement, la place de la personne dans la population de référence. Parmi les moyens disponibles pour déterminer cette place, les échelles linéaires constituent les plus simples ; l'échelle *Z* et l'échelle *T* linéaire sont les plus populaires.

Les scores *Z* et *T* linéaires prennent leur dénomination « linéaire » en raison de la méthode employée pour les obtenir. Il s'agit en fait d'une transformation linéaire, de type « $X' = bX + a$ », qui change l'origine et la dispersion (l'écart type) des données sans modifier pourtant la *forme* de la distribution.

L'échelle Z. Qui n'a pas entendu parler de la cote *Z* (aussi appelée « écart réduit »[13]), qui apparaît souvent en statistique et qu'on utilise aussi pour caractériser l'aptitude scolaire des étudiants de niveau collégial[14] ?

---

12. D'après le seuil C_{75} (= 2429,50) de cette population, notre Robert ne se classerait pas vraiment à ce niveau d'aptitude. Remarquer que, le plus souvent, les normes de seuils, tel le C_{75}, s'appliquent avant tout aux *tests papier-crayon* ; pour ces tests, le critère d'avoir réussi autant d'items que 75 % (par exemple) de la population de référence d'un niveau donné nous assure que le candidat à évaluer est fermement parvenu à ce niveau d'aptitude (alors que les chances de classement au hasard apparaîtraient plus grandes au seuil de 50 % (= médiane) ou à la moyenne. On n'a pas coutume d'utiliser les normes en seuils pour les *tests physiques*.
13. Certains auteurs emploient aussi « score standard », transposé littéralement de l'anglais « *standard score* ».
14. Le dossier scolaire de l'étudiant du collégial présente, pour chaque cours suivi, une cote de rendement collégial (CRC) basée essentiellement sur la cote *Z*, calculée par l'équation (3) à la page suivante et utilisant la moyenne et l'écart type des notes (de 50 % ou plus) du *groupe-classe*. Les universités québécoises, aux fins de la décision d'admission, compilent un score CRC global à partir de ces cotes, par exemple une simple moyenne de toutes les cotes [communication personnelle de Fernand Boucher, Ph.D., Université de Montréal].

En fait, supposons que notre sujet, Robert Chicoine, obtient un résultat au-dessus de la moyenne : la première question qui nous intéressera sera de savoir s'il est « très au-dessus » de la moyenne, ou « juste un peu au-dessus ». La réponse à cette question sera d'un grand poids dans notre jugement évaluatif. Cependant la différence ($X_{RC} - \overline{x}$), quelle que soit sa valeur, n'indique pas à elle seule combien ou combien peu elle est importante. Pour mesurer l'importance de cette différence, il faut la comparer à un étalon, une différence type : l'écart type est l'étalon voulu. Le score Z sera alors défini comme :

$$Z = (X - \overline{x}) / s_x \; ; \qquad (3)$$

le score Z indique donc de combien le score X obtenu s'écarte de la moyenne *en unités d'écart type*. Dans une distribution de scores ressemblant à la loi normale, on retrouve environ les deux tiers (68,26 %) des scores en-dedans d'un écart type de la moyenne (*i.e.* de $Z = -1$ à $Z = +1$) ; 95 % en-dedans de deux écarts types, plus de 99 % en-dedans de trois écarts types. Ces indications probabilistes peuvent être irréalistes si l'on a affaire à une distribution sensiblement non normale.

Robert Chicoine, avec X = 2322, *obtient une cote* Z = (2322 - 2253,90)/ 284,65 ≈ 0,24 ; *cette cote est légèrement supérieure à la moyenne, ce qui permet d'affirmer que Robert se classe à peu près dans la moyenne de la population de référence.*

L'échelle T linéaire. L'échelle T linéaire est une autre transformation simple du score X observé, et elle est dotée d'une moyenne imposée de 50 et d'un écart type de 10. La formule de conversion est :

$$T = Z_x 10 + 50 \qquad (4a)$$

$$= \left(\frac{10}{s_x} \right) X + \left(50 - \frac{10\overline{x}}{s_x} \right) \; ; \qquad (4b)$$

on ne conserve pas de partie décimale dans un score T ; au besoin, on l'arrondit à l'entier le plus proche. Tout en équivalant mathématiquement à l'échelle Z, l'échelle T présente deux avantages sur la première : les scores T sont tous *positifs* et *entiers*, ce qui en facilite l'utilisation. L'échelle T linéaire se retrouve aussi bien dans les tests psychologiques (comme l'inventaire de personnalité MMPI) que dans des tests de condition ou d'habileté physique, etc.

Pour sa performance, Robert Chicoine obtient un T de 0,24 × 10 + 50 = 52,4 ≈ 52 (ou bien T = 0,0351 × 2322 - 29,2 = 52,302 ≈ 52). Le T étant bien proche de la moyenne théorique de 50, on peut conclure (encore) que la performance de Robert se classe dans la moyenne de sa population de référence.

Rien de plus facile, comme on voit, que de définir une nouvelle échelle linéaire, en spécifiant simplement la moyenne théorique (μ) et l'écart type théorique (σ), et en appliquant la transformation « $Z_x\sigma + \mu$ ». Il y a, en plus de la facilité d'interprétation, un autre avantage à un score transformé : c'est que, à partir de deux mesures du même individu, comme X et Y, on peut combiner au besoin les scores transformés, en faisant par exemple « $\frac{1}{2}(T_X + T_Y)$ », ce qui serait absurde avec les mesures originales X et Y (pourquoi serait-ce absurde ?). N'oublions pas toutefois que la transformation linéaire garde inchangée la forme de la distribution : si, au départ, la distribution X est très allongée à droite, le résultat de n'importe quelle transformation « bX + a » aura la même allure, ce qui peut rendre l'interprétation d'un score épineuse.

Supposons par exemple que Jacques, un autre étudiant universitaire, court une distance X = 2813 m au test de Cooper. Il obtiendra un T = 0,0351 × 2813 – 29,2 = 69,54 ≈ 70, un très bon résultat en général. À deux unités d'écart type au-dessus de la moyenne, cette valeur T indiquerait un percentile de 98, montrant que Jacques fait partie des 2 % les plus performants de la population. Sans qu'on fasse explicitement cette interprétation en percentile, un T aussi fort que 70 est vu comme important : c'est la valeur-seuil à partir de laquelle on s'inquiète de la personnalité d'un patient au test MMPI. Or, si la distribution des scores était marquée d'une forte asymétrie, un T de 70 pourrait ne rien avoir d'exceptionnel : il peut arriver qu'un tel score (linéaire) corresponde à un percentile de 85, voire de 80 !

Lorsque, au moment de la standardisation, le constructeur de test opte en faveur de normes comme l'échelle T linéaire, il prépare un *tableau de conversion* dans lequel l'utilisateur trouvera, pour chaque score T possible, l'intervalle de valeurs X qui lui correspond. Le tableau 3 est un exemple, bâti à partir des données normatives (fictives) du test de Cooper. On voit tout de suite que Robert Chicoine, avec son X = 2322, se place dans l'intervalle « 2297 – 2325 » correspondant au T de 52.

Pour préparer le tableau de conversion, il faut considérer que chaque valeur T occupe précisément un intervalle continu allant de $T - \frac{1}{2}$ à $T + \frac{1}{2}$; de plus, il faut imposer des intervalles X disjoints afin d'éviter l'ambiguïté dans la conversion. Ainsi le T de 52 correspond à l'intervalle dont la borne inférieure est (52 – ½ – 50)/10 × 284,65 + 2253,90 ≈ 2296,60 et la borne supérieure, (52 + ½ – 50)/10 × 284,65 + 2253,90 ≈ 2325,06. La convention appliquée au tableau 3 consiste à prolonger la borne inférieure jusqu'à l'entier supérieur (2297) et à rabattre la borne supérieure sur l'entier donné (2325). D'autres conventions sont possibles.

TABLEAU 3. **Normes *T* linéaires du test de Cooper (12 min) pour des étudiants universitaires masculins (25 ans ou moins) (données fictives)**

19	1358	1385	20	1386	1414	21	1415	1442
22	1443	1471	23	1472	1499	24	1500	1528
25	1529	1556	26	1557	1584	27	1585	1613
28	1614	1641	29	1642	1670	30	1671	1698
31	1699	1727	32	1728	1755	33	1756	1784
34	1785	1812	35	1813	1841	36	1842	1869
37	1870	1898	38	1899	1926	39	1927	1955
40	1956	1983	41	1984	2011	42	2012	2040
43	2041	2068	44	2069	2097	45	2098	2125
46	2126	2154	47	2155	2182	48	2183	2211
49	2212	2239	50	2240	2268	51	2269	2296
52	2297	2325	53	2326	2353	54	2354	2381
55	2382	2410	56	2411	2438	57	2439	2467
58	2468	2495	59	2496	2524	60	2525	2552
61	2553	2581	62	2582	2609	63	2610	2638
64	2639	2666	65	2667	2695	66	2696	2723
67	2724	2752	68	2753	2780	69	2781	2808
70	2809	2837	71	2838	2865	72	2866	2894
73	2895	2922	74	2923	2951	75	2952	2979
76	2980	3008	77	3009	3036	78	3037	3065
79	3066	3093	80	3094	3122	81	3123	3150

6.5. CATÉGORIE III : ÉCHELLES CENTILES

Les normes centiles (ou échelles centiles) constituent sans doute la forme la plus connue de standardisation : il s'agit de trouver à quel *percentile* se situe un individu mesuré, le percentile correspondant au rang, sur 100, qu'il occupe dans la population de référence. Les normes centiles apparaissent parfois en catégories regroupant plusieurs percentiles : les *quartiles*, les *quintiles*, les *déciles*, etc. Certaines normes descriptives (*e.g.* « supérieur », « bon », « moyen », « passable », « mauvais ») correspondent en fait à de tels regroupements. Plusieurs échelles de développement physique ainsi que plusieurs tests d'habileté ou de condition physique (tel le *Physitest canadien*) utilisent des normes centiles

L'échelle centile, en fait la conversion en percentiles, constitue une transformation *non linéaire*, qui ne préserve pas la forme initiale de la distribution ; dans le cas spécifique des percentiles, la distribution résultante est de forme *rectangulaire* (on l'appelle aussi « loi uniforme »), puisque tous les percentiles ont une probabilité égale d'être attribués. C'est la raison pour laquelle l'échelle centile est d'interprétation totalement non ambiguë : quelqu'un obtenant le percentile 50 est parfaitement au centre de la population de référence, alors qu'un autre, avec le percentile 95, fait partie des 5 % les plus avantagés. La conversion centile, de plus, est une opération statistiquement robuste, que n'influence pratiquement pas la présence de données aberrantes. D'un autre côté, les percentiles reflètent moins efficacement la variance extrême que ne le font des scores réels : par exemple, en percentiles le passage de 95 à 98 semble aussi facile que de 50 à 53, alors que les intervalles normaux correspondants sont dans un ratio de 5,5 contre 1[15], montrant par là la difficulté et le mérite spécifiques d'un passage du percentile 95 au percentile 98. Enfin, si l'on a besoin de prendre une moyenne ou un total de scores, les percentiles sont un piètre choix, et des scores linéaires (comme le Z) ou normalisés (voir §6.6) leur sont préférables.

Le percentile correspondant à une mesure s'obtient en trouvant, dans la série des données normatives mises en ordre croissant, la place, le rang occupés par la mesure : on peut aussi compter combien de données normatives sont inférieures ou égales à la mesure, soit r = nbre(données $\leq$ X). Le percentile d'une mesure est fonction de son rang r, selon :

$$P(\mathrm{X}) = 100\, r / (n + 1)\,, \tag{5}$$

valeur qu'on arrondit ensuite à l'entier le plus proche.

Pour le cas de Robert Chicoine au test de Cooper, on vérifie que X = 2322 *coïncide avec* $\mathrm{X}_{(174)}$ = 2322, *c'est-à-dire que son résultat est de rang* r = 174. *Nous conservons ici les* 283 *données, de sorte que le percentile associé à la performance de Robert est* P= 100 × 174 /(283 +1) = 61,27 ≈ 61. *D'après ce résultat, il apparaît que Robert se situe confortablement au-dessus du milieu de la population, sans cependant être très avantagé.*

---

15. Dans une distribution normale exprimée sur l'échelle Z, les percentiles 50, 53, 95 et 98 correspondent respectivement aux valeurs Z de 0,000, 0,075, 1,645 et 2,054. L'intervalle (50 ; 53), de grandeur 3 en percentiles, correspond donc à l'intervalle (0,000 ; 0,075), de grandeur 0,075 en Z ; pour un ratio 3 :3 ou 1 :1 en percentiles, nous obtenons ainsi un ratio 0,409:0,075 ≈ 5,5 :1, beaucoup plus grand, en cotes Z. Si les données X, quelles qu'elles soient, se distribuent normalement, le ratio en scores X serait de même ordre que celui en cotes Z.

Comme précédemment pour les normes *T* linéaires, le constructeur de test prépare habituellement un tableau de conversion qui permet d'obtenir directement le rang centile (ou percentile) à partir de la mesure de l'individu évalué ; à défaut de ce tableau, l'utilisateur aura une longue compilation à faire chaque fois qu'il devra attribuer un score. Le tableau 4 présente des normes centiles pour notre exemple fictif du test de Cooper. On voit que le score X_{RC} qui nous préoccupe se situe dans l'intervalle (2317, 2322) correspondant au percentile 61.

La préparation des normes centiles diffère quelque peu de celle des normes *T* linéaires. Pour un percentile *P* donné, on campe l'intervalle réel ($P - ½$; $P + ½$), dont les bornes correspondront aux valeurs limites de l'intervalle en X. Or, $P - ½$ est un rang sur 100, qu'on doit faire correspondre à une valeur X de même rang, sur $n = 283$ données. D'après la règle optimale proposée plus haut (§2.1.4) et par inversion de l'équation (5), le rang de la borne inférieure est $r = (P - ½) \times (n + 1)/100$, et la borne inférieure, $X_{(r)}$, s'obtient alors par simple interpolation (linéaire) dans l'ensemble des 283 données ; de même, pour la borne supérieure. On adopte enfin une convention raisonnable pour que les intervalles de conversion soient disjoints.

Prenons l'exemple du percentile 35, occupant l'intervalle centile (34,5 ; 35,5). La position centile 34,5 donne le rang $r = 34{,}5 \times (283 + 1)/100 = 97{,}98$. Or, $X_{(97)} = 2106$ et $X_{(98)} = 2108$, d'où la borne inférieure serait $X_{inf} = 2106 + 0{,}98 \times (2108 - 2106) = 2107{,}96$, qu'on prolonge supérieurement à 2108. Pour 35,5, $r = 100{,}82$; or, $X_{(100)} = 2114$ et $X_{(101)} = 2122$, d'où $X_{sup} = 2114 + 0{,}82 \times (2122 - 2114) = 2120{,}80$, que l'on tronque à 2120.

La conversion centile peut aussi s'opérer à partir d'un tableau à distribution de fréquences, comme le tableau 2, au risque de perdre un peu de précision.

La constitution de normes centiles sous forme de déciles, quintiles, quartiles, etc., est en tous points identique ; notamment, si les normes en percentiles sont déjà définies, il suffit de regrouper – ou de joindre bout à bout – les intervalles successifs pour composer les intervalles en déciles, et ainsi de suite. Les normes en pointage, telle l'attribution de 0 à 10 points pour une performance, sont souvent issues de normes centiles. Quelles sont les normes en quartiles du test de Cooper, dans le cas de notre exemple et en utilisant les normes du tableau 4 ?

Résultant d'une transformation non linéaire, les percentiles (ou normes centiles) ont une distribution rectangulaire, dont la moyenne est évidemment 50 et l'écart type près de 29 [pour cette distribution, les scores s'étalent de $-\sqrt{3}$ à $+\sqrt{3}$ unités d'écart type autour de la moyenne].

TABLEAU 4. Normes centiles du test de Cooper (12 min) pour des étudiants universitaires masculins (25 ans ou moins) (données fictives)

			1	-	1755	2	1756	1780	3	1781	1794	4	1795	1818
5	1819	1826	6	1827	1840	7	1841	1869	8	1870	1881	9	1882	1892
10	1893	1896	11	1897	1939	12	1940	1947	13	1948	1959	14	1960	1965
15	1966	1970	16	1971	1982	17	1983	1989	18	1990	1997	19	1998	2003
20	2004	2010	21	2011	2020	22	2021	2030	23	2031	2035	24	2036	2039
25	2040	2048	26	2049	2052	27	2053	2058	28	2059	2061	29	2062	2064
30	2065	2071	31	2072	2083	32	2084	2094	33	2095	2098	34	2099	2107
35	2108	2120	36	2121	2132	37	2133	2148	38	2149	2158	39	2159	2160
40	2161	2167	41	2168	2175	42	2176	2186	43	2187	2191	44	2192	2194
45	2195	2199	46	2200	2217	47	2218	2218	48	2219	2223	49	2224	2231
50	2232	2249	51	2250	2260	52	2261	2265	53	2266	2273	54	2274	2284
55	2285	2289	56	2290	2294	57	2295	2299	58	2300	2308	59	2309	2311
60	2312	2316	61	2317	2322	62	2323	2328	63	2329	2333	64	2334	2336
65	2337	2343	66	2344	2346	67	2347	2352	68	2353	2360	69	2361	2372
70	2373	2384	71	2385	2397	72	2398	2400	73	2401	2418	74	2419	2429
75	2430	2434	76	2435	2442	77	2443	2446	78	2447	2454	79	2455	2464
80	2465	2472	81	2473	2484	82	2485	2488	83	2489	2490	84	2491	2506
85	2507	2546	86	2547	2575	87	2576	2582	88	2583	2601	89	2602	2623
90	2624	2658	91	2659	2678	92	2679	2735	93	2736	2761	94	2762	2800
95	2801	2847	96	2848	2868	97	2869	2961	98	2962	3035	99	3036	+

6.6. CATÉGORIE IV : ÉCHELLES NORMALISÉES

Les échelles normalisées forment une dernière catégorie importante de normes simples : il s'agit de scores transformés auxquels sont imposés non seulement la moyenne et l'écart type, mais de plus la forme de distribution normale. On gagne ainsi tous les avantages d'un score artificiel, avec les possibilités d'interprétation en termes probabilistes, de même que la facilité de combinaison ou de comparaison d'un test à l'autre. Pour la mesure d'intelligence par exemple, un QI de 65 dénote automatiquement une déficience légère, tandis qu'un score de 110 indique une intelligence légèrement plus forte que moyenne. Les échelles de QI sont en effet toutes normalisées, avec moyenne de 100 et écart type fixé entre 15 et 17. L'échelle de stanines, constituée des chiffres 1, 2, 3, ..., 9, en est une autre, de moyenne 5 et d'écart type (d'environ) 2. Une dernière échelle importante est l'échelle *T* normale, encore de moyenne 50 et d'écart type 10, comme la *T* linéaire, mais cette fois avec la forme imposée de distribution normale.

Les étapes pour fabriquer le score d'une échelle normalisée ayant moyenne μ et écart type σ sont les suivantes : 1) déterminer le percentile P_X de la mesure X, dans l'ensemble des données normatives ; 2) trouver, dans une table de la loi normale inverse, la cote Z associée à ce percentile, soit $Z = Z(P_X)$; 3) convertir linéairement le Z à l'échelle voulue, par la transformation $Z\sigma + \mu$, en arrondissant au besoin à l'entier le plus proche.

Robert Chicoine, avec sa mesure au test de Cooper de X = 2322, *mérite le percentile P* = 61 (*plus précisément* 61,27), *correspondant à une cote Z de* 0,279 (*plus précisément,* $Z_{61,27} \approx 0{,}2864$). *Le T normalisé est alors* $Z \times 10 + 50 = 52{,}79 \approx 53$, *un score légèrement mais pas sérieusement supérieur à la moyenne.*

Comme pour les normes centiles, l'auteur de normes doit préparer un tableau de conversion pour l'utilisateur, l'opération ci-dessus étant trop complexe pour la répéter à chaque mesure. Le tableau 5 donne un guide de conversion « Centiles → T normaux », qui pourra servir à préparer les normes T : on y voit que, par exemple, le score $T = 53$ occupe la zone percentile (59,9 ; 63,6) ; il suffit alors de trouver les centiles correspondants pour déterminer l'intervalle X approprié, soit la borne inférieure $X_{inf} = C_{59,9}$ et la borne supérieure $X_{sup} = C_{63,6}$. Quant à nous, nous avons procédé directement, par informatique, pour préparer les normes en T normales apparaissant au tableau 6. Avec $X_{RC} = 2322$, Robert Chicoine se situe dans l'intervalle (2313-2333), ce qui lui confère un score T de 53.

On peut bonifier le procédé de conversion normale s'il est effectué à partir des données normatives brutes (plutôt que sur la base d'une distribution de fréquences) et si la taille du groupe normatif est modeste, disons $n = 200$ et moins. L'amélioration consiste à remplacer chaque score brut (possible) par l'espérance de la variable normale de même rang dans une distribution de n données normales. Les exercices 6.17 et 6.18 abordent cette méthode.

Dans l'échelle de stanines, dont l'exercice 6.19 fournit la grille de conversion, Robert Chicoine obtiendrait le stanine 6, son rang centile (de 61,27) s'inscrivant dans l'intervalle (59,5-76,4) approprié.

La figure 2 montre une distribution normale exprimée en cotes Z, jalonnée de repères correspondant à l'échelle T (pour la conversion T normale), à l'échelle S (pour les stanines) et aux déciles (bandes verticales découpées dans la surface normale).

TABLEAU 5. Grille de conversion pour la transformation *T* normale

T	Percentiles	T	Percentiles	T	Percentiles
14	,01	**40**	14,7 à 17,1	66	94,0 à 95,0
15	,02	41	17,2 à 19,7	67	95,1 à 95,9
16	,03	42	19,8 à 22,6	68	96,0 à 96,7
17	,04 à ,05	43	22,7 à 25,7	69	96,8 à 97,4
18	,06 à ,08	44	25,8 à 29,1	**70**	97,5 à 97,9
19	,09 à ,11	45	29,2 à 32,6	71	98,0 à 98,4
20	,12 à ,15	46	32,7 à 36,3	72	98,5 à 98,7
21	,16 à ,21	47	36,4 à 40,1	73	98,8 à 99,06
22	,22 à ,29	48	40,2 à 44,0	74	99,07 à 99,28
23	,30 à ,40	49	44,1 à 48,0	75	99,29 à 99,46
24	,41 à ,43	**50**	48,1 à 51,9	76	99,47 à 99,59
25	,54 à ,71	51	52,0 à 55,9	77	99,60 à 99,70
26	,72 à ,93	52	56,0 à 59,8	78	99,71 à 99,78
27	,94 à 1,2	53	59,9 à 63,6	79	99,79 à 99,84
28	1,3 à 1,5	54	63,7 à 67,3	**80**	99,85 à 99,88
29	1,6 à 2,0	55	67,4 à 70,8	81	99,89 à 99,91
30	2,1 à 2,5	56	70,9 à 74,2	82	99,92 à 99,94
31	2,6 à 3,2	57	74,3 à 77,3	83	99,95 à 99,96
32	3,3 à 4,0	58	77,4 à 80,2	84	99,97
33	4,1 à 4,9	59	80,3 à 82,8	85	99,98
34	5,0 à 6,0	**60**	82,9 à 85,3	86	99,99
35	6,1 à 7,3	61	85,4 à 87,4		
36	7,4 à 8,8	62	87,5 à 89,4		
37	8,9 à 10,5	63	89,5 à 91,1		
38	10,6 à 12,5	64	91,2 à 92,6		
39	12,6 à 14,6	65	92,7 à 93,9		

TABLEAU 6. Normes *T* normales du test de Cooper (12 min) pour des étudiants universitaires masculins (25 ans ou moins) (données fictives)

									23	-	1658	24	1659	1668
25	1669	1682	26	1683	1720	27	1721	1746	28	1747	1758	29	1759	1767
30	1768	1781	31	1782	1787	32	1788	1803	33	1804	1824	34	1825	1832
35	1833	1865	36	1866	1891	37	1892	1897	38	1898	1947	39	1948	1966
40	1967	1985	41	1986	2007	42	2008	2031	43	2032	2050	44	2051	2063
45	2064	2096	46	2097	2125	47	2126	2164	48	2165	2192	49	2193	2220
50	2221	2260	51	2261	2291	52	2292	2312	53	2313	2333	54	2334	2350
55	2351	2386	56	2387	2428	57	2429	2445	58	2446	2468	59	2469	2489
60	2490	2540	61	2541	2582	62	2583	2622	63	2623	2672	64	2673	2738
65	2739	2792	66	2793	2806	67	2807	2858	68	2859	2895	69	2896	2956
70	2957	2980	71	2981	3029	72	3030	3076	73	3077	3105	74	3106	3107
75	3108	3646	76	3647	4089	77	4090	+						

FIGURE 2. Distribution normale en cotes *Z*, avec repères de conversion pour les échelles *T* et *S* (stanines) et les déciles

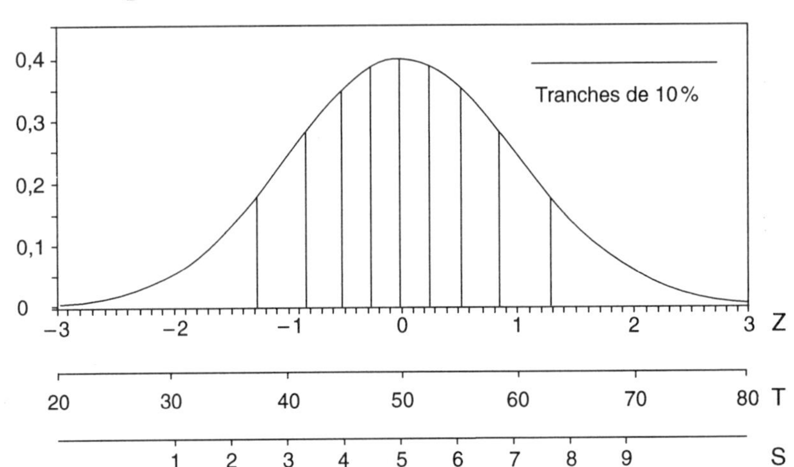

La fabrication de normes a pour but d'aider à l'interprétation d'une mesure *dans son contexte spécifique*. Il arrive donc que le contexte d'utilisation dicte certaines contraintes particulières, qu'il est difficile d'examiner toutes dans cet ouvrage. Nous aborderons quelques-unes de ces normes et procédures spéciales, pour illustrer les plus importantes et montrer surtout qu'il est possible de produire les normes les mieux adaptées qui soient pour une situation donnée.

6.7. TRANSFORMATIONS DE COMPOSANTES VERS UNE DISTRIBUTION CIBLE DE LEUR SOMME

Le score à produire résulte, dans certains cas, de l'addition de deux ou de quelques composantes séparées ; c'est le cas du QI, pour lequel la plupart des tests sont composés de sous-tests produisant chacun un score. Comment procéder si l'on veut que le score final, disons Y, ait la distribution spécifiée, notamment la moyenne μ et l'écart type σ convenus d'avance ?

Supposons donc un procédé de mesure composite, produisant les mesures partielles $X_1, X_2, ..., X_k$. Il s'agit de transformer chaque distribution X_j, par une transformation linéaire ou normalisante, de façon que la somme des composantes transformées ait moyenne μ et écart type σ, soit $f(X_1) + f(X_2) + ... + f(X_k) = Y_1 + Y_2 + ... + Y_k = Y$. Le problème est finalement de déterminer quelles valeurs de moyenne et d'écart type attribuer aux différentes composantes Y_j.

Quant aux moyennes μ_j à attribuer aux k composantes, on peut les fixer en fractionnant la moyenne cible μ en k parties, soit :

$$\mu_j = \mu / k . \quad (6)$$

La moyenne d'une distribution constitue un *niveau* constant, vis-à-vis duquel les mesures s'élèvent ou s'abaissent, évoluent. La spécification précise des μ_j n'a guère d'importance si ce n'est que leur somme doit donner μ ; on pourrait aussi bien imposer les moyennes $\mu_1 = \mu$, $\mu_2 = 0, ..., \mu_k = 0$.

Le problème de spécification porte tout entier sur les écarts types σ_j, en fait sur les variances σ_j^2, la difficulté de spécification provenant de la contribution sournoise des corrélations (ou covariances) intercomposantes, les $r_{j,j'}$. Ces corrélations sont habituellement positives, puisque les composantes mesurent des facettes de la même caractéristique ; par conséquent, la variance de la somme dépendra non seulement de la variance des composantes, mais elle sera engraissée par leurs covariances positives. Rappelons ici le théorème 3b (du chapitre 2) sur la variance d'une somme simple, la somme étant ici $Y = Y_1 + Y_2 + ... + Y_k$:

$$\sigma^2(Y) = \sigma_1^2 + \sigma_2^2 + ... + \sigma_k^2 + 2r_{1,2}\sigma_1\sigma_2 + 2r_{1,3}\sigma_1\sigma_3 + ... + 2r_{k-1,k}\sigma_{k-1}\sigma_k , \quad (7)$$

où $\sigma_j^2 = \sigma^2(Y_j)$. Si l'on impose des variances toutes égales, par $\sigma_j^2 = \sigma^2/k$, la variance de la somme Y serait alors :

$$\sigma^2 (Y) = \sigma^2 [1 + (k - 1)\bar{r}] , \quad (8)$$

où $\bar{r}$ est la moyenne des $k(k - 1)/2$ intercorrélations entre les composantes. Seulement si cette moyenne était nulle obtiendrions-nous la variance σ^2 voulue, autant dire l'écart type voulu.

Pour régler cette difficulté issue des corrélations non nulles entre les composantes et rectifier la variance globale, diverses approches sont possibles ; nous en mentionnerons trois.

Conversion en deux étapes. L'approche traditionnelle consiste en deux étapes. À l'étape 1, on procède à la transformation des composantes en imposant moyennes et écarts types fractionnés, selon $\mu_j = \mu / k$ et $\sigma_j = \sigma / \sqrt{k}$. L'étape 2 donne lieu à une seconde conversion simple dont le but est de restituer l'écart type cible σ. Le calcul traditionnel du QI observe cette approche.

Conversion par égalisation des variances. L'équation (8) ci-dessus donne l'estimation de la variance résultant d'un fractionnement simple de la variance cible, selon $\sigma_j^2 = \sigma^2/k$; la variance du score total est trop forte, le facteur d'inflation apparaissant entre crochets. La seconde approche consiste à imposer des variances égales et réduites par ce facteur, soit :

$$\sigma_j^2 = \sigma^2 \, / \, [\, k + k(k-1)\bar{r} \,] \, ; \qquad (9)$$

la variance totale, $\sigma^2(Y)$, sera alors telle que stipulée.

Conversion par égalisation de l'influence de chaque composante. Le fait d'exploiter des variances σ_j^2 toutes égales, selon l'approche précédente, n'entraîne pas que les composantes auront toutes la même contribution, la même *influence* sur la variance du score total. Cette *influence* en variance dépend de la variance de la composante *et* de ses covariances avec les autres composantes. Une réécriture de l'équation (7) manifeste ce fait (en regroupant les termes, variance ou covariances, associés une fois à chaque composante *j*) :

$$\begin{aligned} \sigma^2(\,Y\,) = \; & \sigma_1^2 + r_{1,2}\sigma_1\sigma_2 + r_{1,3}\sigma_1\sigma_3 + \ldots + r_{1,k}\sigma_1\sigma_k \qquad (10) \\ + \; & r_{2,1}\sigma_2\sigma_1 + \sigma_2^2 + r_{2,3}\sigma_2\sigma_3 + \ldots + r_{2,k}\sigma_2\sigma_k \\ \ldots & \\ + \; & r_{k,1}\sigma_k\sigma_1 + r_{k,2}\sigma_k\sigma_2 + r_{k,3}\sigma_k\sigma_3 + \ldots + \sigma_k^2 \,. \end{aligned}$$

L'expression (10) se simplifie en posant que les variances de composantes sont (provisoirement) égales, disons égales à σ^2/k ; alors la contribution, ou *influence*, de la composante 1, par exemple, a la forme « $\sigma^2/k\,[1 + r_{1,2} + r_{1,3} + \ldots + r_{1,k}]$ ». Une solution qui nivelle les influences des composantes consiste alors à imposer à la composante *j* la variance σ_j^2, selon :

$$\sigma_j^2 = \sigma^2 \, / \, [\, k \textstyle\sum r_{j,i} \,] \; \{1 \le i \le k\} \, ; \qquad (11)$$

cette première solution, approximative[16], devrait être très satisfaisante dans la plupart des cas.

Les approches suggérées pour l'imposition d'une distribution cible à la somme de *k* composantes constituent en fait une première étape de

16. La solution n'est qu'approximative, parce qu'elle se base sur les corrélations plutôt que sur les covariances, c'est-à-dire qu'on y utilise $r_{i,j}\sigma^2/k$ en tant qu'approximation et simplification de $r_{i,j}\sigma_i\sigma_j$, où $\sigma_i \neq \sigma_j \neq \sigma/\sqrt{k}$. Une solution exacte n'est possible que par un calcul itératif (par essais successifs).

transformation lorsqu'il s'agit de fabriquer des normes non linéaires (*T* normal, QI, stanines, centiles, etc.). La corrélation r(X,Y), en effet, reste intouchée par toute transformation linéaire de X ou de Y, mais elle est altérée, ne serait-ce que minimalement, par une transformation non linéaire.

Le coefficient r(X,Y) reste une statistique très robuste qu'influence relativement peu toute espèce de transformation *monotone*. L'impact le plus grand adviendrait sans doute lors d'une transformation vers la loi *rectangulaire*, celle des normes centiles par exemple ; dans ce cas, le coefficient résultant, $r(C_X,C_Y)$, est un peu plus faible que r(X,Y) et lui est relié par l'équation approximative $r(C_X,C_Y) \approx [\sin^{-1} \frac{1}{2} r(X,Y)]/30°$; ainsi, quand les composantes X et Y quasi normales auraient pour corrélation 0,80, la corrélation de leurs centiles serait d'environ 0,786. Comme on voit, même dans ce cas-ci, les corrections de variances proposées ci-dessus seraient adéquates.

L'utilisation d'un score pondéré, comme $Y = p_1Y_1 + p_2Y_2 + ... + p_kY_k$, entraîne le même inconvénient et appelle des solutions semblables, inspirées du théorème sur la variance d'une somme pondérée. Nous en laissons au lecteur la solution détaillée.

6.8. ÉCHELLES PRÉNORMALISÉES (OU MODÉLISÉES)

Le lecteur aura remarqué que l'avantage des normes linéaires, ou de la transformation linéaire, consiste en leur simplicité, leur parcimonie. Pour ces normes, il suffit en effet de posséder la moyenne et l'écart type normatifs pour trouver la position (*i.e.* le *Z* linéaire, le *T* linéaire, etc.) d'une personne à évaluer ; une petite formule, comme (3) ou (4), fait l'affaire. Au contraire, pour les normes centiles ou les normes à distribution normalisée, l'ensemble des données normatives est requis, la plupart du temps sous forme d'une grille de conversion.

Le principe de la *prénormalisation* ou, plus généralement, de la *modélisation* de la distribution des données normatives, allie les avantages d'une distribution normalisée à la simplicité d'une transformation linéaire. Il s'agit de trouver une fonction de transformation non linéaire, $X' = f(X)$, telle que la variable transformée ait une distribution proche de la loi normale. Si l'on y parvient, l'interprétation normative pourra se délester des données normatives et se faire à partir de trois paramètres : la fonction *f* trouvée, la moyenne *moy*(X') et l'écart type *s*(X') de la variable transformée. En effet, détenant la mesure X de la personne à évaluer, le score :

$$Z' = [\, f(X) - \text{moy}(X')\,] \,/\, s(X') \qquad (12)$$

pourra être interprété comme un score *Z* de distribution normale et soumis au besoin à toute transformation linéaire appropriée.

L'intérêt de cette méthode d'élaboration de normes est encore plus apparent dans le cas de tests administrés ou interprétés par logiciel informatique. Supposons, pour un test donné, que nous souhaitons produire un score *T* normal associé à chaque protocole de réponses. Selon la voie habituelle, il faudrait que l'ensemble des données normatives, ou encore le tableau de conversion, soit inscrit dans les fichiers informatiques afin d'opérer, pour chaque score, la conversion « X → *T* normal ». Grâce à la *prénormalisation*, le logiciel n'aura qu'à appliquer la transformation (12) trouvée, suivie de la conversion *linéaire* « $10Z' + 50$ », afin de produire le score *T* normal. La mise à jour des normes devient elle-même plus facile.

Un second avantage, celui-ci théorique, de la *prénormalisation* découle de l'éclairage que peut nous apporter l'étude des propriétés distributionnelles de la mesure du phénomène concerné. Plutôt que de rester devant une collection plus ou moins informe de nombres, cette étude des données normatives nous place devant un processus à découvrir, un *modèle statistique* à trouver ou à construire. Dans certains cas, cette étude deviendra si importante et fructueuse que son application pour la production de normes pourra tomber au second plan.

Comment faut-il aborder cette tâche qui consiste à trouver un modèle de distribution statistique de nos données normatives ? Il y a deux choses à faire de façon impérative : tracer une représentation graphique, par exemple un histogramme, de nos données et consulter les publications (scientifiques) sur le phénomène, la caractéristique étudiée. L'inspection visuelle de nos données graphiques indiquera tout de suite s'il y a lieu d'être préoccupé par la non-normalité des mesures et, si tel est le cas, nous guidera vers les transformations appropriées. Quant aux publications, s'il y en a, on y trouvera peut-être des points de vue théoriques sur le processus responsable du phénomène mesuré, ces points de vue étant des repères possibles dans la recherche d'un modèle de transformation[17]. Après cela, des dizaines de transformations non linéaires sont possibles, basées sur des fonctions comme $\sqrt{x}$, log x, sin x, etc.[18].

17. L'ajustement d'un modèle de distribution statistique à un ensemble de données constitue une section importante de la statistique. Plusieurs approches générales existent, tel le système des distributions de Pearson, ainsi que différentes méthodes d'ajustement, telles la méthode du *maximum de vraisemblance*, la méthode des *moments*, la méthode de la *minimisation du Khi-deux*, etc. Le traité en 4 tomes de N.L. Johnson et S. Kotz, *Distributions in Statistics* (Wiley, 1970-1972), contient de l'information sur la plupart des modèles distributionnels.
18. L'excellent manuel de statistique appliquée de R.R. Sokal et F.J. Rohlf, *Biometry* (Freeman, 1981), présente (aux pages 417-428) un exposé facile et intelligent sur la question des transformations.

Pour une distribution positivement asymétrique, débutant un peu au-dessus de zéro et représentant le « nombre de ... » (erreurs, opérations réussies, accidents, etc.), les transformations $\sqrt{x}$, $\sqrt{(x + 3/8)}$, $\sqrt{x} + \sqrt{(x + 1)}$ sont recommandées ; si x varie entre 0 et un maximum M, on recommande plutôt $\sin^{-1}\sqrt{(x/M)}$ ou, mieux encore, $\sin^{-1}\sqrt{p}$, avec $p = (x + 3/8)/(M + 3/4)$. Pour une variable positive et continue, d'asymétrie positive, on peut recourir à 1/x, log x ou bien $\log(x - X_0)$; dans ce dernier cas, il s'agit d'une distribution dite *lognormale*, c'est-à-dire dont la transformée X′ se distribue selon la loi normale. Des transformations opposées, visant à compenser une asymétrie négative, sont aussi suggérées, telles x^p ($p > 1$), $e^{f(X)}$, etc.

Pour notre exemple fictif des normes de distance courue, au test de Cooper, l'examen de l'histogramme présenté à la figure 1 et la nature des données, une quantité continue et positive, nous incitent à favoriser la loi *lognormale*[19]. Si la distance X se distribue ainsi, la variable $X' = \log(X - X_0)$ se distribuera normalement, avec moyenne μ et écart type σ propres, ce qui requiert une détermination judicieuse des paramètres X_0, μ et σ. Par la *méthode du maximum de vraisemblance* et en substituant la valeur « 3200 » au lieu de notre $X_{(n)} = 4253$, nous obtenons les estimations grossières $X_0 = 1000$, $\hat{\mu} \approx 7{,}111$ et $\hat{\sigma} \approx 0{,}229$. Ainsi, pour $X_{RC} = 2322$ obtenu par Robert Chicoine, $Z = [\log_e(2322 - 1000) - 7{,}111]/0{,}229 \approx 0{,}331$, à comparer au Z linéaire de 0,24 (obtenu en §6.2.3) et au Z normalisé de 0,279 (obtenu en §6.2.5) ; le T qu'on attribue à Robert serait de $0{,}331 \times 10 + 50 \approx 53$, le même que le T normal. La comparaison systématique des normes T normales, au tableau 6, avec les normes correspondantes du présent modèle lognormal montre leur équivalence approximative, à une unité près du T ; l'exception se produit aux valeurs fortes de T, pour lesquelles seul le modèle lognormal parvient à fournir des intervalles discriminatifs.

Enfin, on retrouve aussi une transformation générale (parmi d'autres), la *transformation Box-Cox*, qui dépend d'un paramètre (λ) à trouver :

$$\begin{aligned} X' &= (X^{\lambda} - 1)/\lambda \\ &= \log X \ \{\text{si } \lambda = 0\} \ ; \end{aligned} \qquad (13)$$

la transformation change selon que λ passe de négatif à positif. La valeur optimale, produisant une variable X′ la plus proche d'une loi normale, est celle qui rendra maximale l'expression :

---

19. Une variable X est dite *lognormale* selon les paramètres (X_0 ; μ ; σ) si sa fonction de densité est donnée par

$$f(X) = \frac{1}{(X - X_0)\sigma\sqrt{2\pi}} \cdot \exp[-\{\log_e(X - X_0) - \mu\}^2 / 2\sigma^2] \qquad (X > X_0).$$

$$-\tfrac{1}{2}\log s^2(X') + (\lambda - 1)n^{-1}\sum \log X , \quad (14)$$

valeur qu'on peut trouver par essais successifs ; on explorera $\lambda < 1$ pour une distribution asymétrique positive, et vice-versa.

6.9. NORMES RÉGULARISÉES

Certains tests, voire un grand nombre de tests, s'adressent à différents paliers d'âge de la population ; pour l'interprétation, les normes utilisées sont appelées « normes développementales ». C'est le cas des tests de QI pour jeunes personnes, comme le WISC (« Wechsler's Intelligence Scale for Children »), du *Physitest canadien* pour l'évaluation de la condition physique, etc. Ces normes développementales sont ordinairement construites à partir d'un découpage de la population en tranches d'âge consécutives (approche transversale) plutôt que par la sélection d'un groupe très jeune, mesuré périodiquement jusqu'à l'âge adulte (approche longitudinale).

D'un groupe d'âge à l'autre, ainsi qu'on les mesure dans une méthodologie transversale, on s'attend à ce qu'il y ait une variation monotone des normes, c'est-à-dire une variation uniquement croissante ou uniquement décroissante. En mesurant le centile 10 à chacun des k paliers d'âge $p_1, p_2, ...$, on espère par exemple obtenir :

$$C_{10}(p_1) < C_{10}(p_2) < ... < C_{10}(p_k) \quad (15a)$$

ou :

$$\overline{x}(p_1) < \overline{x}(p_2) < ... < \overline{x}(p_k) \quad (15b)$$

si l'on mesure les moyennes. Dans certains cas, une égalité [*e.g.* $C_{10}(p_4) = C_{10}(p_5)$] est possible, voire un renversement de direction, pour des normes qui couvriraient une large étendue d'âges. Or, il peut arriver – et il arrive – qu'on constate des irrégularités de progression, inexplicables et généralement attribuables au hasard échantillonnal. En effet, des échantillons normatifs modestes ($n < 200$) donnent lieu à ces statistiques, particulièrement pour des centiles extrêmes, plus variables ; par conséquent, d'un palier à l'autre, donc d'un échantillon à l'autre, certains centiles peuvent s'intervertir, créant une anomalie dans l'échelle développementale.

En cas d'anomalie comme une ou plusieurs interversions dans la suite des normes transversales, le constructeur de test doit d'abord s'assurer qu'aucune cause fondamentale, aucun vice d'échantillonnage ou de mesure ne sont à l'œuvre ; si c'était le cas, il faudrait modifier matériellement ou mathématiquement le test de manière à éliminer l'anomalie. En l'absence d'une cause réelle, l'anomalie peut être considérée comme d'origine purement statistique et elle peut (et devrait) être aplanie par une méthode ou l'autre.

Prenons l'exemple de normes développementales fictives, de 6 à 10, avec les centiles 10, 25 et 50 :

Âge (ans)	6	7	8	9	10
C_{10}	21	20	25	26	28
C_{25}	25	27	31	33	37
C_{50}	32	38	37	39	42

Les valeurs du centile 25 progressent régulièrement, tandis qu'on constate deux anomalies, une pour le triplet d'âge (6, 7, 8) au centile 10, l'autre à la médiane (C_{50}), moins facile à diagnostiquer. Les centiles extrêmes, comme C_{10}, sont plus fluctuants (voir §6.1.3), aussi l'anomalie observée n'est-elle pas étonnante.

Dans le cas du centile 10, donc, l'anomalie se corrige soit en abaissant le palier « 6 », soit en relevant le palier « 7 ». La première option est difficultueuse : n'ayant pas d'information sur un palier « 5 », l'abaissement du palier « 6 » manquerait de repères, et cela accroîtrait (plutôt que de préserver) l'étendue globale du centile (de 21 à 28). Il semble plus raisonnable de relever le palier « 7 » ; l'*interpolation linéaire* entre les paliers « 6 » et « 8 » donne ici $C_{10}(p_7) = \frac{1}{2}(25 + 21) = 23{,}0$.

Pour la médiane, deux corrections sont encore possibles : rabattre le palier « 7 » ou relever le palier « 8 ». Le graphe de la norme C_{50} en fonction de l'âge montre à l'évidence que c'est le palier « 7 » qui est saillant, et qu'on peut le rabattre. N'importe quelle valeur, de 32 à 37, conviendrait ; l'interpolation linéaire produit $C_{50}(p_7) = 34{,}5$; les valeurs 34, 35 et même 36 feraient aussi l'affaire.

Le problème des anomalies de progression dans l'élaboration de normes de développement peut advenir ailleurs, pour des normes relatives à un paramètre autre que l'âge et obtenues par une méthodologie transversale. Ce serait le cas de la mesure du travail physique, des indices métaboliques ou physiologiques dans des conditions standards en fonction de la température ambiante, disons par paliers de 5 °C, ou bien en fonction du nombre de calories ingérées ; cela vaudrait aussi pour les dépenses d'alimentation en fonction du nombre d'enfants dans la famille, etc. Noter que, pour corriger les normes s'il y a lieu, d'autres méthodes que l'interpolation simple existent, notamment le procédé d'*isotonisation*[20] (ou réduction à une variation

20. Voir R.E. Barlow, D.J. Bartholomew, J.M. Bremner et H.D. Brunk, *Statistical Inference under Order Restrictions* (The theory and application of isotonic regression), Wiley, 1972.

monotone) ou l'interpolation globale par régression[21] ; cette dernière approche permettrait par exemple de produire des normes fiables pour des paliers intermédiaires, c'est-à-dire des paliers intercalés entre ceux pour lesquels des données normatives ont été recueillies.

6.10. NORMES MULTIVARIÉES

Les tests et examens cliniques, en plus de l'intérêt propre qu'ils présentent en nous informant sur la personne évaluée, peuvent être mis à contribution afin d'aider à la sélection ou au diagnostic. Dans l'un et l'autre cas, il s'agit de déterminer, estimer ou prédire si la personne évaluée appartient ou non à une fraction donnée de la population, disons aux 100α % supérieurs. Dans la plupart des contextes, l'agence de décision mettra en œuvre plus d'un test, soit 2, 3 ou k tests formant une batterie *ad hoc*. Or, les normes de ces tests, et l'interprétation normative en général, sont conçues et bâties pour l'utilisation d'un test à la fois, une utilisation *univariée*. L'exploitation simultanée et conjointe de k tests requiert une interprétation particulière, qui tient compte à la fois de l'information issue de chaque test et des corrélations entre ceux-ci. Il faut donc des normes *multivariées* ou, à tout le moins, une ré-expression des normes univariées de chaque test dans le contexte de leur utilisation conjointe.

D'emblée, le problème à l'étude étant fort complexe, nous posons les simplifications suivantes. Nous supposerons que les scores de chaque test se distribuent normalement. De plus, la relation possible entre deux tests est stipulée linéaire : s'il y a corrélation non nulle ($\rho > 0$) entre deux tests, cette corrélation exprime toute la relation entre eux, le reste étant de l'erreur aléatoire. Deux autres réductions commodes sont exploitées : nous supposerons que les intercorrélations parmi les k tests sont approximativement égales (à ρ), et nous proposerons un seuil z (ou c, voir plus loin) identique pour les k tests. Ces deux réductions, non requises théoriquement, permettent de donner au problème un traitement d'envergure raisonnable.

6.10.1. Démarches de sélection et nombre (*k*) de tests

Si l'on dispose du résultat d'un seul test, son exploitation pour la sélection ou le diagnostic reste fort simple. Soit X, ce résultat, et $z = (X - \mu)/\sigma$, l'écart réduit correspondant par rapport à la moyenne et l'écart type normatifs du test. En admettant une distribution normale de X, alors l'individu sera sélectionné (ou diagnostiqué *positif*) si :

$$z \geq z_{1-\alpha} \; ; \qquad (16)$$

21. Voir N. Draper et H. Smith, *Applied Linear Regression*, Wiley, 1981.

le tableau z(P) au chapitre 2 présente les centiles z de la loi normale. Ainsi, pour un taux de sélection de $100\alpha = 5$ %, nous utiliserions le seuil $z_{0,95} \approx 1,645$.

Au lieu d'un seul résultat, nous pouvons disposer des k résultats issus d'autant de tests. Si nous sommes prêts à exploiter l'information multivariée disponible, la décision prise devient alors plus complexe et plus raffinée. Nous pouvons exiger que la personne évaluée : 1) se classe supérieure dans chacun des k tests ; 2) se classe dans au moins un test parmi les k ; 3) se classe dans au moins r parmi les k tests ; 4) se classe dans exactement r tests, mais non dans les k-r autres tests. Le choix de la démarche dépendra du contexte. La solution mathématique variera évidemment selon la démarche choisie.

6.10.2. Une illustration des démarches pour k = 2 tests

Supposons que nous avons deux tests, et deux résultats, z_1 et z_2, exprimés en écarts réduits. Pour un taux de sélection de 5 %, nous pourrions appliquer une démarche univariée sur chaque test. Dans ce cas, si les deux résultats, conjointement, classent la personne (selon $z_1 > 1,645$ et $z_2 > 1,645$) ou la rejettent (selon $z_1 < 1,645$ et $z_2 < 1,645$), la décision n'est pas ambiguë ; cependant la démarche est paralysée si les résultats se contredisent, ce qui se produira d'autant plus souvent qu'il y aura de tests considérés. Mêmes les cas concordants posent problème, puisque le taux de sélection global (α) n'est pas expressément contrôlé : ce taux dépend du nombre de tests considérés et de leurs intercorrélations. Pour le cas de k tests au taux de sélection univarié (*i.e.* par test) de 100τ %, le taux de sélection effectif (α) en empruntant la démarche 1 ci-dessus, c'est-à-dire des classements concordants, serait de $100\tau^k$ % (ou 0,25 % pour $\tau = 0,05$ et $k = 2$) pour des tests à corrélations nulles, et il irait jusqu'à 100τ % (ou 5 % pour $\tau = 0,05$) pour des tests à corrélations de +1, en passant par des taux intermédiaires dépendant des corrélations entre les tests. Si l'on emprunte la démarche 2, en n'exigeant qu'un seul résultat classé, le taux réel est alors de $100[1 - (1 - \tau)^k]$ % (soit $\alpha = 9,75$ % pour $\tau = 0,05$ et $k = 2$) pour des tests non corrélés, jusqu'à $\alpha = 100\tau$ % pour des tests parfaitement corrélés, etc. Le contexte de la sélection impose que l'on contrôle le taux effectif de sélection α, quelle que soit la démarche empruntée. Il s'agit donc de déterminer, pour un nombre de tests k et des intercorrélations ρ supposées, les valeurs de seuils z applicables à chaque test et résultant en un taux de sélection α dans la démarche de sélection choisie. Les paragraphes suivants illustrent deux de ces démarches.

Deux catégories d'outils mathématiques sont requis afin de déterminer les seuils multinormaux voulus. D'abord, les ensembles de variables standardisées $\{z_1, z_2, ..., z_k\}$ sont rapportés à la distribution multinormale standard à corrélations communes (et égales à ρ), dont il s'agit de déterminer l'intégrale multiple aux points c, soit $P_k(c) = \mathrm{pr}(z_1 < c, z_2 < c, ..., z_k < c)$. L'ouvrage de N.L. Johnson et S. Kotz, *Distributions in Statistics, vol. 4 : Multivariate Distributions* (Houghton-Mifflin, 1972), donne des indications pour le calcul de cette intégrale. Ensuite, chaque démarche identifiée, chaque critère de sélection multivarié donnent lieu à un calcul de seuils distinct : le lecteur trouvera dans des traités sur la probabilité la matière nécessaire pour résoudre cette combinatoire[22].

6.10.3. Les seuils d'union multinormaux

Pour sélectionner un individu ou pour diagnostiquer un patient comme étant potentiellement à risque, l'une des démarches consiste à le retenir si l'un de ses résultats, parmi les k résultats de tests, s'avère positif ou favorable : c'est la démarche (2) indiquée plus haut. Or, si avec un seul test il suffit du seuil $c_1 = z_{1-\alpha}$ pour repérer une personne au taux de sélection α, il faudra un seuil plus sévère, soit $c_k > c_1$, avec $k > 1$ tests, puisque la réussite d'un seul test suffit à la sélection : la *sévérité* (ou l'exigence pour chaque test) augmentera ainsi avec le nombre de tests (k) et diminuera avec la corrélation (ρ) entre ceux-ci.

L'événement décisif, $E = \{z_1 > c \text{ ou } z_2 > c \text{ ou ... ou } z_k > c\}$, équivaut ici au contraire de l'événement $E' = \{z_1 \leq c \text{ et } z_2 \leq c \text{ et ... et } z_k \leq c\}$. Or, ce dernier événement correspond à l'hyper-rectangle de l'intégrale k-normale, et nous pouvons évaluer $P(E) = 1 - P(E')$ par :

$$P\{z_1 > c \text{ ou } z_2 > c \text{ ou ... ou } z_k > c\} = 1 - P_k(c)\,. \qquad (17)$$

Une application intéressante de cette démarche concerne la découverte du *talent*, que ce soit le talent scolaire, sportif, artistique. Le talent pouvant être vu comme un construit multidimensionnel, on l'opérationnalise par un ensemble d'habiletés ou d'aptitudes, chacune étant mesurée dans un test. Un enfant, une personne sera dite talentueuse, ou douée, si elle déborde le seuil pour au moins l'un des k tests d'une batterie. Dans ce contexte, le taux de sélection α est désigné par « prévalence de la douance »[23].

Les seuils multinormaux applicables à la démarche (2), exprimés en valeurs d'écarts réduits, sont présentés au tableau 7.

22. Voir notamment E. Parzen, *Modern Probability Theory and its Applications*, Wiley 1960.
23. J. Bélanger, *Étude des déterminants de la prévalence multidimensionnelle de la douance et du talent,* Thèse de doctorat inédite, Université du Québec à Montréal, 1997.

TABLEAU 7. Seuils d'union multinormaux (en écarts réduits z) pour la sélection de 100α % d'individus selon une batterie de k tests à intercorrélations communes ρ†

	α = 0,10 (z = 1,282)				α = 0,05 (z = 1,645)				α = 0,01 (z = 2,326)				
$\rho \setminus k$	2	3	4	5	2	3	4	5	2	3	4	5	k / ρ
0,95	1,398	1,457	1,495	1,524	1,758	1,816	1,854	1,882	2,435	2,491	2,528	2,555	0,95
0,9	1,440	1,521	1,574	1,614	1,798	1,877	1,929	1,967	2,469	2,544	2,594	2,631	0,9
0,8	1,493	1,603	1,676	1,730	1,846	1,952	2,022	2,074	2,509	2,607	2,672	2,721	0,8
0,7	1,529	1,659	1,745	1,809	1,877	2,001	2,083	2,144	2,533	2,644	2,720	2,776	0,7
0,6	1,556	1,701	1,797	1,869	1,900	2,036	2,127	2,195	2,548	2,669	2,751	2,812	0,6
0,5	1,577	1,734	1,838	1,916	1,916	2,062	2,160	2,234	2,558	2,685	2,772	2,837	0,5
0,4	1,594	1,760	1,871	1,954	1,929	2,082	2,185	2,263	2,565	2,696	2,786	2,854	0,4
0,3	1,607	1,780	1,897	1,983	1,939	2,097	2,204	2,285	2,569	2,703	2,795	2,865	0,3
0,2	1,618	1,796	1,917	2,007	1,946	2,108	2,218	2,301	2,572	2,708	2,801	2,871	0,2
0,1	1,626	1,809	1,932	2,024	1,951	2,116	2,228	2,312	2,574	2,711	2,804	2,875	0,1
0,0	1,632	1,818	1,943	2,036	1,955	2,121	2,234	2,319	2,575	2,712	2,806	2,877	0,0

† Pour sélectionner parmi les 5 % (= α) supérieurs à l'aide d'une batterie de 3 (= k) tests à corrélations $\rho \approx 0{,}4$, le seuil d'*union* approprié est $c = 2{,}082$. Un individu sera donc retenu si, pour ses trois résultats X_1, X_2 et X_3 correspondant aux écarts réduits z_1, z_2 et z_3, la proposition $\{z_1 \geq 2{,}082$ ou $z_2 \geq 2{,}082$ ou $z_3 \geq 2{,}082\}$ est satisfaite. La valeur z placée vis-à-vis du taux de sélection α est le seuil normal univarié.

6.10.4. Les seuils d'intersection multinormaux

Avec plusieurs résultats de tests en main, on peut exiger que la personne évaluée réussisse chacun d'eux, ou que le diagnostic soit positif pour chaque critère, afin de la considérer comme sélectionnée. Cette procédure, qui correspond à la démarche (1) plus haut, est plus restrictive en ce sens qu'il est statistiquement plus rare de se classer dans k tests à la fois. Soit un seuil univarié $c_1 = z_{1-\alpha}$: pour que la réussite de k tests produise le même taux de sélection α, il faudra donc appliquer des seuils individuels plus tolérants, soit $c_k < c_1$. Parallèlement aux seuils d'union, la tolérance des seuils d'intersection augmente avec k et diminue avec ρ.

L'événement considéré dans cette démarche, $E = \{z_1 > c$ et $z_2 > c$ et ... et $z_k > c\}$, a une solution plus complexe et qui est de calcul plus laborieux. Combinant à la fois la règle : (A et B) = ¬(¬A ou ¬B), et la règle (A ou B) = (A) + (B) − (A et B), nous obtenons finalement :

$$P\{z_1 > c \text{ et } z_2 > c \text{ et ... et } z_k > c\} = 1 - \binom{k}{1}P_1(c) + \binom{k}{2}P_2(c) - \ldots + (-1)^k\binom{k}{k}P_k(c)\,; \qquad (18)$$

cette expression, qui donne le taux de sélection global pour c spécifié, est numériquement inversée pour trouver la valeur de c déterminant un taux α prédéterminé.

Plus exigeante d'un point de vue global, cette démarche est, en contrepartie, moins exigeante pour chacun des tests composant la batterie. Avec des seuils généralement plus bas, les normes des tests constitutifs peuvent se baser sur des échantillons moins importants et les tests eux-mêmes présenter des caractéristiques moins sûres : la contrainte d'un classement à tous les tests compensera d'une certaine façon la faiblesse de chacun. Un choix de seuils d'intersection multinormaux se retrouve au tableau 8.

TABLEAU 8. **Seuils d'intersection multinormaux (en écarts réduits z) pour la sélection de 100α % d'individus selon une batterie de k tests à intercorrélations communes $\rho^{\dagger}$**

	α = 0,10 (z = 1,282)				α = 0,05 (z = 1,645)				α = 0,01 (z = 2,326)				
$\rho \backslash k$	2	3	4	5	2	3	4	5	2	3	4	5	k / ρ
0,95	1,145	1,078	1,035	1,004	1,505	1,437	1,393	1,362	2,181	2,110	2,065	2,033	0,95
0,9	1,082	0,985	0,923	0,877	1,439	1,340	1,276	1,230	2,109	2,005	1,939	1,891	0,9
0,8	0,987	0,844	0,753	0,687	1,337	1,190	1,096	1,029	1,994	1,837	1,738	1,667	0,8
0,7	0,908	0,728	0,614	0,531	1,251	1,064	0,945	0,860	1,894	1,692	1,566	1,475	0,7
0,6	0,838	0,624	0,489	0,392	1,173	0,950	0,809	0,708	1,801	1,557	1,406	1,298	0,6
0,5	0,772	0,528	0,373	0,262	1,100	0,842	0,680	0,564	1,712	1,428	1,252	1,127	0,5
0,4	0,710	0,436	0,263	0,139	1,029	0,739	0,556	0,426	1,626	1,302	1,102	0,959	0,4
0,3	0,650	0,348	0,156	0,019	0,961	0,638	0,435	0,290	1,540	1,176	0,951	0,792	0,3
0,2	0,592	0,261	0,052	-0,099	0,894	0,538	0,314	0,154	1,454	1,050	0,799	0,621	0,2
0,1	0,535	0,175	-0,052	-0,216	0,827	0,437	0,192	0,017	1,368	0,921	0,642	0,445	0,1
0,0	0,479	0,090	-0,157	-0,334	0,760	0,336	0,068	-0,124	1,281	0,788	0,478	0,258	0,0

† Pour sélectionner parmi les 5 % (= α) supérieurs à l'aide d'une batterie de 3 (= k) tests à corrélations $\rho \approx 0,4$, le seuil d'*intersection* approprié est $c = 0,739$. Un individu sera donc retenu si, pour ses trois résultats X_1, X_2 et X_3 correspondant aux écarts réduits z_1, z_2 et z_3, la proposition $\{z_1 \geq 0,739$ et $z_2 \geq 0,739$ et $z_3 \geq 0,739\}$ est satisfaite. La valeur z placée vis-à-vis du taux de sélection α est le seuil normal univarié.

6.10.5. Le différentiel de sélection multiple

Une autre application des normes multivariées, c'est-à-dire de l'administration et de l'interprétation de deux ou plusieurs tests conjointement, réside dans le différentiel de sélection multiple, une généralisation du différentiel de sélection simple déjà mentionné (voir §3.7.3.3). Le principe, attribuable à Brogden[24], est le suivant.

---

24. H.E. Brogden, « Increased efficiency of selection resulting from replacement of a single predictor with several differential predictors », *Educational and Psychological Measurement*, 1951, vol. 11, p. 173-195. Brogden, qui ne nomme pas le concept de différentiel de sélection, limite son développement au différentiel d'ordre 2, $\Delta_{2,\rho}(P)$.

Considérons une personne qui postule pour l'un de k postes d'emploi, et les résultats qu'elle obtient à chacun de k tests, $X_1, X_2, ..., X_k$. La personne sera retenue si elle se démarque par rapport à la population (normative) : opérationnellement, on la sélectionnera si l'un des scores obtenus X_j atteint le seuil de sélection C_j correspondant. Le contexte inclut une matrice d'intercorrélations $\mathbf{R} = \{ \rho_{i,j} \}$ entre les tests, de même que des coefficients de validité prédictive, $\rho_{\mathbf{xy}} = \{ \rho_{Xj,Yj} \}$, reliant une mesure ($Y_j$) de performance dans chaque emploi au test (X_j) correspondant. Si la personne est sélectionnée dans l'emploi pour lequel elle se qualifie le mieux, quel *gain global* de performance cette stratégie nous permet-elle d'escompter pour l'entreprise visée ?

C'est ce gain global, issu d'une sélection préférentielle de candidats basée sur plusieurs tests, que prétend mesurer le différentiel de sélection multiple.

Globalement, le différentiel de sélection multiple $D_y(k, \rho_{\mathbf{xy}}, P, \mathbf{R})$ dénote le gain moyen escompté dans les k mesures d'emploi en sélectionnant parmi les 100P % meilleurs de la population, soit :

$$D_y(k, \rho_{\mathbf{xy}}, P, \mathbf{R}) = f_1(Y_1^* - \mu_1) + f_2(Y_2^* - \mu_2) + ... + f_k(Y_k^* - \mu_k) \; ; \quad (19)$$

Y_j^* désigne ici la valeur attendue des scores de performance au poste « j » pour les personnes sélectionnées, μ_j la moyenne des scores dans la population et f_j, la proportion de cas sélectionnés pour cet emploi. Le gain D_y est une fonction linéaire des coefficients de validité prédictive $\rho_{Xj,Yj}$ (voir exercice 3.72).

La réduction de certains paramètres rend plus abordable l'étude du différentiel de sélection multiple, un outil efficace mais mathématiquement complexe. Supposons 1) que les coefficients de validité prédictive $\rho_{Xj,Yj}$ soient tous égaux et que, par la linéarité mentionnée plus haut, on puisse les ignorer ; 2) que les scores de performance Y_j soient ramenés à des variances égales et que les tests X_j soient tous standardisés (avec moyennes 0 et variances 1), et 3) que toutes les intercorrélations $\rho_{i,j}$ entre les tests soient égales à ρ.

Les différentes simplifications mentionnées permettent de définir le différentiel de sélection multiple en forme standard,

$$\Delta_{k,\rho}(P) \sim D_y(k, \rho_{\mathbf{xy}}, P, \mathbf{R}) \, . \quad (20)$$

Le différentiel de sélection simple, $\Delta(P) = \Delta_{1,\bullet}(P)$, a déjà été présenté plus haut (voir §3.7.3.3 et exercices 3.72 et 3.73). Laurencelle[25] élabore des expressions permettant de résoudre le cas général.

25. L. Laurencelle, « Le différentiel de sélection multiple », *Lettres statistiques*, 1998, vol. 10, p. 1-26.

6.10.6. Le différentiel de sélection double, $\Delta_{2,\rho}(P)$

Le cas de $k = 2$ tests/postes d'emploi permet d'illustrer l'application du différentiel de sélection multiple, et sa solution est relativement plus facile. Imaginons deux tests symbolisés par les variables standardisées Z_1 et Z_2, à intercorrélation ρ. Soit c, un seuil de sélection pareil aux seuils d'union présentés au tableau 7 : une personne sera retenue pour emploi si elle atteint ce seuil, c'est-à-dire si $Z_1 \geq c$ ou $Z_2 \geq c$ ou les deux à la fois. Si l'on vise la sélection des 100P % meilleurs candidats dans la population à chacun des tests 1 et 2, le gain de performance (en mesure standardisée) anticipé par le recrutement de ceux-ci est $\Delta_{2,\rho}(P)$. Le tableau 9 présente quelques combinaisons représentatives, selon le taux de sélection P et la corrélation ρ entre les tests 1 et 2. Évidemment, le gain apparaît d'autant plus grand que la sélection se confine davantage dans la portion supérieure de la population. De plus, l'utilisation de deux tests ayant une intercorrélation la plus faible possible se montre avantageuse.

Si les tests employés (Z_1, Z_2) sont parfaitement corrélés, avec $\rho = 1$, les mêmes personnes seront à la fois sélectionnées pour l'un et l'autre emploi, avec le même score obtenu. Nous recruterions ainsi $P + P = 2P$ comme fraction supérieure sélectionnée, avec un seuil de sélection correspondant, $c = \Phi^{-1}(2P)$. De plus, les deux variables se confondant en une, le différentiel de sélection simple s'applique, à savoir $\Delta_{2,1}(P) = \Delta(2P)$.

Pour des tests parfaitement indépendants ($\rho = 0$), on sélectionnera les 100T % supérieurs en Z_1 et de même en Z_2. Cependant, parmi ceux sélectionnés par Z_1, il s'en trouvera quelques-uns sélectionnés aussi en Z_2, qu'il faudra partager entre les deux emplois : en fait, au lieu d'obtenir T personnes (en mesures relatives) par test, nous obtenons en fait $T - ½T^2$. Solutionnant pour $T - ½T^2 = P$, nous trouvons $T = 1 - \sqrt{(1 - 2P)}$ comme taux de sélection effectif dans chaque test, et le seuil $c = \Phi^{-1}(T)$ correspondant. En outre, pour les personnes se qualifiant à la fois par Z_1 et Z_2, il est raisonnable d'affecter chacune à l'emploi pour lequel elle se qualifie le plus. Cette sous-fraction de population (égale à T^2) entraînera un gain plus élevé que celui indiqué par le différentiel simple pour chaque test, ce gain correspondant au maximum de Z_1 et Z_2.

TABLEAU 9. Différentiels de sélection doubles [Δ_2(P,ρ)] et seuils de sélection [c] en fonction du taux de sélection (P) dans chaque emploi et de la corrélation (ρ) entre les deux tests

	P = 0,10		P = 0,05		P = 0,01	
ρ	Δ_2	c	Δ_2	c	Δ_2	c
1	1,400	0,842	1,755	1,282	2,421	2,054
0,95	1,626	0,961	1,973	1,398	2,619	2,164
0,9	1,675	1,006	2,013	1,440	2,646	2,201
0,8	1,715	1,066	2,042	1,493	2,661	2,244
0,7	1,729	1,109	2,050	1,529	2,663	2,270
0,6	1,734	1,141	2,053	1,556	2,663	2,270
0,5	1,736	1,168	2,053	1,577	2,663	2,300
0,4	1,737	1,191	2,053	1,594	2,663	2,309
0,3	1,737	1,210	2,054	1,607	2,663	2,316
0,2	1,738	1,226	2,054	1,617	2,663	2,320
0,1	1,740	1,239	2,056	1,626	2,664	2,323
0,0	1,741	1,250	2,057	1,632	2,664	2,324

Pour deux tests, Z_1 et Z_2, à corrélation ρ quelconque, la détermination du taux de sélection individuel T exige le calcul de l'intégrale normale bivariée ; de plus, l'évaluation de l'espérance de $\max(Z_1, Z_2)$ n'est pas triviale. L'expression générale fournissant la valeur Δ_2 requise est :

$$\Delta_{2,\rho}(P) = [\,(T - T_2)\Delta(T) + \tfrac{1}{2}T_2 m_2(T,\rho)\,] \,/\, P\,; \qquad (21)$$

ici, la fraction T_2 représente la fraction de population qualifiée à la fois par Z_1 et Z_2, *i.e.* $T_2 = \text{pr}(Z_1 \geq c \text{ et } Z_2 \geq c)$, cette probabilité étant évaluée sous une loi normale bivariée à corrélation ρ. La fraction T est trouvée pour satisfaire l'équation $T - \tfrac{1}{2}T_2 = P$. Enfin, $m_2(T,\rho)$ est l'espérance (ou moyenne) de $\max(Z_1, Z_2)$, les variables corrélées Z_1 et Z_2 étant échantillonnées toutes deux dans le coin borné par $Z_1 \geq c$ et $Z_2 \geq c$. Les exercices 6.37 et suivants approfondissent la question.

6.11. NORMES DIAGNOSTIQUES

Les normes d'interprétation d'un test sont utiles, parce qu'elles nous renseignent sur la position, la valeur relative d'une personne par rapport à une population de référence ; elles nous permettent de *localiser* la personne dans cette population. Dans certains cas, toutefois, le praticien a besoin de décider si la personne appartient ou non à la population de référence, si elle peut être considérée *hors normes*, fonctionnellement anormale. Or, telles qu'on les apprête, les normes ne permettent pas ce jugement d'exclusion à moins qu'elles soient basées sur un nombre immense de données normatives. Que quelqu'un se situe au-delà du percentile 95 ou qu'il ait un score T de plus de 70 sont certes des indications à considérer ; cependant la probabilité n'est pas nulle que la personne occupe vraiment un percentile plus bas, ou qu'elle ait un vrai T plus faible, et que seule la variabilité échantillonnale des données normatives ait causé l'atteinte de ces seuils. Pour poser son diagnostic, prendre sa décision d'intervenir, le praticien doit pouvoir conclure avec une probabilité suffisante que la personne mesurée déborde le seuil fixé : c'est l'objet de ce que nous appelons des « normes diagnostiques », basées sur le concept statistique de *limite de tolérance*.

> Supposons qu'en puisant dans les données normatives, ou dans toute autre série statistique, nous retenions une valeur L_s, correspondant au percentile $100P$ de la série ($L_s = C_{100P}$). Dans notre échantillon, nous avons donc fréq$\{ X \leq L_s \} \approx nP$, et nous supposons que la même chose est vraie dans la population, soit pr$\{ X \leq L_s \} \approx P$. Cette supposition est justifiée *en moyenne* seulement, mais rien ne nous assure un degré de confiance spécifique pour notre cas particulier. En fait, le seuil L_s, on le conçoit, est lui-même une variable aléatoire, qui estime un centile de population à partir d'une série statistique. Soit Q_p, le centile de population[26] de percentile $100P$; par définition, pr$\{ X \leq Q_P \} = P$. Alors la probabilité pr$\{ L_s \geq Q_{100P} \}$ nous indique jusqu'à quel point on peut se fier à L_s pour « capter » $100P$ % de la population, ou pour en exclure $100(1 - P)$ %. Admettant qu'on puisse évaluer cette probabilité, disons pr$\{ L_s \geq Q_{100P} \} = 1 - \alpha$, on souhaiterait déterminer la valeur L_s telle qu'elle « capte » $100P$ % de la population avec un risque d'erreur d'au plus α ($0 < \alpha < 1$) : cette valeur s'appelle *limite de tolérance*[27].

---

26. Le centile Q_p est défini rigoureusement par $Q_p = F^{-1}(P)$, où $F(x)$ est la fonction de répartition de la variable aléatoire x.
27. Le lecteur avisé n'aura pas manqué de sentir la parenté entre la *limite de tolérance* et la *limite de confiance* (on parle aussi d'*intervalle de tolérance* et d'*intervalle de confiance*). Dans le cas qui nous occupe et en admettant que X se distribue normalement, la limite de confiance supérieure L_s serait déterminée par l'expression : $L_s = \bar{x} + t_{n-1,1-\alpha} s_x / \sqrt{n}$, où $t_{\nu,p}$ désigne le $100p^e$ percentile du t de Student à ν degrés de liberté. La limite de confiance nous assure qu'il y a une probabilité d'au moins $1 - \alpha$ que la moyenne (μ) de la population soit inférieure à L_s, une bonne réponse mais à une tout autre question !

6.11.1. Limites de tolérance normales

La première approche pour établir un seuil diagnostique consiste à supposer que la mesure X utilisée se distribue normalement. Kendall et Stuart[28] récapitulent la théorie, due à S.S. Wilks. En pratique, une fois en possession d'une série de n observations, il s'agit de calculer de bons estimés de μ (la moyenne) et σ (l'écart type), les paramètres de la loi normale supposée, puis de trouver dans une table la limite L_s, ou l'intervalle (L_i ; L_s) correspondant à la proportion P (d'inclusion) voulue, au risque d'erreur α et à la taille n de notre série. Le tableau 10 fournit la borne droite (L_s) de l'intervalle central ($-L_s$, L_s) d'une distribution de moyenne 0 et d'écart type 1, pour une inclusion d'au moins $P = 0{,}9$, 0,95 ou 0,99, un taux d'erreur $\alpha = 0{,}05$ ou 0,01, et quelques valeurs choisies de n[29]. L'intervalle de tolérance est alors spécifié par :

$$Int(P, \alpha) = (\hat{\mu} - L_s\hat{\sigma} \,;\, \hat{\mu} + L_s\hat{\sigma})\,. \tag{22}$$

Nos 283 données du test de Cooper, on l'a vu à la figure 1, ne répondent vraiment pas à une distribution normale. Néanmoins, pour illustrer la procédure, trouvons l'intervalle de tolérance à (inclusion P) 0,95, avec un taux d'erreur $\alpha = 0{,}01$. Pour $n = 250$, $L_s = 2{,}192$, et pour $n = 500$, $L_s = 2{,}117$. Par interpolation harmonique sur n, nous obtenons, pour $n = 283$, $L_s \approx 2{,}192 + (2{,}117 - 2{,}192) \times (250^{-1} - 283^{-1})/(250^{-1} - 500^{-1}) \approx 2{,}175$ (la valeur réelle est 2,176). Notre situation commande doublement la méfiance à l'égard des statistiques $\bar{x}$ et s_x (la distribution n'est pas normale, et il y a une donnée aberrante), de sorte que nous emploierons les estimés Md = 2235,00 et EM = 287,63 pour μ et σ[30]. L'intervalle est donc $\hat{\mu} \pm L_s\hat{\sigma} = 2235{,}00 \pm 2{,}175 \times 287{,}63$, soit (1609,40 ; 2860,60) ou (1609 ; 2861). Si les conditions de validité étaient satisfaites, notamment la condition de distribution normale, nous pourrions affirmer avec une certitude de 99 % que l'intervalle (1609 ; 2861) capte au moins 95 % de la population.

---

28. M.G. Kendall et A. Stuart, *The Advanced Theory of Statistics. Vol. 2 : Inference and Relationship*, Macmillan, 1979.
29. Le lecteur trouvera dans A.H. Bowker, « Tolerance limits for normal distributions » (p. 97-110), dans C. Eisenhart, M.W. Hastay et W.A. Wallis (dir.), *Techniques of Statistical Analysis*, McGraw-Hill, 1947, un tableau plus complet, pour α et P aux valeurs 0,25, 0,10, 0,05 et 0,01, et n = 2(1)102(2)180(5)300(10)400(25) 750(50) 1000,∞ ; les valeurs de Bowker sont basées sur l'approximation à un terme suggérée par Kendall et Stuart (*op. cit.*), au contraire des valeurs du tableau 10, qui sont « exactes ».
30. Kendall et Stuart (*op. cit.*) soulignent que l'intervalle de tolérance normal en utilisant tout estimateur non biaisé des paramètres μ et σ d'une distribution normale, comme c'est le cas des estimateurs employés ici et de plusieurs autres.

TABLEAU 10. Intervalles de tolérance normaux autour d'une estimation ($\hat{\mu}$) de la moyenne (seule la borne supérieure L_s est fournie)†

n	$\alpha = 0,05$			$\alpha = 0,01$		
	$P = 0,90$	$P = 0,95$	$P = 0,99$	$P = 0,90$	$P = 0,95$	$P = 0,99$
4	5,368	6,341	8,221	9,416	11,118	14,406
9	2,986	3,546	4,633	3,860	4,581	5,980
16	2,448	2,913	3,819	2,893	3,441	4,508
25	2,215	2,638	3,462	2,506	2,984	3,915
36	2,086	2,484	3,263	2,300	2,740	3,598
49	2,004	2,387	3,136	2,173	2,589	3,401
64	1,947	2,320	3,048	2,087	2,487	3,267
81	1,906	2,271	2,985	2,025	2,413	3,171
100	1,875	2,234	2,936	1,979	2,358	3,098
150	1,826	2,176	2,859	1,906	2,271	2,985
200	1,798	2,143	2,816	1,866	2,223	2,922
250	1,780	2,121	2,788	1,839	2,192	2,880
500	1,737	2,070	2,721	1,777	2,117	2,783
750	1,719	2,049	2,692	1,751	2,086	2,742
1000	1,709	2,036	2,676	1,736	2,068	2,718
∞	1,645	1,960	2,576	1,645	1,960	2,576

† Valeurs originales basées sur l'évaluation de l'expression (20.83) dans Kendall et Suart, *op. cit.*, p. 141. L'intégrale est estimée par la moyenne de (20.83) sur le domaine de $\overline{x}$, segmenté selon $d\overline{x} = 1/(10\sqrt{n})$.

6.11.2. Limites de tolérance ordinales

La seconde approche permettant d'établir une limite de tolérance, ou un intervalle de tolérance, passe par la théorie des statistiques d'ordre et n'est pas du tout affectée par la forme de la distribution de X : on parle de limites de tolérance ordinales, ou non paramétriques.

Rappelons que si X_4 est la 4e donnée observée dans une série de *n*, $X_{(4:n)}$ ou $X_{(4)}$ est la 4e plus petite valeur de la série, $X_{(1)}$ et $X_{(n)}$ étant les deux plus extrêmes ; la série $X_{(1)}, X_{(2)}, ..., X_{(n)}$ constitue les statistiques d'ordre de la série statistique observée. Or, quelles que soient la distribution $f(X)$ ou l'intégrale de probabilité $F(X)$ de la variable X, la distribution statistique de $u = F(X)$ est *uniforme* entre 0 et 1, et $G[u_{(r)}]$, l'intégrale de la statistique d'ordre $u_{(r)}$, est connue. En fait, cette intégrale est une binomiale simple, soit :

$$G_{u_{(r)}}(y) = \sum_{r}^{n} y^{r}(1-y)^{n-r} \ . \tag{23}$$

Pour établir, par exemple, une limite supérieure à $P = 0{,}99$, il suffit de fixer $y = u_{(r)} = F[x_{(r)}]$ à 0,99, une limite qui exclut donc les 1 % supérieurs de la population, à partir de la r^e statistique d'ordre, comme $r = n$, ou $n - 1$, etc. La fonction $G[u_{(r)}]$ ci-dessus donne $\text{pr}\{u_{(r)} \leq y\}$, c'est-à-dire la probabilité que $u_{(r)}$ se situe sous y, en fonction de n. Toutes choses étant égales d'ailleurs, cette probabilité va croître avec n jusqu'à atteindre un seuil $1 - \alpha$; à ce point, il y aura moins de 100α % de chances de se tromper en affirmant qu'il y a $100y$ % ou plus des éléments de la population situés sous $x_{(r)}$. L'intervalle de tolérance s'établit de la même façon et dépend uniquement de la différence de rangs ($r = r_2 - r_1$) entre les statistiques d'ordre[31].

Le tableau 11 présente les tailles suffisantes pour fixer une limite supérieure à partir de la statistique d'ordre $X_{(n)}$, $X_{(n-1)}$, etc., une limite inférieure par $X_{(1)}$, $X_{(2)}$, etc., ou un intervalle de tolérance de type ($X_{(b)}$; $X_{(n-a)}$), par exemple ($X_{(2)}$; $X_{(n-1)}$) ; les notes du tableau donnent u ne explication supplémentaire. L'exigence de taille échantillonnale, assez forte pour cette méthode, peut être relaxée par le recours à plus d'un test. Si, pour un diagnostic donné, une personne est mesurée sur k tests, des tests fonctionnellement indépendants (et à corrélations réputées nulles, voir §6.10) et à normes indépendantes, l'exclusion diagnostique d'une personne (c'est-à-dire la détermination qu'elle déborde 100 % de la population) doit être prononcée pour chaque test ; dans ce cas, la taille normative requise est sensiblement réduite, comme le montre le tableau 11. Cette procédure d'inspiration probabiliste pourrait être adaptée aussi aux limites de tolérance normales, des limites moins certaines, rappelons-le, qui dépendent lourdement de la validité de l'hypothèse de distribution normale.

Reprenons ici l'exemple de nos 283 données, et tentons d'établir un intervalle de tolérance avec $P = 0{,}95$ et $\alpha = 0{,}01$ (ici, $k = 1$, bien entendu). L'intervalle (symétrique) ($X_{(1)}$; $X_{(n)}$), à la ligne $r = n - 1$, n'exige que 130 données ; 130 données auraient donc suffi pour nos besoins. Néanmoins, tirons profit de nos 283 sujets normatifs, en allant jusqu'à la ligne $n - 5$, à taille indiquée 259. Avec $n \geq 259$ données, l'intervalle ($X_{(2)}$; $X_{(n-2)}$), soit (1681, 3108), permet d'exclure 5 % de la population (dans la zone très forte ou la zone très faible), le risque d'erreur étant d'au plus 1 %.

31. Voir aussi H.A. David, *Order Statistics*, Wiley, 1981.

TABLEAU 11. Tailles suffisantes (n) pour fixer une limite de tolérance ordinale ayant une inclusion d'au moins 100P % pour k tests simultanés, au taux global d'erreur $\alpha = 0{,}05$ ou $0{,}01$†

	$P = 0{,}90$ $\alpha = 0{,}05$						$P = 0{,}90$ $\alpha = 0{,}01$					
$r \backslash k$	1	2	3	4	5	6	1	2	3	4	5	6
n	29	15	10	8	6	5	44	22	15	11	9	8
n-1	46	28	21	18	15	14	64	38	28	23	20	18
n-2	61	40	32	28	25	23	81	52	41	35	31	28
n-3	76	52	43	38	35	32	97	65	53	46	42	39
n-4	89	64	54	48	44	42	113	78	65	57	52	49
n-5	103	76	65	58	54	51	127	91	77	68	63	59
	$P = 0{,}95$ $\alpha = 0{,}05$						$P = 0{,}95$ $\alpha = 0{,}01$					
$r \backslash k$	1	2	3	4	5	6	1	2	3	4	5	6
n	59	30	20	15	12	10	90	45	30	23	18	15
n-1	93	56	43	35	31	27	130	77	57	47	41	36
n-2	124	81	65	56	50	46	165	105	83	70	62	57
n-3	153	106	87	76	69	64	198	132	107	93	84	77
n-4	181	129	108	96	88	83	229	158	131	115	107	97
n-5	208	153	130	117	108	102	259	184	154	137	126	118
	$P = 0{,}99$ $\alpha = 0{,}05$						$P = 0{,}99$ $\alpha = 0{,}01$					
$r \backslash k$	1	2	3	4	5	6	1	2	3	4	5	6
n	299	150	100	75	60	50	459	230	153	115	92	77
n-1	473	284	214	177	153	136	662	388	289	236	203	180
n-2	628	410	325	279	248	226	838	531	416	352	311	282
n-3	773	531	435	380	344	318	1001	667	537	466	418	385
n-4	913	649	543	482	441	412	1157	798	657	577	525	487
n-5	1049	766	650	583	538	506	1307	926	774	688	630	589

† **Note 1**. Le tableau présente la limite de tolérance supérieure $L_s = x_{(r:n)}$ telle que $pr\{X \leq L_s\} \geq P$ avec un risque d'erreur α. La limite inférieure correspondante s'obtient simplement par l'échange $r' = n + 1 - r$; ainsi, pour une inclusion de 0,90 et $\alpha = 0{,}95$, $L_i = x_{(1)}$ à la taille $n \geq 29$.
Note 2. On établit l'intervalle de tolérance (L_i ; L_s) en utilisant l'intervalle ($x_{(b)}$; $x_{(n-a)}$) : les tailles n appropriées apparaissent aux lignes $r = n - a - b$. Ainsi, la ligne « $n - 1$ » donne les tailles pour ($x_{(1)}$; $x_{(n)}$), la ligne « $n - 2$ » vaut pour ($x_{(2)}$; $x_{(n)}$) ou ($x_{(1)}$; $x_{(n-1)}$), etc.
Note 3. La colonne « $k = 1$ » indique la taille nécessaire pour l'inclusion de P au seuil α *en utilisant un seul test*. On peut aussi établir l'exclusion d'une personne sur k tests simultanément (par exemple, $X_1 > L_{s1}$; $X_2 > L_{s2}$; etc.) ; la taille suffisante est alors réduite tout en maintenant le taux d'erreur α.

Remarquons en passant que la donnée $X_{(n-2)}$ correspond au percentile échantillonnal $100(n-2)/(n+1) \approx 98{,}9$, en utilisant $n = 283$, alors que $P(X_{(2)}) \approx 0{,}7$. L'intervalle en percentiles est de 98,2 : c'est de cet intervalle de l'échantillon qu'on affirme qu'il « capte » au moins 95 % de la population, pour au moins 99 échantillons sur 100[32].

Supposons un patient pour qui l'on soupçonne un processus pathologique donné. On dispose de 3 tests statistiquement non corrélés pour le vérifier. Prenant une exclusion de 1 % ($P = 0{,}99$) et un risque d'erreur (α) de 1 %, avec un seul test A quelconque, il faudrait que la mesure du patient déborde le maximum de 459 sujets normatifs ($X_A > X_{(459:459),A}$) pour qu'on puisse prononcer l'exclusion. En utilisant $k = 3$ tests, 153 sujets normatifs suffisent : on déclare le patient *atteint* s'il est exclu sur les 3 tests (c'est-à-dire $X_A > X_{(153:153),A}$ et $X_B > X_{(153:153),B}$ et $X_C > X_{(153:153),C}$).

6.12. ÉPILOGUE

Malgré cette longue incursion dans le domaine de l'élaboration des normes d'interprétation d'un test, nous n'avons guère qu'effleuré chaque sujet traité, sans aborder toutes les difficultés spécifiques auxquelles le constructeur de test devra faire face. Il est aussi des sujets que nous n'avons pas abordés du tout, tels celui des normes tassées ou clairsemées et celui de la validation de normes importées.

6.12.1. Normes tassées ou clairsemées

Certains procédés de mesure, employés souvent dans les tests dits *développementaux* (ou d'évolution selon l'âge), produisent des mesures qui sont un *nombre de coups réussis*, un *nombre d'erreurs*, etc., des mesures en tout cas qui sont notées 0, 1, 2, etc. Or, particulièrement aux niveaux d'âge extrêmes, une bonne fraction des données normatives se tasse dans les petites valeurs, près de zéro. Ainsi, en pourcentage du groupe normatif, on pourrait observer $P(X = 0) = 15$ %, $P(X = 1) = 10$ %, et ainsi de suite. Comme on voit, il est impossible, dans un tel cas, de fixer adéquatement des scores percentiles, des T ou d'autres scores permettant de discriminer les individus faibles (ou forts, selon le cas). La « solution » ici consiste à repenser le procédé de mesure, à le rendre plus facile (ou plus difficile), à faire en sorte

32. Contrairement à ce qu'on pouvait prévoir, l'intervalle de tolérance ordinal (1681, 3108) n'est guère plus large que l'intervalle normal correspondant, soit (1609, 2861). De plus, l'intervalle ordinal est ici plus réaliste dans la zone inférieure, en raison de la forme plutôt lognormale de la distribution et de l'inadéquation conséquente du modèle normal.

que la mesure soit mieux distribuée à tous les paliers de population. Par ailleurs, particulièrement pour des groupes normatifs de petite taille, il peut arriver que les données soient clairsemées, qu'il y ait un ou quelques intervalles de X inoccupés. La fabrication de normes discriminatives doit alors passer par l'*interpolation* (voir par exemple §6.9), l'effort d'élaboration du modèle d'interpolation devant alors se proportionner à l'importance des intervalles à combler.

6.12.2. Validation de normes importées

Il circule souvent, chez les praticiens, des tests fabriqués, validés et standardisés ailleurs, dans d'autres populations, parfois dans d'autres langues. Il est hors de question d'adopter tout simplement les normes étrangères de ces tests, traduits ou non. Un test, même traduit[33], peut être fidèle et valide : la prudence demande des preuves adaptées à la nouvelle situation, mais l'hypothèse de la valeur propre du test importé reste, somme toute, plausible. Toutefois, l'hypothèse de la pertinence des normes, c'est-à-dire de l'identité de la population de référence originale et de la population actuelle, est généralement douteuse, voire invraisemblable, sauf dans les cas pointus où la mesure renvoie à des caractéristiques génétiques ou raciales fondamentales (*e.g.* sensibilité de l'œil aux couleurs, vitesse de conduction de l'influx nerveux, fréquence maximale de tapotement de l'index, etc.). Il faut donc ou bien élaborer de nouvelles normes par le recrutement et le testing d'un groupe normatif, ou bien *prouver* par des données publiées de recherche ou du testing *ad hoc*, sur des cas types, que les normes importées conviennent[34].

---

33. La traduction en langue locale, en *français québécois* par exemple, doit être traitée comme une opération sérieuse et difficile, non pas limitée à la lecture d'un dictionnaire bilingue ou abandonnée à un traducteur ou à une personne bilingue habile. Que ce soit pour un test ou un questionnaire, le libellé de l'item original véhicule les intentions de mesure et parfois la conception théorique qui fonde le test : la « traduction » doit alors être opérée comme une transposition linguistico-culturelle du texte des items. Dans le cas particulier d'un test, la grille de correction peut servir de guide pour éclairer la signification ou la portée d'un item et orienter sa rédaction dans la langue locale. La supposée méthode de « contre-traduction » (qui consiste sommairement à traduire de A à B, puis à retraduire de B à A′, en vérifiant si $A \approx A'$) n'a guère de crédibilité, à notre avis, puisqu'elle encourage la traduction littérale (par dictionnaire) et ne garantit en fin de compte que la consistance des traducteurs.
34. Voir, sur toute cette question, l'article de R.J. Vallerand, « Vers une méthodologie de validation transculturelle de questionnaires psychologiques : implications pour la recherche en langue française », *Psychologie canadienne*, 1989, vol. 30, p. 662-680.

Un traitement plus complet de tous ces sujets eût multiplié à outrance la taille de cet ouvrage. Le lecteur trouvera du matériel complémentaire dans les références indiquées. Toutefois, comme l'auteur l'a constaté à plusieurs reprises dans la composition de ce chapitre, le praticien qui a à résoudre un problème particulier doit y mettre du sien, méditer la question, explorer les voies de solution, la littérature étant bien peu prolixe sur les normes et leur élaboration.

Exercices

(**C**onceptuel - **N**umérique - **M**athématique | 1 - 2 - 3)

Section 6.1

6.1 [N2] Un examen scolaire, issu du ministère de l'Éducation, est administré à tous les élèves de 4e secondaire et doit être réussi au *seuil* de 60 % ; l'erreur type a été évaluée à 3,5 %. Élaborer une règle de décision par laquelle la sanction d'échec comporte un risque d'erreur d'au plus 5 %. [*Suggestion* : La note X d'un élève ayant la forme X = V + e, l'estimateur $\hat{V}$ = X est incertain et fluctue selon une amplitude de $s_e = 3{,}5$. La règle « Échec si X ≤ 60 » aura donc un taux d'erreur de 50 %, et la règle « Échec si X ≤ 60 + $z_{0,05}s_e$ », *i.e.* « Échec si X ≤ 60 - 1,645 × 3,5 ≈ 54 », a un taux d'erreur d'environ 5 %.]

6.2 [C2] Aux normes implicites d'un test ou d'un procédé de mesure correspond aussi une évaluation implicite qui dépend à la fois de la situation globale de mesure et de la mesure obtenue, et ce indépendamment d'un barème de référence. Identifier les normes implicites et rendre explicites les éléments d'évaluation implicites dans les trois situations suivantes : 1) la pesée d'une personne sur un pèse-personne ; 2) la passation d'un test de quotient intellectuel ; 3) l'évaluation du Vo_2 max.

6.3 [M2] Dans une population comportant N éléments X_i, de moyenne μ et variance σ^2, la moyenne $\bar{X}$ est calculée à partir d'un échantillon au hasard de *n* éléments distincts, *n* ≤ N. Démontrer que :

$$E(\bar{X}) = \mu \; ; \quad \text{var}(\bar{X}) = \frac{\sigma^2}{n} \times \frac{N-n}{N-1} \, .$$

[*Suggestion* : Même s'il est fait au hasard, l'échantillonnage d'un élément X_i a une influence sur la suite puisque, par exemple, si $X_i > \mu$, la moyenne des N - 1 variables restantes est abaissée. Dans le développement de var($\bar{X}$), noter que chaque couple (X_i,X_j) a une probabilité conjointe de 1/[N(N - 1)] et que leur covariance est égale à $-\sigma^2/(N-1)$.]

6.4 [N1] Supposons une petite population de N = 500 personnes dans laquelle on sélectionne n = 100 personnes au hasard pour un sondage d'opinion : 30 se disent favorables, d'où p = 0,3. Quelle est l'erreur type de cet estimé ? [*Suggestion* : La technique ordinairement appliquée par les firmes de sondage consiste à donner une estimation unique, et désavantageuse : $\hat{\sigma}_p = 0{,}5/\sqrt{n}$ = 0,0500 ; cette estimation suppose une proportion paramétrique de ½ et une population infinie. L'estimateur statistique correct, ou le plus juste, est :

$$\hat{\sigma}_p = \sqrt{\frac{p(1-p)}{n-1} \times \frac{N-n}{N-1}} ,$$

qui vaut ici 0,0412. D'autres sont aussi en usage.]

6.5 [M1] Montrer que la variance d'une moyenne, dans la formule générale donnée en note infrapaginale 4 (p. 199), a pour intervalle : $\sigma^2 \geq \mathrm{var}(\overline{x}) > \rho\sigma^2$.

6.6 [N2] La mesure adéquate pour estimer la corrélation induite par un échantillonnage en grappes est la *corrélation intra-classe* (r_i) proposée par K. Pearson[35], qu'on peut calculer de différentes façons. La formule définitionnelle, r_i = r(paires intra-grappe), implique qu'on met en corrélation les données en paires du même groupe dans leurs deux permutations. Ainsi, avec p = 2 groupes et les données $\{(a_1,a_2,a_3) ;(b_1,b_2)\}$, les paires en corrélation seraient $\{(a_1,a_2) ;(a_2,a_1) ;(a_1,a_3) ;(a_3,a_1) ;(a_2,a_3) ;(a_3,a_2) ;(b_1,b_2) ;(b_2,b_1)\}$. Une autre formule, applicable si les p groupes ont tous la même taille n, est :

$$r_i = \frac{(p-1)G - pI}{(p-1)G + p(n-1)I} ,$$

où G et I sont les carrés moyens « inter-grappes » et « intra-grappe » respectivement, tels qu'établis par l'analyse de variance. Utilisant les données suivantes de p = 3 groupes, {(2 ;4 ;4 ;6), (4 ;5 ;8 ;8), (5 ;8 ;9 ;9)}, vérifier que r_i = 0,300.

35. Voir C. Valiquette et L. Laurencelle, « À propos de la corrélation intra-classe et d'autres indices d'association », *Lettres statistiques*, 1987, vol. 8, p. 81-96. Les auteurs (par exemple R.R. Sokal et F.J. Rohlf, *Biometry*, Freeman, 1981) donnent parfois une définition historiquement inexacte de r_i.

6.7 [N2] La variance (σ^2) des données d'une population est 25. Le chercheur, qui procède par échantillonnage de grappes à corrélation $\rho = 0{,}10$, veut que la moyenne obtenue ait une erreur type de seulement 2. Vérifier que, pour ce faire, il lui faut un échantillon global d'au moins $n = 15$ données. [*Suggestion* : Noter qu'on peut estimer n par $(1 - \rho)/(\text{var}(\overline{x})/\sigma^2 - \rho)$.]

Section 6.3

6.8 [N2] Soit le tableau suivant donnant les variances de quelques centiles de variables normales : les variances sont standardisées en les divisant par la variance de la moyenne[36].

P \ n	100	200	300	400	500	∞
50	1,564	1,567	1,569	1,569	1,569	1,571
75	1,854	1,855	1,856	1,856	1,856	1,857
90	2,958	2,940	2,934	2,931	2,929	2,922
95	4,644	4,554	4,525	4,510	4,501	4,466
99	18,642	16,144	15,373	15,002	14,783	13,937

Dans une population d'écart type σ, déterminer la taille (n) d'échantillon requise pour que le centile 95 (C_{95}), évalué par la statistique d'ordre de rang $r = 0{,}95(n + 1)$, ait une erreur type de $\sigma/10$; faire de même pour le centile 99. [*Suggestion* : Pour réduire la variance par un facteur de $10^2 = 100$, il faudrait exactement $n = 100$ données s'il s'agissait de la moyenne, et environ 157 pour la médiane. Interpoler au besoin dans la table (en utilisant les réciproques de n) pour trouver $n \approx 451$ pour C_{95} et $n \approx 1424$ pour C_{99}.]

36. Les calculs sont faits grâce à l'expansion (jusqu'à l'ordre n^{-3}) de F.N. David et N.L. Johnson, « Statistical treatment of censored data. Part I. Fundamental formulæ », *Biometrika*, 1954, vol. 41, p. 228-240. Chaque quantité estime la variance d'*une* statistique d'ordre $X_{(r)}$. Dans le cas d'un calcul basé sur la moyenne de deux statistiques d'ordre, par exemple $C_{50} = ½[X_{(50)} + X_{(51)}]$ pour $n = 100$, la variance est réduite et correspond à peu près à celle applicable à $n + 1$, *i.e.* $n\ \text{var}(C_{50}) \approx n/(n + 1)\ 1{,}564 \approx 1{,}548$.

6.9 [M2] Une autre méthode de détermination d'un seuil est applicable si le modèle de distribution est connu, par exemple le modèle normal. Dans ce cas,

$$C_P = \bar{x} + z_P q_n s_x$$

constitue un seuil linéaire ; dans cette formule, $\bar{x}$ et s_x sont la moyenne et l'écart type ; z_P est le centile P normal (en écart réduit), et q_n, un facteur de redressement de l'écart type[37], qui vaut environ $1 + 1/[4(n - 1)]$. Stipulant que la variance d'un écart type normal est d'environ $(4n - 5)/[8(n - 1)^2]$, montrer que la variance d'un seuil (C_P) linéaire est approchée par :

$$\mathrm{var}(C_P) \approx \frac{1}{n} + z_P^2\left[\frac{n-2}{2(n-1)^2}\right]$$

ou, pour n fort, $\mathrm{var}(C_P) \approx (1 + \frac{1}{2}z_P^2)/n$.

6.10 [N1] Reprenant l'exercice 6.8 ci-dessus, mais pour les seuils linéaires C_{95} et C_{99} dont la variance est indiquée à l'exercice 6.9, vérifier qu'il faut respectivement $n = 236$ et $n = 371$ données pour atteindre la précision requise. Bien entendu, la validité des seuils linéaires dépend entièrement de la conformité de la population au modèle (normal) stipulé, tandis que les seuils basés sur les statistiques d'ordre en sont indépendants.

Section 6.4

6.11 [M2] [C2] Pour admettre François dans un programme contingenté, l'université demande sa cote *Z* collégiale : la cote obtenue, égale à 1,00, représente la moyenne (arithmétique) des 12 notes disponibles, exprimées chacune en écarts réduits. François est-il un étudiant médiocre ou un génie ?

---

37. Alors que la variance d'un échantillon est un estimateur non biaisé de la variance paramétrique, *i.e.* $E(s^2) = \sigma^2$, l'écart type quant à lui est biaisé, *i.e.* $E(s) = \sigma/q_n < \sigma$. Le facteur « q_n » sert donc à débiaiser l'écart type ; sa formule exacte est $q_n = \Gamma[\frac{1}{2}(n - 1)]\sqrt{[\frac{1}{2}(n - 1)]}/\Gamma(\frac{1}{2}n)$, où $\Gamma(x)$ est la fonction Gamma. Ainsi, $q_2 \approx 1{,}2533$; $q_3 \approx 1{,}1284$; $q_5 \approx 1{,}0638$; $q_{10} \approx 1{,}0281$, etc., le lecteur pouvant constater l'excellence de l'approximation fournie dans l'exercice.

[*Suggestion* : La moyenne de n cotes Z n'est plus une cote Z : sa variance est déterminée par la formule générale, à la note infra-paginale 4 (p. 199). Si, hypothèse irréaliste, les notes scolaires étaient non corrélées, la variance de $\bar{Z}$ serait $1/n$, et l'écart réduit correct serait alors $\bar{Z} \times \sqrt{n} \approx 3{,}464$, un très bon résultat. En supposant une corrélation moyenne de 0,6, $\text{var}(\bar{Z}) = (1 + (n - 1)\rho)/n \approx 0{,}633$, et l'écart réduit devient $\bar{Z}/\sqrt{\text{var}(\bar{Z})} \approx 1{,}257$, une valeur en dessous du percentile 90 dans une distribution normale. Comme on le voit, il est hasardeux de se prononcer sans connaître la corrélation présente dans les données ou sans normes d'interprétation.]

6.12 [M2] Démontrer que z_n, la cote z maximale d'un échantillon de n données, satisfait l'inégalité $z_n \leq (n - 1)/\sqrt{n}$. [*Suggestion* : Utilisant $\sum z = 0$ et $\sum z^2 = n - 1$, poser $z_n = -\sum z_i$, $i < n$, et résoudre $z_n^2 = n - 1 - z_1^2 - z_2^2 - \ldots - z_{n-1}^2$ pour z_n.]

6.13 [N2] Une échelle d'évaluation psychomotrice a pour données normatives $\bar{X} = 618{,}4$, $s_X = 68{,}7$ et l'erreur type de mesure $({}_X\hat{\sigma}_e)$ est 21,7. Le concepteur élabore des normes T linéaires. Quelle sera l'erreur type dans la nouvelle échelle T ? [*Suggestion* : La transformation linéaire (4b), $T = aX + b$, implique $a = 10/s_X \approx 0{,}146$. Appliquant simplement le théorème (2b) sur l'écart type, nous avons ${}_T\hat{\sigma}_e = a \times {}_X\hat{\sigma}_e \approx 3{,}2$. Le même calcul s'applique approximativement lorsqu'on passe à une échelle normalisée.]

Section 6.5

6.14 [M2] Démontrer que l'écart type (σ) de l'échelle centile est approximativement égal à $100/\sqrt{12} \approx 28{,}87$.

6.15 [N1] Vérifier que, pour les données normatives du tableau 1, les normes en quartiles sont : 1 ($X \leq 2039$), 2 ($2040 \leq X \leq 2231$), 3 ($2232 \leq X \leq 2429$) et 4 ($2430 \leq X$). [*Suggestion* : le lecteur paresseux, ou intelligent, pourra se servir des normes centiles, au tableau 4.]

6.16 [N1] Un percentile, comme en donnent les normes centiles, a la même erreur type qu'une proportion, soit approximativement $\hat{\sigma}_P = \sqrt{[P \times (100 - P)/(n - 1)]}$. Combien de sujets faudrait-il pour réduire à ±1 point l'erreur type du percentile 50 [Rép. : 2501] ? du percentile 95 [Rép. : 476] ? du percentile 99 [Rép. : 100] ?

Section 6.6

6.17 [N3] *Espérances des statistiques d'ordre normales (ESON).* Les valeurs d'un échantillon de n variables issues d'une distribution normale N(0,1), classées de la plus petite à la plus grande, sont dénotées $X_{(1)}, X_{(2)}, ..., X_{(n)}$ et appelées statistiques d'ordre normales. Leurs espérances, ou ESON, peuvent être calculées (voir David, *op. cit.*) et il en existe des tables publiées, telles celles de Rohlf et Sokal (*op. cit.*) et Owen (*op. cit.*). On peut s'approcher de l'espérance de la i^e statistique d'ordre de différentes manières. L'estimateur naïf (celui que nous employons à toutes fins pratiques pour élaborer les échelles normalisées) est $\Phi^{-1}[i/(n+1)]$; David mentionne un estimateur conçu pour les ESON, soit $\Phi^{-1}[(i-\frac{3}{8})/(n+\frac{1}{4})]$. Le tableau suivant donne les ESON et les valeurs estimées correspondantes pour une série de $n = 9$ et les rangs $i = 5$ à 9 (les valeurs pour $i = 1$ à 5 sont symétriques) :

i (rang)	5	6	7	8	9
ESON (exacte)	0,000	0,275	0,572	0,932	1,485
$\Phi^{-1}[i/(n+1)]$	0,000	0,253	0,524	0,842	1,282
$\Phi^{-1}[(i-\frac{3}{8})/(n+\frac{1}{4})$	0,000	0,274	0,572	0,932	1,494

Par une étude numérique comparative, montrer que les deux estimateurs des ESON sont consistants (c'est-à-dire que leur erreur approche régulièrement zéro quand n croît) sauf pour les statistiques d'ordre extrêmes [$X_{(1)}$ et $X_{(n)}$] et que le second estimateur est partout plus précis que le premier. [*Suggestion* : Exploiter la procédure ENOS de la banque informatique IMSL (STAT/LIBRARY) afin de produire les ENOS de référence.]

6.18 [N1] Pour notre ami R. Chicoine qui a mérité le rang 174 dans la série de 283 données, trouver une table donnant son ESON (≈ 0,287), l'estimation naïve (≈0,286, déjà trouvée dans le texte) et l'estimation plus sûre (≈0,287). La cote normalisée attribuée, après arrondissement, reste $T = 53$.

6.19 [N2] À l'aide d'une table de l'intégrale normale, vérifier que la grille de conversion *Percentiles* → *Stanine* suivante : (0,0 à 4,5) → 1 ; (4,6 à 11,3) → 2 ; (11,4 à 23,4) → 3 ; (23,5 à 40,4) → 4 ; (40,5 à 59,4) → 5 ; (59,5 à 76,4) → 6 ; (76,5 à 88,5) → 7 ; (88,6 à 95,4) → 8 ; (95,4 à 100,0) → 9, a pour espérance 5 et pour écart type 2 (malgré l'effet de groupement de Sheppard).

Section 6.7

6.20 [M1] Dans le but d'obtenir un score composé de moyenne et de variance prédéterminées, démontrer que la méthode dite de conversion par égalisation des variances, utilisant l'éq. 9, équivaut à la « conversion en deux étapes ».

6.21 [N1] Soit un score Y basé sur trois composantes, X_1, X_2 et X_3, ayant les intercorrélations $r_{12} = 0{,}6$, $r_{13} = 0{,}3$ et $r_{23} = 0{,}5$. En vertu de la méthode de « conversion par égalisation des variances », quel écart type commun doit-on imposer à chaque composante pour que Y ait un écart type résultant de $\sigma_Y = 10$? [*Suggestion* : L'application de l'éq. 9 donne $\text{var}(Y_i) \approx \sigma_Y^2/(3 + 6 \times 1{,}467) \approx 17{,}241$, soit un écart type commun de 4,152.]

6.22 [N2] Dans le contexte de l'exercice précédent, vérifier que les écarts types idoines pour égaliser l'influence des composantes sont d'à peu près 4,22, 3,92 et 4,36 respectivement. [*Suggestion* : L'application de la formule (11) donne une première série d'estimations, soit $10/\sqrt{(3 \times 1{,}9)} \approx 4{,}19$ pour la composante X_1, 3,98 et 4,30 pour les deux autres. En fragmentant l'éq. 10, la contribution des trois composantes apparaît d'environ $c_i = 32{,}98$, 34,41 et 32,46. Soit $T = \sum c_i = 99{,}85$. On peut corriger (itérativement) les estimés en multipliant chaque écart type par Q_i, selon $Q_i = \sigma_Y^2/\sqrt{(kTc_i)}$. Pour X_1, $Q_1 = 100/\sqrt{(3 \times 99{,}85 \times 32{,}98)} \approx 1{,}0061$, le nouvel estimé d'écart type étant $4{,}19 \times 1{,}0061 \approx 4{,}22$; pour les deux autres, nous obtenons 3,92 et 4,36 respectivement. Une itération supplémentaire n'y change pas grand-chose.]

6.23 [M2] L'*influence* approximative sur la variance assignée à chaque composante du score total, telle que développée à partir de l'expression (10), à savoir $\sigma_1^2 + r_{1,2}\sigma_1\sigma_2 + \ldots + r_{1,k}\sigma_1\sigma_k$ pour la composante 1, a une parenté avec l'indice d'influence (4.13) en analyse d'items. Démontrer algébriquement cette parenté.

Section 6.8

6.24 [N3] Utilisant les 282 données du test de Cooper au tableau 1 (moins la donnée extrême, X = 4253), vérifier que la transformation Box-Cox optimale est à peu près $X' = 2 - 2/\sqrt{X}$, correspondant à $\lambda = -\frac{1}{2}$ et à la valeur −5,6253 pour l'expression (14).

6.25 [N1] ***(Suite)*** Les moyenne et écart type des 282 valeurs transformées selon la transformation Box-Cox sont 1,95763 et 0,0026223. D'après ce « modèle » de distribution, vérifier que les scores *Z* et *T* de Robert Chicoine, qui obtenait X = 2322, sont $Z = 0{,}330$ et $T \approx 53$, des résultats semblables à ceux dérivés du modèle lognormal. [*Suggestion* : Convertir d'abord par $X' = 2 - 2/\sqrt{2322} \approx 1{,}95850$ pour appliquer ensuite les transformations linéaires (3) et (4).]

Section 6.9

6.26 [M2] Les fonctions d'interpolation permettent de régulariser des normes développementales irrégulières et surtout de compléter des normes clairsemées, en y estimant les valeurs manquantes. Supposons qu'on dispose de trois valeurs (Y_1, Y_2, Y_3) pour les niveaux successifs (X_1, X_2, X_3), et qu'il manque Y_u correspondant à X_u tel que $X_1 < X_u < X_3$. La meilleure et plus simple fonction pour ce cas est la fonction d'interpolation parabolique,

$$\hat{Y}_u = f(X_u) = Ax^2 + Bx + C\ .$$

Montrer que les paramètres de cette fonction sont obtenus par les équations suivantes : $\Delta = (X_2 - X_1)$, $h = (X_3 - X_2)/\Delta$, $\alpha = [Y_3 - Y_2 - h(Y_2 - Y_1)]/[h(h + 1)]$, $\beta = [Y_3 - Y_2 + h^2(Y_2 - Y_1)]/[h(h + 1)]$, $\gamma = Y_2$ et, enfin, $A = \alpha/\Delta^2$, $B = \beta/\Delta - 2AX_2$, $C = \gamma - AX_2^2 - BX_2$. [*Suggestion* : Recentrer X sur X_2 selon $x' = (X - X_2)/\Delta$. Dans cette échelle, les équations $Y_1 = \alpha - \beta + \gamma$, $Y_2 = \gamma$ et $Y_3 = \alpha h^2 + \beta h + \gamma$ sont aisément résolues.]

6.27 [N1] Dans le tableau de normes développementales présenté à la page 223, appliquer l'interpolation parabolique pour estimer la norme C_{50} à 7 ans à partir des normes à 6, 8 et 9 ans, et vérifier l'estimation $C_{50}(p_7) \approx 34{,}7$.

Section 6.10

6.28 [M2] Prouver la relation (17) par induction sur le nombre d'événements.

6.29 [N3] Vérifier l'un ou l'autre seuil d'union du tableau 7. [*Suggestion* : Pour c et k fixés, il s'agit de vérifier l'égalité approximative $1 - P_k(c) = \alpha$, où $P_k(c)$ est l'intégrale :

$$P_k(c) = \int_{-\infty}^{\infty} \varphi(x) \left[\Phi\left(\frac{c - \sqrt{\rho}x}{\sqrt{1-\rho}} \right) \right]^k dx \quad ;$$

$\varphi(\ )$ et $\Phi(\ )$ sont les fonctions de densité et de répartition normales standards. Cette intégrale ne peut s'évaluer que par une méthode numérique, telle la règle de Simpson généralisée.]

6.30 [M2] La relation (18) permet de calculer la probabilité de k succès conjoints à partir des probabilités successives de 1, 2, ..., k échecs conjoints. Prouver cette relation par induction sur le nombre k d'événements. [*Suggestion* : Notant par S_i et E_i les probabilités de i succès ou échecs conjoints respectivement, remarquer que $S_1 + E_1 = 1$ et que S_k peut s'obtenir par un développement binomial simulé, *i.e.* $(1 - E)^k = 1 - \binom{k}{1}E_1 + \binom{k}{2}E_2 - etc.$]

6.31 [M3] Démontrer que la probabilité d'obtenir r succès ou plus en k tests (ou essais), soit $U_r = \mathrm{pr}\{\text{nbre Succès} \geq r \mid k, S_1, S_2, ..., S_k\}$, S_i étant la probabilité de i succès conjoints, est donnée par :

$$U_r = \binom{k}{r} S_r - \binom{k}{r+1}\binom{r}{r-1} S_{r+1} + \binom{k}{r+2}\binom{r+1}{r-1} S_{r+2} - \cdots \pm \binom{k}{k}\binom{k-1}{r-1} S_k .$$

6.32 [M2] En corollaire du théorème de l'exercice précédent, montrer que la probabilité (U_2) d'obtenir au moins 2 succès dans k tests peut se calculer à partir des probabilités d'échecs conjoints E_i selon :

$$U_2 = 1 - kE_{k-1} + (k - 1)E_k$$

et que la probabilité (U_3) d'en obtenir au moins 3 est :

$$U_3 = 1 - \binom{k}{2}E_{k-2} + k(k - 2)E_{k-1} - \binom{k-1}{2}E_k .$$

6.33 [N3] D'après l'expression obtenue pour U_2 à l'exercice précédent et en identifiant $E_k = P_k(c)$, vérifier quelques-uns des seuils mixtes d'ordre 2 présentés au tableau 12, à la page suivante. Rappelons que ces seuils sont tels que l'atteinte d'au moins 2 seuils pour k tests ayant des intercorrélations égales à ρ a une probabilité d'au plus α. Le lecteur notera que la colonne sous $k = 2$ reproduit la colonne correspondante des seuils d'intersection du tableau 8.

6.34 [C2] Soit une situation de testing à des fins de sélection, situation dans laquelle k tests sont administrés, et l'on veut retenir une fraction α des candidats. À quelles conditions les seuils (standardisés) des tableaux 7, 8 et 12 sont-ils valides ? Quel genre de candidats chaque type de seuils permet-il de repérer ?

6.35 [M2] Le différentiel de sélection multiple D_k, présenté à l'éq. 19, n'est en fait que l'une des formes spécialisées que peut prendre le concept général. Dans sa forme générale, le dsm fait intervenir, outre les variances spécifiques (σ^2_{Yj}) dans chaque emploi, une pondération (π_j) reflétant le bénéfice relatif de la situation pour l'emploi et un coût (u_j) d'embauche ou de formation des personnes sélectionnées. À partir des variables Z_j du d.s.m. standard, élaborer un modèle algébrique explicite utilisant tous les paramètres apparents du d.s.m. général.

6.36 [C3] Vous référant au modèle algébrique produit à l'exercice précédent ou posant un autre modèle assez complet, identifier chaque paramètre du modèle en l'intégrant dans un contexte réel de sélection. Concevoir ensuite une procédure de sélection complète, en indiquant les matériels et informations psychométriques nécessaires, puis suggérer une méthode pour rendre cette procédure optimale, selon un critère d'optimalité quelconque.

TABLEAU 12. Seuils multinormaux (en écarts réduits *z*) pour la sélection de 100α % d'individus à partir de l'atteinte du seuil d'au moins 2 parmi *k* tests à intercorrélations communes ρ

	α = 0,10 (z = 1,282)				α = 0,05 (z = 1,645)				α = 0,01 (z = 2,326)				
ρ \ k	2	3	4	5	2	3	4	5	2	3	4	5	k / ρ
0,95	1,145	1,264	1,327	1,370	1,505	1,622	1,685	1,727	2,181	2,294	2,355	2,397	0,95
0,9	1,082	1,246	1,334	1,393	1,439	1,599	1,685	1,744	2,109	2,261	2,345	2,402	0,9
0,8	0,987	1,209	1,330	1,412	1,337	1,552	1,669	1,749	1,994	2,194	2,307	2,383	0,8
0,7	0,908	1,171	1,315	1,413	1,251	1,503	1,642	1,737	1,894	2,125	2,256	2,346	0,7
0,6	0,838	1,131	1,294	1,405	1,173	1,452	1,608	1,715	1,801	2,054	2,199	2,299	0,6
0,5	0,772	1,090	1,268	1,262	1,100	1,400	1,569	1,685	1,712	1,981	2,135	2,242	0,5
0,4	0,710	1,048	1,237	1,366	1,029	1,345	1,524	1,648	1,626	1,904	2,065	2,178	0,4
0,3	0,650	1,004	1,202	1,338	0,961	1,289	1,475	1,604	1,540	1,825	1,990	2,106	0,3
0,2	0,592	0,957	1,163	1,304	0,894	1,229	1,421	1,553	1,454	1,742	1,909	2,026	0,2
0,1	0,535	0,908	1,119	1,263	0,827	1,167	1,361	1,495	1,368	1,655	1,822	1,939	0,1
0,0	0,479	0,857	1,069	1,215	0,760	1,101	1,295	1,429	1,281	1,564	1,728	1,843	0,0

6.37 [M3] Soit $T = f(P, k, \rho)$, la fraction sélectionnée requise dans chaque test afin de recruter une fraction P *par test*, en tenant compte des personnes multiplement qualifiées ; les k tests ont une intercorrélation commune ρ. Montrer que $T = f(P, k, 1) = kP$, $f(P, k, 0) = 1 - \sqrt[k]{(1 - kP)}$ et, en général, que T doit satisfaire $b_k(T, \rho) = \Phi_k(c, \rho) = 1 - kP$, où $\Phi_k(c, \rho)$ est l'intégrale multinormale à corrélations homogènes ρ bornée dans chaque axe par $c = \Phi^{-1}(T)$ présentée à l'exercice 6.29. [*Suggestion* : Considérer le complément d'intégrale $h_k(T, \rho) = pr(Z_1 > c, Z_2 > c, ..., Z_k > c)$, et $h_k = (1 - b_u)^{(k)}$, où $b_u = b_u(T, \rho)$; par exemple, $h_3 = 1 - 3b_1 + 3b_2 - b_3$; $T_r = h_r(T, \rho)$ est la fraction sélectionnée à la fois dans r tests. Alors, pour $k = 1$, $P = T = h_1 = 1 - b_1$; pour $k = 2$, $P = T - \frac{1}{2}T_2 = (1 - b_1) - \frac{1}{2}(1 - 2b_1 + b_2) = \frac{1}{2}(1 - b_2)$; pour $k = 3$, $P = T - \frac{2}{2}T_2 + \frac{1}{3}T_3 = \frac{1}{3}(1 - b_3)$, etc. ; par conséquent, $b_k(T, \rho) = 1 - kP$.]

6.38 [N2] Dans le différentiel de sélection double, la fraction de population T_2 doublement sélectionnée correspond à la proportion $a = f_{++}$ d'un tableau de contingence 2×2, alors que $a+b = a+c = T$. Posant $T_2 = 2(T-P)$ (voir l'exercice précédent), la *corrélation tétrachorique* r_t peut être calculée (ou estimée) à partir du tableau $\{a, b, c, d\}$ reconstitué ; inversement, connaissant ρ, la fraction T_2 peut être obtenue par une inversion de ce calcul. Reconstituer le tableau correspondant aux conditions T = 0,1 et ρ = 0,75 et montrer que l'estimation $f_{++} \approx 0{,}0431$ (au lieu de la valeur exacte 0,0512). [*Suggestion* : Voir les formules aux exercices 3.74 et 3.75, notant que, dans ce contexte, $p_x = p_y = 1 - T$.]

6.39 [M2] Montrer que la valeur du différentiel de sélection multiple en forme standard est donnée par

$$\Delta_{k,\rho}(P) = \frac{\dfrac{\binom{k-1}{0}}{1}\left[T_{1+u}(1-1)^{(k-1)}\right]m_1(T) + \dfrac{\binom{k-1}{1}}{2}\left[T_{2+u}(1-1)^{(k-2)}\right]m_2(T) + \ldots + \dfrac{\binom{k-1}{k-1}}{k}T_k m_k(T)}{P}$$

T_r, par abréviation, désigne la fraction supérieure $h_r(T,\rho)$ présentée aux exercices précédents, et $m_r = m_r(T,\rho)$ est l'espérance du maximum de r variables multinormales à intercorrélations ρ, toutes échantillonnées dans la fraction supérieure T, c'est-à-dire au-delà de $c = \Phi^{-1}(1-T)$; noter que $m_1 = \Delta(T)$. Enfin, l'expression symbolique « $T_{r+u}(1-1)^{(n)}$ » doit être développée comme « $T_{r+u}(1 - n + \binom{n}{2} - \text{etc.})$ », soit « $T_r - nT_{r+1} + \binom{n}{2}T_{r+2} - \text{etc.}$ ». Développer explicitement les expressions correspondant à $\Delta_2(T,\rho)$, $\Delta_3(T,\rho)$ et $\Delta_4(T,\rho)$.

Section 6.11

6.40 [N3] Soit L_s, P, α et n, la limite de tolérance supérieure, la capacité (ou proportion) d'inclusion voulue, le taux d'erreur et la taille échantillonnale, et soit $I(L_s)$, l'inclusion réelle. La limite L_s est cherchée telle que $G = \text{pr}\{ I(L_s) \geq P \} \geq 1 - \alpha$. Or, $G = \int G(\bar{x})\varphi(\bar{x})\, d\bar{x}$, où $\bar{x}$ est une variable normale de moyenne zéro et de variance $1/n$, et $G(\bar{x})$ s'obtient par :

$$G(\bar{x}) = 1 - F_{\chi^2_{n-1}}\left([n-1]r^2/L_s^2\right),$$

F étant l'intégrale du Khi-deux et r, un écart tel que $\int_{\bar{x}-r}^{\bar{x}+r} \varphi(t)\, dt = P$.

Utilisant ces équations, vérifier quelques-unes des limites L_s présentées au tableau 10.

6.41 [M2] Pour la limite de tolérance ordinale extrême $X_{(n)}$, avec $k = 1$ test et en utilisant l'éq. 23, montrer que la taille suffisante est donnée par $\log(\alpha)/\log(P)$.

6.42 [C2] Vérifier que, si on exploite $k \geq 2$ tests et que ceux-ci sont en corrélation positive, les tailles requises (n) pour les intervalles indiqués seront plus importantes que celles données dans le tableau 11.

Section 6.12

6.43 [C2] Identifier le piège dans lequel peut tomber la méthode de traduction schématisée par : A → B → A′, surtout lorsqu'on procède par translittération ou bien dictionnaire en main.

6.44 [C1] Dans chacun des cas suivants, trouver la traduction française préférée et indiquer le motif de rejet de l'autre traduction.

A *Original* : I have never been good at games like charades or improvisational acting.

Trad. 1 : Je n'excelle jamais dans des jeux de charades ou de théâtre improvisé.

Trad. 2 : Je n'ai jamais été bon au théâtre d'improvisation ni aux devinettes.

B *Original* : Sometimes I feel as if I must injure either myself or somebody else.

Trad. 1 : Parfois, je me sens poussé à me blesser ou à blesser quelqu'un d'autre.

Trad. 2 : Je suis parfois poussé à insulter quelqu'un ou moi-même.

C *Original* : I think that no one will miss me when I am gone.

Trad. 1 : Je pense que je ne me raterai pas quand je me déciderai.

Trad. 2 : Je pense que je ne manquerai à personne quand je ne serai plus là.

D *Original* : I have thought of how to do myself in.

Trad. 1 : J'ai réfléchi aux moyens de me tuer.

Trad. 2 : Je me suis demandé comment faire pour être moi-même.

E *Original* : I feel close to my mother.

Trad. 1 : Je me sens proche de ma mère.

Trad. 2 : Je me sens fermé à ma mère.

[Rép. : A-2, B-1, C-2, D-1, E-1.]

6.45 [C2] Supposons un test d'aptitudes ou d'attitude américain (et de langue anglaise) dont le texte a été méticuleusement traduit et la validité factorielle confirmée en démontrant l'équivalence des structures de corrélation du test traduit par rapport à l'original. Concevoir un contexte d'application du test et proposer un protocole de recherche dans le but de vérifier l'adéquation des normes originales pour l'application visée.

6.46 [C2] ***(Suite)*** Dans le contexte développé à l'exercice précédent, les conclusions de la recherche sur l'adéquation normative peuvent être à l'effet que certaines parties ou la totalité des normes originales sont incorrectes, créant ainsi un problème de justesse. Deux options s'offrent alors : l'adaptation des normes originales par une opération de calibrage du test traduit (*cf.* §3.7.1), ou une standardisation en bonne et due forme. Discuter des situations (types de normes, étendue et nature des différences normatives, etc.) pour lesquelles chaque option devrait être préférée à l'autre.

Bibliographie

ALLAIRE, D. et L. LAURENCELLE, « Comparaison Monte Carlo de la précision de six estimateurs de la variance d'erreur d'un instrument de mesure », *Lettres statistiques*, 1998, vol. 10, p. 27-50.

ANASTASI, A., *Introduction à la psychométrie* (trad. F. Gagné), Montréal, Guérin Universitaire, 1994.

BAKER, F.B., *The Basics of Item Response Theory*, Portsmouth (NA), Heinemann, 1985.

BARLOW, R.E., J.M. BARTHOLOMEW, J.M. BREMNER et H.D. BRUNK, *Statistical Inference under Order Restrictions (The theory and application of isotonic regression)*, New York, Wiley, 1972.

BLACK, P. et L. LAURENCELLE, « Le test G pour les tableaux de fréquences et sa décomposition orthogonale », *Lettres statistiques*, 1987, vol. 8, p. 97-114.

BASSIÈRE, M. et E. GAIGNEBET, *Métrologie générale : Théorie de la mesure, les instruments et leur emploi*, Paris, Dunod, 1966.

BÉLANGER, J., *Étude des déterminants de la prévalence multidimensionnelle de la douance et du talent,* Thèse de doctorat inédite, Montréal, Université du Québec à Montréal, 1997.

BERNIER, J.-J., *Théorie des tests* (2e éd.), Chicoutimi, Gaëtan Morin, 1985.

BRODGEN, H.E., « Increased efficiency of selection resulting from replacement of a single predictor with several differential predictors », *Educational and Psychological Measurement*, 1951, vol. 11, p. 173-195.

BURROWS, P.M., « Expected selection differentials for directional selection », *Biometrics*, 1972, vol. 28, p. 1091-1100.

BURROWS, P.M., « Variances of selection differential in normal samples », *Biometrics*, 1975, vol. 31, p. 125-133.

CARDINET, J. et Y. TOURNEUR, *Assurer la mesure*, Berne, Peter Lang, 1985.

CHARRIER, J., *Sur la méthodologie et la métrologie de l'observation systématique*, Mémoire de maîtrise (M.A.), Département de psychologie, Université du Québec à Trois-Rivières, 1988.

COHEN, J., « A coefficient of agreement for nominal scales », *Educational and Psychological Measurement*, 1960, vol. 20, p. 37-46.

COOPER, K.H., « A mean of assessing maximal oxygen intake », *Journal of the American Medical Association*, 1968, vol. 203, p. 201-204.

CRONBACH, L.J., G.C. GLESER, H. NANDA et N. RAJARATNAM, *The Dependability of Behavioral Measurements : Theory of Generalizability for Scores and Profiles*, New York, Wiley, 1972

DAVID, F.N. et N.L. JOHNSON, « Statistical treatment of censored data. Part I. Fundamental formulæ », *Biometrika*, 1954, vol. 41, p. 228-240.

DAVID, H.A., *Order Statistics* (2e éd.), New York, Wiley, 1981.

DRAPER, N. et H. SMITH, *Applied Linear Regression* (2e éd.), New York, Wiley, 1981.

EISENHART, C., M.W. HASTAY et W.A. WALLIS (dir.), *Techniques of Statistical Analysis*, New York, McGraw-Hill, 1947.

FELLER, W., *An Introduction to Probability Theory and its Applications*, vol. 1 (3e éd.), New York, Wiley, 1957.

FERGUSON, G.A., « On the theory of test discrimination », *Psychometrika*, 1949, vol. 14, p. 61-68.

FISHER, R.A. et J. WISHART, « On the distribution of the error of an interpolated value, and on the construction of tables », *Proceedings of the Cambridge Philosophical Society*, 1927, vol. 23, p. 917-921.

FURNEAUX, W.D., « Intellectual abilities and problem-solving behaviour », dans H.J. Eysenck (dir.), *Handbook of Abnormal Psychology*, New York, Basic Books, 1973, p. 167-192.

GERALD, C.F. et P.O. WHEATLEY, *Applied Numerical Analysis* (3e éd.), Reading (Mass.), Addison-Wesley, 1984.

GRIFFIN, H.D., « Graphic computation of Tau as a coefficient of disarray », *Journal of the American Statistical Association*, 1958, vol. 53, p. 441-447.

GUILFORD, J.P., *Psychometric Methods*, New York, McGraw-Hill, 1954.

GULLIKSEN, H., *Theory of Mental Tests*, New York, Wiley, 1950.

GUTTMAN, L., « The test-retest reliability of qualitative data », *Psychometrika*, 1946, vol. 11, p. 81-95.

HARRIS, R.J., *A Primer of Multivariate Statistics*, New York, Academic Press, 1975.

HASTINGS, C. Jr., *Approximations for Digital Computers*, Princeton, Princeton University Press, 1955.

JARRETT, R.F., « Per cent increase in output of selected personnel as an index of test efficiency », *Journal of Applied Psychology*, 1948, vol. 32, p. 135-145.

JENSEN, A.R., « Reaction time and psychometric *g* », dans H.J. Eysenck (dir.), *A Model for Intelligence,* New York, Springer-Verlag, 1982, p. 93-132.

JOHNSON, N.L. et S. KOTZ, *Distributions in Statistics. Discrete Distributions (1 vol. – 1970). Continuous Univariate Distributions (2 vol. – 1972). Continuous Multivariate Distributions (1 vol.)*, New York, Houghton-Mifflin et Wiley.

KENDALL, M.G. et A. STUART, *The Advanced Theory of Statistics* (3 tomes) (4e éd.), New York, Macmillan, 1979.

LAURENCELLE, L., « Corrélation et classement : le taux de classements corrects », *Lettres statistiques*, 1977, vol. 2, chap. 2.

LAURENCELLE, L., « Une interprétation du pourcentage d'accords dans la fidélité inter-juges », *Lettres statistiques*, 1983, vol. 7, chap. 4.

LAURENCELLE, L., « Observer le réel : quelques questions d'intérêt méthodologique », dans C. PARÉ, M. LIRETTE et M. PIÉRON (dir.), *Méthodologie de la recherche en enseignement de l'activité physique et sportive*, Trois-Rivières, Université du Québec à Trois-Rivières, 1986, p. 5-36.

LAURENCELLE, L., « La valeur vraie et son estimation : un choix de méthodes », *Mesure et évaluation en éducation*, 1992, vol. 15, p. 61-81.

LAURENCELLE, L., « Et la corrélation, comment la voyez-vous ? » *Mesure et évaluation en éducation*, 1993, vol. 16, p. 113-145.

LAURENCELLE, L., « Le différentiel de sélection multiple », *Lettres statistiques*, 1998, vol. 10, p. 1-26.

LAURENCELLE, L., « La capacité discriminante d'un instrument de mesure », *Mesure et évaluation en éducation* (sous presse).

LAURENCELLE, L. (dir.), *Trois essais de méthodologie quantitative*, Sainte-Foy, Presses de l'Université du Québec, 1994.

LAURENCELLE, L., A. QUIRION et S. NADEAU, « Lactate threshold determination : a Monte Carlo comparison of two interpolation methods », *Archives internationales de physiologie, de biochimie et de biophysique*, 1994, vol. 102, p. 43-49.

LEGENDRE, R., *Dictionnaire actuel de l'éducation* (2e éd.), Montréal, Guérin, 1993.

LINN, R.L. (dir.), *Educational Measurement* (3e éd.), New York, American Council on Education-Macmillan, 1989.

LORD, F.M., *Applications of Item Response Theory to Practical Testing Problems*, Hillsdale, Laurence Erlbaum Associates, 1980.

LORD, F.M. et M.R. NOVICK, *Statistical Theories of Mental Test Scores*, Reading (Mass.), Addison-Wesley, 1968.

MORISSETTE, D., *Les examens de rendement scolaire* (3e éd.), Sainte-Foy, Presses de l'Université Laval, 1993.

MORISSETTE, D. et M. GINGRAS, *Enseigner des attitudes ? Planifier, intervenir, évaluer*, Sainte-Foy, Presses de l'Université Laval, 1993.

MORRISON, D.F., *Multivariate Statistical Methods*, New York, McGraw-Hill, 1976

NORMAND, M.C., C.L. RICHARDS et M. FILION, « Muscle utilization in gait determined by a physiological calibration of EMG », *Locomotion III*, 1986, p. 263-264.

NUNNALLY, J.C., *Psychometric Theory*, New York, McGraw-Hill, 1967.

OWEN, D.B., *Statistical Tables*, Reading (Mass.), Addison-Wesley, 1968.

PARÉ, C., M. LIRETTE et M. PIÉRON (dir.), *Méthodologie de la recherche en enseignement de l'activité physique et sportive*, Trois-Rivières, Université du Québec à Trois-Rivières, 1986.

PARZEN, E., *Modern Probability Theory and its Applications*, New York, Wiley, 1960.

RICHARDSON, M.W., « The interpretation of a test validity coefficient in terms of increased efficiency of a selected group of personnel », *Psychometrika*, 1944, vol. 9, p. 245-248.

ROBERT, M. (dir.), *Fondements et étapes de la recherche scientifique en psychologie* (3e éd.), Saint-Hyacinthe, Edisem, 1988.

ROHATGI, V.K., *An Introduction to Probability Theory and Mathematical Statistics*, New York, Wiley, 1976.

ROHLF, F.J. et R.R. SOKAL, *Statistical Tables* (2e éd.), New York, Freeman, 1981.

SCALLON, G., *L'évaluation formative des apprentissages, I. La réflexion*, Sainte-Foy, Presses de l'Université Laval, 1988.

SOKAL, R.R. et F.J. ROHLF, *Biometry* (2e éd.), San Francisco, Freeman, 1981.

TAYLOR, H.C. et J.T. RUSSEL, « The relationship of validity coefficients to the practical usefulness of tests in selection : discussion and tables », *Journal of Applied Psychology*, 1939, vol. 23, p. 565-578.

THORNDIKE, R.L. (dir.), *Educational Measurement* (2e éd.), Washington (DC), American Council on Education, 1971.

THORNDIKE, R.L. et E.P. HAGEN, *Educational Measurement*, New York, Wiley, 1977.

VALIQUETTE, C., « Le déploiement temporel : un nouvel outil graphique pour l'analyse des données d'un devis prétest/post-test », *L'orientation professionnelle*, 1983, vol. 18, p. 75-78.

VALIQUETTE, C. et L. LAURENCELLE, « À propos de la corrélation intra-classe et d'autres indices d'association », *Lettres statistiques*, 1987, vol. 8, p. 81-96.

VALLERAND, R.J., « Vers une méthodologie de validation transculturelle de questionnaires psychologiques : implications pour la recherche en langue française », *Psychologie canadienne*, 1989, vol. 30, p. 662-680.

VIGNEAU, F. et C. LAVERGNE, « Responses speed on aptitude tests as an index of intellectual performance : a developmental perspective », *Personality and Individual Differences*, 1997, vol. 23, p. 283-290.

WANG, M.W. et J.C. STANLEY, « Differential weighting : a review of methods and empirical studies », *Review of Educational Research*, 1970, vol. 40, p. 663-705.

WINER, B.J., *Statistical Principles in Experimental Design* (2e éd.), New York, McGraw-Hill, 1971.

Tests d'évaluation de la condition physique de l'adulte. Fascicule B-3 (Capacité aérobie). Fascicule B-4 (Test de course de 12 minutes de Cooper), Comité Kino-Québec sur le dossier Évaluation, Gouvernement du Québec, 1981.

Index

D

E

F

G

H

I-J-K

L

M

N

O

P

Q

R

S

T

U

V

Achevé d'imprimer en mai 1998 chez

à Boucherville, Québec